平面调和映射与极小曲面

Planar Harmonic Mappings and Minimal Surfaces

刘志宏　王智刚　李迎春／著

中国原子能出版社

图书在版编目（CIP）数据

平面调和映射与极小曲面 / 刘志宏，王智刚，李迎
春著. -- 北京：中国原子能出版社，2022.5
ISBN 978-7-5221-1964-9

Ⅰ. ①平… Ⅱ. ①刘… ②王… ③李… Ⅲ. ①调和映
射②极小曲面 Ⅳ. ①O189②O176.1

中国版本图书馆 CIP 数据核字（2022）第 085095 号

内 容 简 介

1984 年，Clunie 和 Sheil-Small 得到了若干关于单叶调和映射与共形映射中经典问题的类比结果，自此以后，平面调和映射一直倍受关注，并发展成为一个热门的研究课题。调和映射很早就被用来表示极小曲面，而极小曲面是微分几何中一类非常重要的曲面。它的研究涉及到几何学、代数学及拓扑学等诸多的学科领域，极小曲面在理论研究和工程技术等方面也有广泛应用和重要意义。本书主要研究了复平面上的调和映射族的卷积的单叶性、调和映射的线性组合、通过调和映射来构造极小曲面、调和线性微分算子的完全凸和全星形半径、对数调和映射的基本性质等。

平面调和映射与极小曲面

出版发行 中国原子能出版社（北京市海淀区阜成路 43 号 100048）
责任编辑 白皎玮
责任校对 冯莲凤
印 刷 北京九州迅驰传媒文化有限公司
经 销 全国新华书店
开 本 787 mm×1092 mm 1/16
印 张 10.25
字 数 301 千字
版 次 2023 年 3 月第 1 版 2023 年 3 月第 1 次印刷
书 号 ISBN 978-7-5221-1964-9 定 价 86.00 元

网址：http://www.aep.com.cn E-mail：atomep123@126.com
发行电话：010－68452845

前言

平面调和映射于 20 世纪 20 年代提出并用来研究极小曲面等相关问题，自此之后，人们很快发现平面调和映射在工程、电磁学、医学等其他许多领域中都有广泛地应用，成为解决许多工程问题和物理问题的重要工具，比如水流通过地下含水层、稳态温度分布、静电场强度、盐分通过通道的扩散等。极小曲面是指平均曲率为零的曲面，即满足某些约束条件的面积最小的曲面。利用极小曲面的 Weierstrass 表示把调和映射与极小曲面联系起来，因此可以把调和映射的一些结论应用到极小曲面的理论上，从而得到新的结论。极小曲面的研究涉及几何学、代数学及拓扑学等诸多方面。极小曲面因其在理论研究、工程应用等领域的广泛应用和重大价值，自提出之日起便一直受到许多物理学家和数学家们的关注。

近年来，单叶复值调和函数（又称单叶调和函数）的研究再度兴起，我们将探索这些函数的几何性质，这些性质构成了一个新研究领域的基础。本课题我们将介绍平面调和映射和微分几何的必要背景和基础理论，微分几何是一个将微积分的思想和技术应用于几何形状的数学领域。然后将介绍极小曲面。我们利用复分析的思想，给出 Weierstrass 表示来描述极小曲面，并将曲面的几何量与这种描述联系起来。这使我们能够开始研究一些有趣的性质和新的研究问题，这些问题可以通过 Mathematica 软件来实现可视化。目前国内尚未出版有关平面调和映射的学术专著，本书结合作者本人的科研方向和研究成果，具有一定的原创性和先进性，反映了平面调和映射与极小曲面的最新研究进展，并且系统化整理总结、结构严谨。本书利用 Mathematica 软件画出大量的图示使原本比较抽象的数学概念、函数的性质变得直观易懂，并且把 Mathematica 软件应用到相关的计算和分析当中去，读者在透彻理解理论的同时，还能充分领略数学之美。

本书一共分为 7 章，本书第 1 章介绍平面调和映射理论的基本概念以及主要用到的工具等；第 2 章介绍调和映射的线性组合，它是构造具有给定性质的新函数的常用方法之一，得到了满足某些特定条件的调和函数族的线性组合沿实轴方向凸的一些充分条件，是 M. Dorff、李浏兰等人的结果推广；第 3 章介绍调和映射的卷积，调和映射的卷积也是构造单叶调和映射的另一种方法，引进一些新的右半平面调和函数族与其他类的调和函数族的卷积，利用 Cohn's Rule 和 Gauss-Lucas 定理证明调和映射卷积的单叶性并且沿某个方向凸的一些充分条件，解决了 M. Dorff、M. Nowak 和 M. Wołoszkiewicz 三人提出的关于右半平面调和卷积的猜想；第 4 章主要研究满足某些系数条件的调和调和映射线性微分算子的完全凸、完全星象以及单叶半径等，其中有些结论是对 Kalaj 等人所做工作的推广和改进；第 5 章介绍极小曲面的理论背景、极小曲面的 Weierstrass-Enneper 表示以及常见的通过等温参数表示的极小曲面的例子；第 6 章介绍极小曲面与调和映射的联系，并利用剪切原理构建一系列新的调和映射，当伸缩商为一解析函数的平方时提升至极小曲面，介绍利用 Heinz's 不等式对极小曲面的曲率的界进行精确估计，利用调和映射的 Schwarzian 导数得到调和映射的全局单叶性准则；第 7 章介绍对数调和映射的相关理论及作者最近的一些研究进展，构造了对数调和 Koebe 函数、右半平面对数调和调和映射、双裂缝对数调和映射，并证明这些映射像域的精确性，对单叶星象对数调和函数的系数进行了精确估计，提出了类似于经典的解析函数的对数调和映射的 Bieberbach 猜想和对数调和映射的覆盖定理. 本书的第 1 章由王智刚撰写，第 2 章由李迎春撰写，第 3、4、5、6、7 章由刘志宏撰写. 本书正文部分是使用 LATEX [ElegantBook v3.08 中文版](https://github.com/ElegantLaTeX/ElegantBook) 模板制作，感谢 [EthanDeng](https://github.com/EthanDeng) 提供的模板.

1984 年，Clunie 和 Sheil-Small 得到了若干关于单叶调和映射与共形映射中经典问题的类比结果，自此以后，平面调和映射一直倍受关注，并发展成为一个热门的研究课题. 调和映射很早就被用来表示极小曲面，而极小曲面是微分几何中一类非常重要的曲面. 它的研究涉及到几何学、代数学及拓扑学等诸多的学科领域，极小曲面在理论研究和工程技术等方面也有广泛应用和重要意义. 为了写好本著作，我们收集了大量的资料，主要的经典著作包括 Peter Duren、Michael Dorff、Christian Pommerenke、Walter Hengartner 的著作，主要论文包括 Zayid Abdulhadi、Martin Chuaqui、Saminathan Ponnusamy、Antii Rasila、李浏兰及很多数学家的工作. 我们也将自己团队近期在调和映射的线性组合、调和映射的卷积、对数调和映射等成果融汇其中. 在本书的编写过程中，我们得到了很多师长、朋友和学生们的帮助，作者在此表示衷心地感谢! 特别感谢蒋月评教授对论文的指导和对出国交流的大力支持，感谢王仙桃教授在平面调和映射映射研讨班的悉心指导和与他的团队的交流探讨，感谢 Saminathan Ponnusamy 教授在访学期间生活上的照顾与学业上的指导，感谢 Antii Rasila 教授对论文的修改和建议，感谢他们为本书的顺利出版提供了大力支持. 感谢**国家自然科学基金项目：平面调和映射与极小曲面中的若干问题（11961013）**提供的部分资金支持. 由于水平有限，错误之处敬请读者指正.

刘志宏　王智刚　李迎春

2022 年 4 月

目录

第 1 章　单叶调和映射 1

1.1　调和映射的定义 1

1.2　剪切原理 3

1.3　右半平面调和映射的凸半径 7

第 2 章　调和映射的线性组合 11

2.1　条件 A 11

2.2　调和映射的线性组合 13

2.3　调和映射的复值线性组合 18

第 3 章　调和映射的卷积 29

3.1　定义 29

3.2　右半平面调和映射的卷积 32

3.3　推广形式 36

3.4　公开问题 44

3.5　右半平面与垂直带状调和映射的卷积 52

3.6　有关猜想及其证明 61

第 4 章　调和微分算子的单叶半径 67

4.1　预备知识 67

4.2　调和微分算子的星象和凸半径 69

4.3　调和线性微分算子的单叶半径 75

第 5 章　极小曲面 81

5.1　曲面理论背景 81

5.2　等温参数及共轭极小曲面 87

5.3　极小曲面的 Weierstrass – Enneper 表示 91

5.4　例子 93

第 6 章　极小曲面与调和映射 97

6.1　高斯曲率 97

6.2　极小曲面与调和映射 99

6.3　剪切构建极小曲面 103

6.4　Heinz's 不等式与曲率的界 119

6.5　曲率界的精确估计 123

6.6　Schwarzian 导数 125

第 7 章　对数调和映射 ·· **131**

7.1　引言和预备定理 ·· 131

7.2　构造单叶对数调和映射 ·· 135

7.3　星象对数调和映射的系数估计 ································ 140

7.4　增长和偏差定理 ·· 142

7.5　α 阶星象对数调和映射的表示定理和偏差定理 ············· 143

7.6　公开问题 ·· 150

参考文献 ·· **153**

第 1 章　单叶调和映射

复值解析函数 $f = u + iv$ 具有许多实值函数所不具备的性质, 比如: 如果我们能对一个复值函数一阶微分, 则称这个复值函数是解析. 若一个复值函数是解析的, 我们可对其微分无限多次. 复值解析函数一定能用泰勒 (Taylor) 级数来表示, 并且是共形映射 (即: 当 $f' \neq 0$ 时, 该函数是保角映射), 这些性质对于实值函数是不成立的, 实值函数仅能做一次微分. 为什么解析函数具有这些性质? 若 $f = u + iv$ 为解析函数, 则它的实部 $u(x, y)$ 和虚部 $v(x, y)$ 都是调和函数 (满足 Laplace 方程). 并且 u 和 v 满足柯西-黎曼方程 (Cauchy-Riemann Equations), 称 v 是 u 的共轭调和函数. 本章我们将讨论复值单叶函数 $f = u + iv$, u, v 满足 Laplace 方程, 但是不满足柯西-黎曼方程. 把这类函数称为复值调和映射 (简称为调和映射), 解析函数为其特殊的子集, 单叶解析函数自 19 世纪早期就开始研究, 并已有数以千计的文献对其进行了系统的研究. 然而, 对单叶调和映射的研究却起步较晚. 因此, 自然要考虑以单叶解析函数的性质作为出发点来研究单叶调和映射的性质. 更一般的问题是: 单叶解析函数中的哪些性质对于单叶调和映射也成立?

1.1　调和映射的定义

实值二元函数 $u(x, y)$ 满足 Laplace 方程:

$$\triangle u = \frac{\partial^2 u}{\partial x^2} + \frac{\partial^2 u}{\partial y^2} = 0, \tag{1.1}$$

则称 $u(x, y)$ 为 **(实值) 调和函数**.

> **定义 1.1. 复值调和映射**
>
> 设 u, v 是 Ω 上的实值调和函数 (不一定满足柯西-黎曼方程), 则称连续函数 $f = u + iv$ 是 Ω 上的复值调和映射. ♣

若 $u(x, y)$ 和 $v(x, y)$ 为二元实值调和函数, 则 $u = u(x, y), v = v(x, y)$ 把 xy-平面上的区域 Ω 一一映射到 uv-平面上的区域, 称 $\omega = f(z) = u + iv$ 为**复值调和映射**. 这样一个复值函数 f 是区域 $\Omega \subset \mathbb{C}$ 上的调和映射当且仅当 f 在区域 Ω 上是单叶的. 即: 若 $f(z_1) \neq f(z_2)$, 则对于区域 Ω 内的两点 z_1, z_2 有 $z_1 \neq z_2$. 在这里, $\mathbb{C}$ 表示复平面. 需要特别指出的是: 本书中出现的"调和映射"如未加特别说明均指"单叶调和映射".

若复值函数 $f = u + iv$ 在区域每一点 $z \in \Omega$ 处处可导, 则称 f 是区域 $\Omega \subset \mathbb{C}$ 上的解析函数. 从而**柯西-黎曼方程**成立:

$$\frac{\partial u}{\partial x} = \frac{\partial v}{\partial y}, \; \frac{\partial u}{\partial y} = -\frac{\partial v}{\partial x}. \tag{1.2}$$

反过来, 若 f 有连续一阶偏导数并且满足柯西-黎曼方程, 则 f 为解析函数. 由柯西-黎曼方程可知, 解析函数 $f(z) = u(x, y) + iv(x, y)$ 的实部 $u(x, y)$ 和虚部 $v(x, y)$ 都是调和函数, 并

称 v 为 u 的共轭调和函数. 同时, $-u$ 是 v 的共轭调和函数.

例 **1.1** 函数

$$f(z) = f(x, y) = u(x, y) + iv(x, y) = x^2 - y^2 + i2xy \tag{1.3}$$

为复值调和映射, 因为

$$u_{xx} + u_{yy} = 2 - 2 = 0,$$
$$v_{xx} + v_{yy} = 0 + 0 = 0.$$

虽然调和映射是比解析函数更一般的函数, 但是解析函数里的一些结论对于调和映射仍然成立. 如: 均值定理、最大模原理、刘维尔定理 (**Liouville's Theorem**) 以及幅角原理等. 然而, 考虑用所有的调和映射代替解析函数的子族, 我们有时能得到更多的信息. 如: 我们能够利用调和映射研究极小曲面.

以下定理告诉我们的是: 定义在单位圆盘 $\mathbb{D}$ 上的复值调和映射跟解析函数是有联系的, 事实上, 它可以表示成以下标准形式:

> **定理 1.1**
>
> 若 $f = u + iv$ 为单连通区域 G 上的调和映射, 则其可以表示为 $f = h + \overline{g}$, 其中 h 和 g 为解析函数. ♡

分别称 h 为 f 的解析部分, g 为 f 的共轭解析部分.

证明 若 u 和 v 为单连通区域上的实值调和映射, 则存在解析函数 K 和 L, 使得 $u = \operatorname{Re} K$, 且 $v = \operatorname{Im} L$. 因此有

$$f = u + iv = \operatorname{Re} K + i \operatorname{Im} L = \frac{K + \overline{K}}{2} + i\frac{L - \overline{L}}{2i} = \frac{K + L}{2} + \frac{\overline{K - L}}{2} = h + \overline{g}.$$

调和映射 $f(z) = h(z) + \overline{g(z)}$ 也可写成以下形式:

$$f(z) = \operatorname{Re}\{h(z) + g(z)\} + i \operatorname{Im}\{h(z) - g(z)\}. \tag{1.4}$$

由于 $f = h + \overline{g}$ 中 h 和 g 都是解析函数, 从而 h 和 g 分别可用下列级数表示:

$$h(z) = \sum_{n=0}^{\infty} a_n z^n, \qquad g(z) = \sum_{n=1}^{\infty} b_n z^n.$$

因此, 我们可以类似于正规化的解析函数一样对调和映射进行正规化.

> **定义 1.2. 正规化的调和映射族 S_H^0**
>
> 设 S_H 表示单位圆盘上正规化的复值单叶调和映射族, 即:
>
> $$S_H = \left\{ f : \mathbb{D} \to \mathbb{C} \mid f \text{为单叶调和, 且满足} f(0) = a_0 = 0, h'(0) = a_1 = 1 \right\}.$$
>
> 若 $b_1 = 0$, 我们得到以下正规化的调和映射族
>
> $$S_H^0 = \left\{ f \in S_H \mid g'(0) = b_1 = 0 \right\}. ♣$$

例 **1.2** 调和映射

$$f(z) = h(z) + \overline{g(z)} = z + \frac{1}{2}\overline{z}^2$$

是单叶的并且 $f \in S_H^0$. 它把单位圆盘 $\mathbb{D}$ 映成三个尖点的圆内摆线为边界的内部, 其图像如

图 1.1 所示.

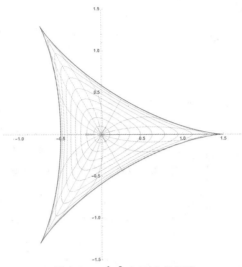

图 **1.1** $z + \frac{1}{2}\bar{z}^2$ 在 $\mathbb{D}$ 上的图像

我们对调和映射的单叶性感兴趣，然而有时单叶函数却很难得到，因此有时考虑其局部单叶性来代替其全局单叶性是可行的.

> **定义 1.3. 局部单叶**
>
> 若函数 $f = h + \bar{g}$ 在区域 Ω 的 Jacobian 矩阵 $J_f \neq 0$，则称 f 在 Ω 上是局部单叶的. 函数 $f = u + iv$ 的 Jacobian 矩阵定义为：
>
> $$J_f = \det \begin{bmatrix} u_x & u_y \\ v_x & v_y \end{bmatrix}.$$
>
> ♣

我们称 $\omega(z) = g'(z)/h'(z)$ 为调和映射 $f = h + \bar{g}$ 的**第二复伸缩商**，或简称为**伸缩商**. 现假设 f 是定义在 $\Omega \subset \mathbb{C}$ 的复值函数，并且具有二阶连续偏导数. 设 f 在 Ω 内局部单叶，且 $J_f(z) = |h'(z)|^2 - |g'(z)|^2 > 0$，则称 f 是**保向**的. Lewy's 定理表明，若 f 单叶且保向，则 $|\omega(z)| < 1$.

> **定理 1.2. [1, Lewy's 定理]**
>
> 若 $f = h + \bar{g}$ 在区域 $\Omega \subset \mathbb{C}$ 上局部单叶，则对于所有的 $z \in \Omega$，其 Jacobian 矩阵 $J_f(z) \neq 0$.
>
> ♡

1.2 剪切原理

由 Clunie 和 Sheil-Small 在文献 [2] 中使用的剪切原理是构造单叶调和映射是有效的方法. 即：构建沿某个方向凸的调和映射通过"剪切"给定的沿某个方向凸的共形映射来实现.

若区域 $\Omega \subset \mathbb{C}$ 与水平方向平行的直线的交集是连通的或者空集，则称该区域**沿水平方向凸（CHD）**. 换而言之，每条平行于水平方向的直线与 Ω 相交要么整段都在里面，要么

没有交集. 其基本定理如下:

> **定理 1.3. 剪切原理 I**
>
> 设 $f = h + \overline{g}$ 为单位圆盘内的单叶调和映射, 则 f 单叶且其像域是 CHD 的当且仅当解析函数 $h - g$ 具有同样的性质.

以上定理的证明需要以下引理.

> **引理 1.1**
>
> 设 $\Omega \subset \mathbb{C}$ 为一 CHD 区域, p 为 Ω 上的实值连续函数. 则映射 $\Psi(\omega) = \omega + p(\omega)$ 在 Ω 内单叶当且仅当 Ψ 局部单叶. 若 Ψ 单叶, 则它的像域是 CHD 区域.

证明 假设 $\Psi(\omega) = \omega + p(\omega)$ 不单叶, 则对于 Ω 内的不相等的两点 $\omega_1 = u_1 + i v_1$ 和 $\omega_2 = u_2 + i v_2$ 使得 $\Psi(\omega_1) = \Psi(\omega_2)$ 成立. 由于 p 为实值函数, 因此有 $\mathrm{Im}(\Psi(\omega_1)) = \mathrm{Im}(\omega_1 + p(\omega_1)) = \mathrm{Im}(\omega_1) = v_1$. 类似地有 $\mathrm{Im}(\Psi(\omega_2)) = v_2$. 由于 $\Psi(\omega_1) = \Psi(\omega_2)$, 则 $v_1 = v_2 = c$. 定义映射 $\Phi : \widetilde{\Omega} \subset \mathbb{R} \to \mathbb{R}$, 记为 $\Phi(u) \mapsto u + p(u + i c)$ 并非严格单调, 从而不是局部单叶. 特别地, 映射 $\omega \mapsto \omega + p(\omega)$ 不能局部单叶, 除非它在 Ω 内单叶.

从几何上讲, 以上映射做的是沿水平方向剪切, 因此它的像域是沿水平方向凸 (CHD) 的.

定理 1.3 的证明:

证明 (必要性 $\Longrightarrow$) 设 $f = h + \overline{g}$ 是一一映射, 且 $\Omega = f(\mathbb{D})$ 沿水平方向凸 (CHD), 则 $f = h - g + g + \overline{g} = h - g + 2\mathrm{Re}\{g\}$. 因此

$$(h - g) \circ f^{-1}(\omega) = (f - 2\mathrm{Re}\{g\}) \circ f^{-1}(\omega) = \omega - 2\mathrm{Re}\{g(f^{-1}(\omega))\} = \omega + p(\omega)$$

在 Ω 上有定义, 其中 p 是实值连续函数. 由于 f 是 $1 - 1$ 映射, 则对于 $\forall z \in \mathbb{D}$, 有 $|g'| < |h'| \Longleftrightarrow g'(z) \neq h'(z)$. 因此 $h - g$ 在 $\mathbb{D}$ 内是局部单叶的, 由于它的复合函数是局部单叶的, 从而 $\omega \to \omega + p(\omega)$ 也是 Ω 上的局部单叶函数. 由引理 1.1 可知, $\omega \to \omega + p(\omega)$ 是局部单叶并且是沿实轴凸的. 因此, $(h - g)(z) = [\omega + p(\omega)] \circ f(z)$ 是单叶的, 作为单叶函数的复合函数, 它的像域是沿实轴凸的.

(充分性 $\Longleftarrow$) 假设 $F = h - g$ 在 $\mathbb{D}$ 上单叶, 且 $\Omega = F(\mathbb{D})$ 沿实轴方向凸, 则 $f = F + 2\mathrm{Re}\{g\}$ 以及

$$f(F^{-1}(\omega)) = \omega + 2\mathrm{Re}\{g(F^{-1}(\omega))\} = \omega + q(\omega)$$

在 Ω 上局部单叶 (由于其复合函数是局部单叶). 由引理 1.1 可知, $f \circ F^{-1}$ 在 Ω 内局部单叶, 从而其像域是沿实轴凸的.

注意到区域 $\Omega \subset \mathbb{C}$ 是凸的, 当且仅当它沿每个方向都凸. 因此调和映射 $f = h + \overline{g}$ 是凸的, 当且仅当其像域沿任意方向旋转 $e^{i\alpha} f$ 是沿实轴凸的, 其中 $0 \leqslant \alpha \leqslant 2\pi$. 由定理 1.3 可知, 其等价于要求对于任意的 α, 解析函数 $e^{i\alpha} h - e^{-i\alpha} g$ 是单叶且沿实轴凸的. 然而, 当我们利用剪切原理时, 为了方便使用沿其他方向凸的函数, 因此我们考虑更一般的情形:

定理 1.4. 剪切原理 II

设 h 和 g 为单位圆盘 $\mathbb{D}$ 上的解析函数，并且 $f = h + \overline{g}$ 局部单叶. 则 f 单叶且沿 β 方向凸当且仅当解析函数 $\varphi = h - e^{2i\beta}g$ 单叶且沿 β 方向凸. ♡

推论 1.1

若 $f = h + \overline{g}$ 是凸的调和映射，则函数 $h - e^{i2\beta}g$ 对于任意的 $\beta, 0 \leqslant \beta < \pi$ 都是单叶的. ♡

剪切原理构造单叶调和映射的步骤：

(1) 假设给定 $\beta \in \mathbb{R}$，φ 为沿 β 方向凸的单叶解析函数；

(2) 给定解析函数 ω 满足条件 $|\omega| < 1$；

(3) 建立微分方程组

$$\begin{cases} \varphi = h - e^{2i\beta}g, \\ \omega = \dfrac{g'}{h'}; \end{cases} \tag{1.5}$$

(4) 解以上方程组得到 h 和 g 的表达式，并将其正规化，从而得到单叶调和映射

$$f(z) = \operatorname{Re}\left\{ 2\int_0^z \frac{\varphi'(\zeta)}{1-\omega(\zeta)}\mathrm{d}\zeta - \varphi(z) \right\} + i\operatorname{Im}\{\varphi(z)\}. \tag{1.6}$$

下面几个例子利用剪切原理构造的单叶调和映射在后面章节中起重要作用，更多例子参见文献 [3-5].

例 1.3 (右半平面调和映射) 设 $\varphi(z) = z/(1-z)$，$\beta = \pi/2$，$\omega(z) = -z$. 我们知道 $\varphi(z)$ 是右半平面映射，因此它沿虚轴方向凸. 从而有

$$\begin{cases} h(z) + g(z) = \dfrac{z}{1-z}, \\ g'(z) = -z\,h'(z). \end{cases}$$

对上式的第一个方程两边微分得

$$h'(z) + g'(z) = \frac{1}{(1-z)^2}.$$

将 $g'(z) = -z\,h'(z)$ 代入到上式得

$$h'(z) = \frac{1}{(1-z)^3}.$$

对上式积分并标准化，从而有

$$h(z) = \frac{z - \frac{1}{2}z^2}{(1-z)^2} \quad \text{和} \quad g(z) = \varphi(z) - h(z) = \frac{-\frac{1}{2}z^2}{(1-z)^2}.$$

故

$$f_0(z) = h(z) + \overline{g(z)} = \frac{z - \frac{1}{2}z^2}{(1-z)^2} + \overline{\frac{-\frac{1}{2}z^2}{(1-z)^2}} \in \mathcal{S}_H^0. \tag{1.7}$$

$f_0(z)$ 把单位圆盘 $\mathbb{D}$ 映射到右半平面 $\operatorname{Re}\{w\} > -1/2$，因此称之为**右半平面调和映射**. 具体证明可参见文献 [3]. 右半平面调和映射在单位圆盘 $\mathbb{D}$ 上的像域如**图 1.2** 所示.

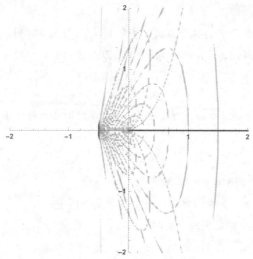

图 1.2 右半平面调和映射的图像

例 1.4 (Koebe 调和函数) 设 $\varphi(z) = \frac{z}{(1-z)^2}$，$\beta = 0$，$\omega(z) = z$. 利用与上例相同的方法可得

$$f_k(z) = \frac{z - \frac{1}{2}z^2 + \frac{1}{6}z^3}{(1-z)^3} + \overline{\left[\frac{\frac{1}{2}z^2 + \frac{1}{6}z^3}{(1-z)^3}\right]} \in \mathcal{S}_H^0. \tag{1.8}$$

调和映射 $f_k(z)$ 把 $\mathbb{D}$ 映射到整个复平面除去负实轴上 $-1/6$ 到 ∞ 的裂缝区域. 其像域类似于解析函数的 Koebe 函数，基于此，我们把 $f_k(z)$ 称作 **Koebe 调和函数**. 关于此函数的详细介绍见文献 [3]，在单位圆盘 $\mathbb{D}$ 上的图像如**图** 1.3 所示.

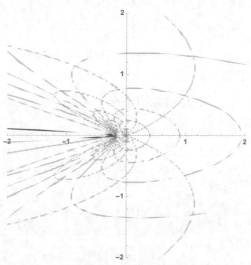

图 1.3 Koebe 调和函数的图像

例 1.5 (带状区域调和映射) 设 $\varphi(z) = s(z) = \frac{1}{2}\log\frac{1+z}{1-z}$，$\beta = 0$，$\omega(z) = z$. 由剪切原理，有以下关系式：

$$\begin{cases} h(z) - g(z) = s(z) \\ zh'(z) - g'(z) = 0, \end{cases}$$

解以上方程组并正规化得

$$\begin{cases} h(z) = \dfrac{1}{2}\left(\dfrac{z}{1-z} + \dfrac{1}{2}\log\left(\dfrac{1+z}{1-z}\right)\right) \\ g(z) = \dfrac{1}{2}\left(\dfrac{z}{1-z} - \dfrac{1}{2}\log\left(\dfrac{1+z}{1-z}\right)\right). \end{cases}$$

因此，调和映射 $f = h + \overline{g}$ 为

$$\begin{aligned} f(z) &= \frac{1}{2}\left(\frac{z}{1-z} + \frac{1}{2}\log\frac{1+z}{1-z}\right) + \overline{\frac{1}{2}\left(\frac{z}{1-z} - \frac{1}{2}\log\left(\frac{1+z}{1-z}\right)\right)} \\ &= \mathrm{Re}\left\{\frac{z}{1-z}\right\} + i\,\mathrm{Im}\left\{\frac{1}{2}\log\left(\frac{1+z}{1-z}\right)\right\}. \end{aligned}$$

注意到

$$f(e^{i\theta}) = \begin{cases} -\dfrac{1}{2} + \dfrac{\pi}{4}i, & 0 < \theta < \pi \\ -\dfrac{1}{2} - \dfrac{\pi}{4}i, & \pi < \theta < 2\pi. \end{cases}$$

由上式可以知道，f 将上半圆和下半圆折叠为单个点. 事实上，可以证明 f 将单位圆盘精确地映射到右半平面带状区域

$$\left\{ w : \mathrm{Re}\{w\} > -\frac{1}{2}, \quad |\mathrm{Im}| < \frac{\pi}{4} \right\}.$$

$f = h + \overline{g}$ 在单位圆盘 $\mathbb{D}$ 下的图像如**图 1.4** 所示.

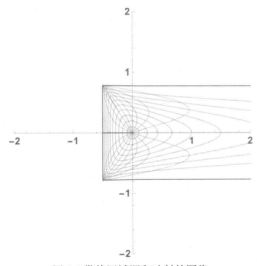

图 1.4 带状区域调和映射的图像

1.3 右半平面调和映射的凸半径

共形映射 $f(z)$ 把单位圆盘 $\mathbb{D}$ 映射到凸区域已经研究了很长时间，并且已知具有许多特殊性质. 它们由以下解析条件描述

$$\mathrm{Re}\left\{ 1 + \frac{zf''(z)}{f'(z)} \right\} > 0, \quad |z| < 1,$$

它本质上表达了边界处切向量的单调转向（例如，参见 Duren [6, 第 2 章]）. 此描述中隐含的是遗传特性：如果解析函数将单位圆盘一一映射到凸区域上，那么它也将每个同心子圆盘一一映射到凸子区域上.

很自然地会问，共形映射的特殊属性在多大程度上可以推广到调和映射把单位圆盘映射到凸区域. 现在的问题是：在调和的情形下，凸性是否仍然是一种遗传属性? 在前面对一个凸的调和映射 $f = h + \bar{g}$ 是这样描述的：f 单叶并且凸当且仅当对于所有的 $\alpha \in \mathbb{R}$，解析函数 $e^{i\alpha}h - e^{-i\alpha}g$ 是单叶且沿着实轴方向凸的（参见定理 1.4，**剪切原理 II**）. 因此，关于凸调和映射的遗传问题简化为关于在一个方向上凸的解析函数情况下的类似问题. 具体来说，如果一个解析函数在单位圆盘上是单叶的，并且它的像域沿水平方向凸，那么每个同心子圆盘的像域是否具有相同的属性?

答案是否定的. Hengartner 和 Schober [7] 表明，沿一个方向的凸的性质不是共形映射的遗传特性. Goodman 和 Saff [8] 随后构造了一个沿垂直方向凸的例子，它在圆盘 $|z| < r$ 上，对于在 $\sqrt{2} - 1 < r < 1$ 范围内的任何值都不具有该性质. 他们推测半径 $\sqrt{2} - 1$ 是最佳的；换句话说，当限制到任何半径 $r \leqslant \sqrt{2} - 1$ 的圆盘时，在指定方向凸的每个共形映射都具有该属性. Ruscheweyh 和 Salinas [9] 最终成功地证明了 Goodman-Saff 猜想. 因此，通过 Clunie 和 Sheil-Small 证明的定理，凸的调和映射具有相应的性质. 更准确地说，如果调和函数 f 将单位圆盘映射到凸区域上，那么对于每个半径 $r \leqslant \sqrt{2} - 1$，它把圆盘 $|z| < r$ 映射到凸区域上，但对于区间 $\sqrt{2} - 1 < r < 1$ 中的任何半径 r 都不是如此. 其凸区域如**图 1.5** 虚线内部.

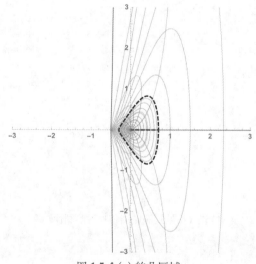

图 1.5 $f_0(z)$ 的凸区域

对于一个沿某个方向凸的单叶解析函数有一个表达式，由 Hengartner 和 Schober [10] 在特殊情况下发现，后来由 Royster 和 Ziegler [11] 在 Robertson [12] 早期工作的基础上推广. 原则上，这种表达式应该给出关于凸调和映射的完整解析式. 但实际上，该公式难以应用，其他方法更有效. Ruscheweyh 和 Salinas 在证明 Goodman-Saff 猜想时使用了幂级数卷积的方法（Hadamard 乘积），此处不再详述.

现在我们将证明右半平面调和映射（参见 (1.7) 式）

$$f_0(z) = h(z) + \overline{g(z)} = \frac{z - \frac{1}{2}z^2}{(1-z)^2} + \overline{\frac{-\frac{1}{2}z^2}{(1-z)^2}} = \text{Re}\{l(z)\} + i\,\text{Im}\{k(z)\},$$

当 $r \leqslant \sqrt{2}-1$ 时，它将圆盘 $|z| < r$ 映射成一个凸区域，当 $\sqrt{2}-1 < r < 1$ 时，它的像域是非凸的. 其中 $l(z) = z/(1-z)$, $k(z) = z/(1-z)^2$. 事实上，$k(z) = zl'(z)$，从而将凸函数 $l(z)$ 和星像函数 $k(z)$ 之间的关系建立起来了. 因此，调和映射 f_0 将单位圆盘映射成右半平面区域 $\text{Re}\{\omega\} > -\frac{1}{2}$，它会在像域为凸的调和映射类中扮演着极值函数的角色.

从这个角度来看，函数 f_0 在凸调和映射族中表现出最小的"凸半径"也就不足为奇了. 实际上，保凸性不是调和映射的遗传特性，这一事实已经从上一节的**图 1.2** 中直观地反映出来.

我们现在将进行计算以表明 f_0 将子圆盘 $|z| < r \leqslant \sqrt{2}-1$ 精确地映射到一个凸区域，而不是任何更大的半径 $r < 1$. 为此，我们有必要研究当点 $z = re^{i\theta}$ 围绕圆 $|z| = r$ 移动时图像曲线在切线方向

$$\Psi_r(\theta) = \arg\left\{\frac{\partial}{\partial\theta}f_0(re^{i\theta})\right\}$$

的变化情况. 注意到

$$\frac{\partial}{\partial\theta}f_0(z) = \text{Re}\left\{\frac{\partial}{\partial\theta}l(z)\right\} + i\,\text{Im}\left\{\frac{\partial}{\partial\theta}k(z)\right\},$$

其中

$$\frac{\partial}{\partial\theta}l(z) = i\,z\,l'(z) = \frac{i\,z}{(1-z)^2},$$
$$\frac{\partial}{\partial\theta}k(z) = i\,z\,k'(z) = \frac{i\,z(1+z)}{(1-z)^3},$$

因此，直接计算可得

$$\frac{\partial}{\partial\theta}f_0(z) = A(r,\theta) + i\,B(r,\theta),$$

其中

$$|1-z|^4 A(r,\theta) = r(r^2-1)\sin\theta$$

以及

$$|1-z|^6 B(r,\theta) = r(1-r^4)\cos\theta - 2r^2(1-r^2)(1+\sin^2\theta).$$

现在的问题是简化为求 r 的值，使得切向量的辐角或者 $\tan\Psi_r(\theta)$ 对于 θ $(0 < \theta < \pi)$ 是单调非减的. （注意到 $\omega = f_0(re^{i\theta})$ 是沿实轴对称的，因此只要考虑区间 $0 < \theta < \pi$.）由公式

$$\tan\Psi_r(\theta) = \frac{B(r,\theta)}{A(r,\theta)} = \frac{2r(\csc\theta + \sin\theta) - (1+r^2)\cot\theta}{1 - 2r\cos\theta + r^2},$$

以及通过繁复的计算，得到其导数的表达式为

$$(1-u^2)|1-z|^4\frac{\partial}{\partial\theta}\tan\Psi_r(\theta) = p(r,u), \tag{1.9}$$

其中 $u = \cos\theta$ 以及

$$p(r,u) = 1 - 6r^2 + r^4 + 12r^2u^2 - 4r(1+r^2)u^3.$$

接下来是要找到三次多项式 $p(r,u)$ 在整个区间 $-1 \leqslant u \leqslant 1$ 为非负的 r 的值. 首先

$$p(r,-1) = (1+r)^4 > 0; \quad p(r,1) = (1-r)^4 > 0.$$

(1.9) 式对 u 微分得

$$\frac{\partial}{\partial u}p(r,u) = 12ru[2r - (1+r^2)u],$$

这表明 $p(r,u)$ 在 $u = 0$ 处有极小值, 在 $u = 2r/(1+r^2)$ 处有极大值. 因此我们断定当 $-1 \leqslant u \leqslant 1$ 时, 有 $p(r,u) \geqslant 0$ 当且仅当

$$p(r,0) = 1 - 6r^2 + r^4 \geqslant 0.$$

当 $r^2 \leqslant 3 - 2\sqrt{2}$ 或者 $r \leqslant \sqrt{2}-1$ 时, 恰有 $1 - 6r^2 + r^4 \geqslant 0$. 这就证明了如果 $r < \sqrt{2}-1$, 切线角 $\psi_r(\theta)$ 随 θ 单调增加, 但在 $\sqrt{2}-1 < r < 1$ 时不是单调的. 因此, 调和映射 f_0 把每个 $|z| < r \leqslant \sqrt{2}-1$ 的圆盘映射到一个凸区域, 但是当 $\sqrt{2}-1 < r < 1$ 时映成的区域是非凸的.

第 2 章 调和映射的线性组合

给定区域 $\Omega \subseteq \mathbb{C}$ 上的两个解析函数 f_1, f_2，它们的线性组合定义为

$$f(z) = tf_1(z) + (1-t)f_2(z) \quad (0 \leqslant t \leqslant 1).$$

构造具有给定性质的新函数的常用方法之一是对具有该性质的两个函数进行线性组合. 现我们通过 Koebe 函数 f_k 和右半平面函数 f_r 的线性组合来构造一个单叶解析函数，其中

$$f_k(z) = \frac{z}{(1-z)^2} \quad \text{和} \quad f_r(z) = \frac{z}{1-z},$$

得到单叶解析函数

$$f(z) = tf_k(z) + (1-t)f_r(z) = \frac{z - tz^2}{(1-z)^2},$$

其中 $0 \leqslant t \leqslant 1$.

两个单叶解析函数的线性组合是否一定单叶呢? 答案是不一定. 比如，设 $f_1 : \mathbb{R} \to \mathbb{R}$ 和 $f_2 : \mathbb{R} \to \mathbb{R}$ 为两个实数域内的单叶函数：$f_1(x) = x^3, f_2(x) = -x^3$，显然当 $t = \frac{1}{2}$ 时，它们的线性组合 $f(z) = tf_1(z) + (1-t)f_2(z) = 0$，从而不是单叶的. 一个很自然的问题是：具有什么性质的函数族的线性组合能保持该性质，或者寻找具有保持性质的充分条件.

2.1 条件 A

众所周知，单叶解析函数的线性组合不能保持其单叶性. 即使 f_1, f_2 是凸函数，Macgregor [13] 证明了它们的线性组合也不一定是单叶的. 关于解析函数的线性组合的其他结果，可参看文献 [14-15].

类似地，设单位圆盘 $\mathbb{D}$ 内的两个单叶调和映射 $f_1 = h_1 + \overline{g_1}, f_2 = h_2 + \overline{g_2}$，则它们的线性组合定义为：

$$f(z) = tf_1(z) + (1-t)f_2(z) = th_1 + (1-t)h_2 + \overline{tg_1 + (1-t)g_2} \quad (0 \leqslant t \leqslant 1). \quad (2.1)$$

条件 A 假设 f 是 $\mathbb{D}$ 内的非常数的复值调和映射，则分别存在收敛于 $z = 1$ 和 $z = -1$ 的点列 $\{z_n'\}$ 和 $\{z_n''\}$，使得

$$\begin{aligned}
\lim_{n \to \infty} \text{Re}\{f(z_n')\} &= \sup_{|z|<1} \text{Re}\{f(z)\} \\
\lim_{n \to \infty} \text{Re}\{f(z_n'')\} &= \inf_{|z|<1} \text{Re}\{f(z)\}.
\end{aligned} \quad (2.2)$$

(2.2) 式中的正规化可以看作是 $f(1)$ 和 $f(-1)$ 在扩充复平面上的像域的左右极限点.

例 2.1 我们将证明调和映射 $f(z) = z + \frac{1}{3}\bar{z}^3$ 满足**条件 A**，其图像如**图 2.1** 所示.

从**图 2.1** 可以看到 $f(z)$ 满足条件 **A**，当点列 $\{z_n'\} \in \mathbb{D}$ 趋近于 1 时，我们可以看到其像域趋近于内摆线四个尖点的右侧的尖点；当点列 $\{z_n''\} \in \mathbb{D}$ 趋近于 -1 时，我们可以看到其像域趋近于左侧的尖点.

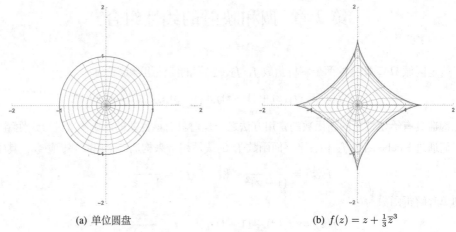

(a) 单位圆盘　　　　　　　　　(b) $f(z) = z + \frac{1}{3}\bar{z}^3$

图 2.1 $f(z) = z + \frac{1}{3}\bar{z}^3$ 在单位圆盘 $\mathbb{D}$ 上的图像

为了证明 $f(z)$ 满足**条件 A**，我们有

$$f(e^{i\theta}) = e^{i\theta} + \frac{1}{3}e^{-3i\theta} = \left(\cos\theta + \frac{1}{3}\cos 3\theta\right) + i\left(\sin\theta - \frac{1}{3}\sin 3\theta\right).$$

因此，$\mathrm{Re}\{f(e^{i\theta})\} = \cos\theta + \frac{1}{3}\cos 3\theta$. 从而有 $-\frac{4}{3} \leqslant \mathrm{Re}\{f(e^{i\theta})\} \leqslant \frac{4}{3}$，这表明 $\sup_{|z|<1}\mathrm{Re}\{f(z)\} = \frac{4}{3}$. 设 $\{z'_n\} = \{1 - \frac{1}{n}\} \to 1$，则有

$$\lim_{n\to\infty}\mathrm{Re}\{f(z'_n)\} = \frac{4}{3} = \sup_{|z|<1}\mathrm{Re}\{f(z)\}.$$

类似地得到

$$\lim_{n\to\infty}\mathrm{Re}\{f(z''_n)\} = -\frac{4}{3} = \inf_{|z|<1}\mathrm{Re}\{f(z)\}.$$

为了证明有关调和映射的线性组合的一个结论，下面在文献 [10] 中的定理要满足**条件 A**. 但是，我们之后将不会再使用定理 2.1.

定理 2.1. [10, Hengartner1970]

设 f 为 $\mathbb{D}$ 内非常数的解析函数，则

$$\mathrm{Re}\{(1 - z^2)f'(z)\} \geqslant 0, z \in \mathbb{D}$$

当且仅当

(1) f 在 $\mathbb{D}$ 内单叶，

(2) f 沿虚轴方向凸，且

(3) 满足 **条件 A**.

现我们研究调和映射的线性组合全局单叶的条件.

定理 2.2. [16, Dorff2012]

设 $f_1 = h_1 + \overline{g_1}, f_2 = h_2 + \overline{g_2}$ 为两个沿虚轴方向凸的单叶调和映射，且它们的伸缩商 $\omega_1 = \omega_2$. 若 f_1, f_2 都满足**条件 A**，则线性组合 $f = tf_1 + (1-t)f_2\,(0 \leqslant t \leqslant 1)$ 也是沿

虚轴方向凸.

证明 为了证明 f 局部单叶，利用 $g_1' = \omega_1 h_1'$ 和 $g_2' = \omega_2 h_2' = \omega_1 h_2'$. 则由 (2.1) 式可知

$$\omega = \frac{tg_1' + (1-t)g_2'}{th_1' + (1-t)h_2'} = \frac{t\omega_1 h_1' + (1-t)\omega_2 h_2'}{th_1' + (1-t)h_2'} = \omega_1.$$

根据剪切原理（参见定理1.4），我们知道 $h_j + g_j$ $(j=1,2)$ 是单叶且沿虚轴方向凸. 又由于 $\mathrm{Re}\{f_j\} = \mathrm{Re}\{h_j + g_j\}$，利用定理 2.1我们得到

$$\mathrm{Re}\{(1-z^2)(h_j'(z) + g_j'(z))\} \geqslant 0, \ (j=1,2).$$

因此

$$\mathrm{Re}\{(1-z^2)(h'(z) + g'(z))\}$$
$$= \mathrm{Re}\{(1-z^2)\left[t(h_1'(z) + g_1'(z)) + (1-t)(h_2'(z) + g_2'(z))\right]\}$$
$$= t\,\mathrm{Re}\{(1-z^2)(h_1'(z) + g_1'(z))\} + (1-t)\,\mathrm{Re}\{(1-z^2)(h_2'(z) + g_2'(z))\} \geqslant 0.$$

再利用定理 2.1，我们知道 $h + g$ 沿虚轴方向凸，由剪切原理可知，$f = h + \overline{g}$ 是沿虚轴方向凸的. 定理证毕.

进一步地可以把定理 2.2 推广到有限个调和映射线性组合的情形.

定理 2.3. [16]

设 $f_1 = h_1 + \overline{g_1}, \cdots, f_n = h_n + \overline{g_n}$ 为 n 个沿虚轴凸的单叶调和映射，且 $\omega_1 = \cdots = \omega_n$. 若 $f_1, \cdots, f_n$ 满足**条件 A**，则 $f = t_1 f_1 + \cdots + t_n f_n$ 是沿虚轴凸的，其中 $0 \leqslant t_j \leqslant 1$ $(j=1,\cdots,n)$ 且 $t_1 + \cdots + t_n = 1$.

2.2 调和映射的线性组合

通过使用定理 2.1，Dorff [17, p.242] 证明了线性组合 $f = tf_1 + (1-t)f_2$ 沿虚轴方向凸的充分条件. 此外，还可以在文献 [16] 中找到关于这一结果的应用. 本节我们将得到调和映射的线性组合沿实轴方向凸的几个充分条件.

以下引理是用来判断解析函数沿实轴方向凸的一个充分条件.

引理 2.1. [18, Pommerenke1963]

设 f 为单位圆盘 $\mathbb{D}$ 内的解析函数，满足 $f(0) = 0$ 和 $f'(0) \neq 0$，并且设

$$\varphi(z) = \frac{z}{(1 + ze^{i\theta_1})(1 + ze^{i\theta_2})}, \tag{2.3}$$

其中 $\theta_1, \theta_2 \in \mathbb{R}$. 若

$$\mathrm{Re}\left(\frac{zf'(z)}{\varphi(z)}\right) > 0 \quad (z \in \mathbb{D}).$$

则 f 沿实轴凸.

我们得到以下结论：

定理 2.4

设 $f_j = h_j + \overline{g_j} \in \mathcal{S}_H\ (j=1,2)$，并且 $\omega_1 = \omega_2$. 若 $F_j = h_j = g_j\ (j=1,2)$ 对于所有的 $z \in \mathbb{D}$ 满足 $\mathrm{Re}\left\{\frac{zF_j'}{\varphi(z)}\right\} > 0$，其中 $\varphi(z)$ 由(2.3)式给出，则线性组合 $f = tf_1 + (1-t)f_2\ (0 \leqslant t \leqslant 1)$ 单叶且沿实轴方向凸.

证明 首先证明 $f(z)$ 局部单叶，利用 $g_1'(z) = \omega_1 h_1'(z)$ 和 $g_2'(z) = \omega_2 h_2'(z) = \omega_1 h_2'(z)$. 则

$$\omega = \frac{tg_1'(z) + (1-t)g_2'(z)}{th_1'(z) + (1-t)h_2'(z)} = \frac{t\omega_1 h_1'(z) + (1-t)\omega_1 h_2'(z)}{th_1'(z) + (1-t)h_2'(z)} = \omega_1.$$

因此 $f(z)$ 是局部单叶的.

下面我们证明 $f(z)$ 沿实轴方向凸. 因为 $f_1(z), f_2(z) \in \mathcal{S}_H$，则 $F_j(z)$ 解析且满足条件 $F_j(0) = 0, F_j'(0) = 1 \neq 0$. 并且

$$\mathrm{Re}\left\{\frac{z(h_j'(z) - g_j'(z))}{\varphi(z)}\right\} > 0, \text{对于所有的} z \in \mathbb{D} \quad (j = 1, 2).$$

考虑

$$\mathrm{Re}\left\{\frac{z(h_3'(z) - g_3'(z))}{\varphi(z)}\right\}$$
$$= \mathrm{Re}\left\{\frac{z}{\varphi(z)}[th_1'(z) - g_1'(z)) + (1-t)(h_2'(z) - g_2'(z))]\right\}$$
$$= t\mathrm{Re}\left\{\frac{z}{\varphi(z)}[h_1'(z) - g_1'(z)]\right\} + (1-t)\mathrm{Re}\left\{\frac{z}{\varphi(z)}[h_2'(z) - g_2'(z)]\right\} > 0.$$

因此，由引理 2.1，得 $h(z) - g(z)$ 沿实轴方向凸，再由定理 1.3可知，$f(z)$ 是沿实轴方向凸的.

我们把以上结论推广到有限个的情形.

推论 2.1

设 $f_1(z) = h_1(z) + \overline{g_1(z)}, \cdots, f_n(z) = h_n(z) + \overline{g_n(z)}$ 为 n 个调和映射且在 $\mathbb{D}$ 内单叶，并且 $\omega_1 = \cdots = \omega_n$，$F_j(z) = h_j(z) - g_j(z)(j = 1, \cdots, n)$，使得对于所有的 $z \in \mathbb{D}$ 有 $\mathrm{Re}\{\frac{zF_j'(z)}{\varphi(z)}\} > 0$，其中 $\varphi(z)$ 由 (2.3)式定义. 则 $F(z) = t_1 f_1(z) + \cdots + t_n f_n(z)$ 是沿实轴方向凸的，其中 $0 \leqslant t \leqslant 1$ 且 $t_1 + \cdots + t_n = 1$.

定理 2.5

设 $f_1(z) = h_1(z) + \overline{g_1(z)}, f_2(z) = h_2(z) + \overline{g_2(z)} \in \mathcal{S}_H$ 为两个沿实轴方向凸的单叶调和映射，且 $Re\{(1 - \omega_1\overline{\omega_2})h_1'(z)\overline{h_2'(z)}\} \geqslant 0$. 则 $f(z) = tf_1(z) + (1-t)f_2(z) \in \mathcal{S}_H(0 \leqslant t \leqslant 1)$ 是沿实轴方向凸的.

证明 首先，为了证明 $f(z)$ 是局部单叶的，利用 $g_1'(z) = \omega_1 h_1'(z)$，$g_2'(z) = \omega_2 h_2'(z) = \omega_1 h_2'(z)$ 以及 $|\omega_1| < 1, |\omega_2| < 1$. 则

$$|\omega| = \left|\frac{tg_1'(z) + (1-t)g_2'(z)}{th_1'(z) + (1-t)h_2'(z)}\right| = \frac{|t\omega_1 h_1'(z) + (1-t)\omega_2 h_2'(z)|}{|th_1'(z) + (1-t)h_2'(z)|}. \tag{2.4}$$

另一方面

$$|th_1'(z) + (1-t)h_2'(z)|^2 - |t\omega_1 h_1'(z) + (1-t)\omega_2 h_2'(z)|^2$$

$$= (th_1'(z) + (1-t)h_2'(z))\overline{(th_1'(z) + (1-t)h_2'(z))}$$

$$- (t\omega_1 h_1'(z) + (1-t)\omega_2 h_2'(z))\overline{(t\omega_1 h_1'(z) + (1-t)\omega_2 h_2'(z))}$$

$$= t^2(1-|\omega_1|^2)|h_1'(z)|^2 + (1-t)^2(1-|\omega_2|^2)|h_2'(z)|^2$$

$$+ 2t(1-t)\text{Re}\{(1 - \omega_1\overline{\omega}_2)h_1'(z)\overline{h_2'(z)}\}$$

$$> 0.$$

因此 $|th_1'(z) + (1-t)h_2'(z)|^2 > |t\omega_1 h_1'(z) + (1-t)\omega_2 h_2'(z)|^2$，由 (2.4) 式容易得到 $|\omega| < 1$。

接下来我们证明 $f(z) \in \mathcal{S}_H$。由于 $f_1(z) = h_1(z) + \overline{g_1(z)}, f_2(z) = h_2(z) + \overline{g_2(z)} \in \mathcal{S}_H$，并且设 $f_1(z) = z + \sum_{n=2}^{\infty} a_n z^n + \sum_{n=1}^{\infty} b_n \overline{z}^n, f_2(z) = z + \sum_{n=2}^{\infty} A_n z^n + \sum_{n=1}^{\infty} B_n \overline{z}^n$，因此

$$f(z) = tf_1(z) + (1-t)f_2(z)$$

$$= t(z + \sum_{n=2}^{\infty} a_n z^n + \sum_{n=1}^{\infty} b_n \overline{z}^n) + (1-t)(z + \sum_{n=2}^{\infty} A_n z^n + \sum_{n=1}^{\infty} B_n \overline{z}^n)$$

$$= z + \sum_{n=2}^{\infty} [ta_n + (1-t)A_n]z^n + \sum_{n=1}^{\infty} [tb_n + (1-t)B_n]\overline{z}^n \in \mathcal{S}_{\mathcal{H}}.$$

由定理 1.3，我们知道 $F_j(z) = h_j(z) - g_j(z)(j = 1, 2)$ 在 $\mathbb{D}$ 上单叶，且 $\Omega = F(\mathbb{D})$ 为沿实轴凸的区域。则 $f_j(z) = F_j(z) + 2\text{Re}\{g_j(z)\}$ 且

$$f_j[F_j^{-1}(\omega)] = \omega + 2Re\{g_j(F_j^{-1}(\omega))\}$$

$$= \omega + q_j(\omega),$$

其中 $q_j(\omega)$ 为实值连续函数。因此

$$f[F^{-1}(\omega)] = tf_1[F_1^{-1}(\omega)] + (1-t)f_2[F_2^{-1}(\omega)]\}$$

$$= t[\omega + q_1(\omega)] + (1-t)[\omega + q_2(\omega)]$$

$$= \omega + [tq_1(\omega) + (1-t)q_2(\omega)]$$

$$= \omega + q(\omega)$$

在 Ω 上单叶。由引理 1.1，$f(z)$ 在 Ω 上单叶，且它的像域是沿实轴方向凸的区域。

例 2.2 考虑函数

$$f_1 = z - \frac{1}{2}\overline{z}^2, f_2 = z + \frac{1}{3}\overline{z}^3,$$

且

$$f = tf_1 + (1-t)f_2 \ (0 \leqslant t \leqslant 1).$$

显然 $f_1, f_2 \in \mathcal{S}_H, \omega_1 = -z, \omega_2 = z^2, \omega = -tz + (1-t)z^2$。则有

$$|\omega| \leqslant t|z| + (1-t)|z|^2 < t|z| + (1-t)|z| < |z| < 1,$$

且有

$$\text{Re}\{(1 - \omega_1\overline{\omega}_2)h_1'(z)\overline{h_2'(z)}\} = \text{Re}(1 + |z|^2\overline{z}) \geqslant 0,$$

满足定理 2.5 的条件，因此 f 单叶且沿实轴方向凸。f_1 和 f_2 在单位圆盘 $\mathbb{D}$ 下的像分别如

图 2.2(a) 和图 2.2(b) 所示，当 $t = 1/3$ 时，f 的图像在单位圆盘 $\mathbb{D}$ 下的像如图 2.2(c) 所示.

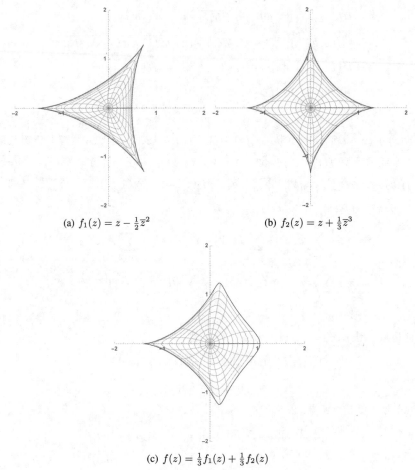

(a) $f_1(z) = z - \frac{1}{2}\overline{z}^2$ (b) $f_2(z) = z + \frac{1}{3}\overline{z}^3$

(c) $f(z) = \frac{1}{3}f_1(z) + \frac{1}{3}f_2(z)$

图 2.2 $f_1(z), f_2(z), f(z)$ 在单位圆盘 $\mathbb{D}$ 下的图像

定理 2.6

设 $f_1(z) = h_1(z) + \overline{g_1(z)}, f_2(z) = h_2(z) + \overline{g_2(z)} \in \mathcal{S}_{\mathcal{H}}$ 为两个沿实轴方向凸的单叶调和映射，且 $h_j(z) + g_j(z) = \frac{z}{1-z}$ for $j = 1, 2$. 则 $f(z) = tf_1(z) + (1-t)f_2(z) \in \mathcal{S}_{\mathcal{H}}(0 \leqslant t \leqslant 1)$ 也是沿实轴方向凸的.

证明　由于 $h_k(z) + g_k(z) = \frac{z}{1-z}$，并且 $g'_j(z) = \omega_j h'_j(z)$，$j = 1, 2$，我们得

$$h_j(z) = \frac{1}{(1+\omega_j)(1-z)^2}.$$

因此有

$$|\omega| = \left| \frac{tg'_1(z) + (1-t)g'_2(z)}{th'_1(z) + (1-t)h'_2(z)} \right|$$

$$= \left| \frac{t\omega_1 h'_1(z) + (1-t)\omega_2 h'_2(z)}{th'_1(z) + (1-t)h'_2(z)} \right|$$

$$= \frac{|t\omega_1 + (1-t)\omega_2 + \omega_1\omega_2|}{|1 + (1-t)\omega_1 + t\omega_2|}.$$

现我们证明当 $0 \leqslant t \leqslant 1$ 时有 $|\omega_3| < 1$. 设 $\omega_j = \rho_j(\cos\theta_j + i\sin\theta_j)(0 \leqslant \rho_j < 1, j = 1, 2)$, 我们取

$$\begin{aligned}
f(t) &= |1 + (1-t)\omega_1 + t\omega_2|^2 - |t\omega_1 + (1-t)\omega_2 + \omega_1\omega_2|^2 \\
&= \Big|[1 + (1-t)\rho_1\cos\theta_1 + t\rho_2\cos\theta_2] + i[(1-t)\rho_1\sin\theta_1 + t\rho_2\sin\theta_2]\Big|^2 \\
&\quad - \Big|[t\rho_1\cos\theta_1 + (1-t)\rho_2\cos\theta_2 + \rho_1\rho_2\cos(\theta_1+\theta_2)] + i[t\rho_1\sin\theta_1 \\
&\quad + (1-t)\rho_2\sin\theta_2 + \rho_1\rho_2\sin(\theta_1+\theta_2)]\Big|^2 \\
&= [1 + (1-t)\rho_1\cos\theta_1 + t\rho_2\cos\theta_2]^2 + [(1-t)\rho_1\sin\theta_1 + t\rho_2\sin\theta_2]^2 \\
&\quad - \{[t\rho_1\cos\theta_1 + (1-t)\rho_2\cos\theta_2 + \rho_1\rho_2\cos(\theta_1+\theta_2)]^2 \\
&\quad + [t\rho_1\sin\theta_1 + (1-t)\rho_2\sin\theta_2 + \rho_1\rho_2\sin(\theta_1+\theta_2)]^2\} \\
&= [1 + (1-t)^2\rho_1^2 + t^2\rho_2^2 + 2t(1-t)\rho_1\rho_2\cos(\theta_1-\theta_2) + 2(1-t)\rho_1\cos\theta_1 + 2t\rho_2\cos\theta_2] \\
&\quad - [t^2\rho_1^2 + (1-t)^2\rho_2^2 + \rho_1^2\rho_2^2 + 2t(1-t)\rho_1\rho_2\cos(\theta_1-\theta_2) + 2(1-t)\rho_1\rho_2^2\cos\theta_1 \\
&\quad + 2t\rho_1^2\rho_2\cos\theta_2] \\
&= \big[2\rho_2\cos\theta_2(1-\rho_1^2) - 2\rho_1\cos\theta_1(1-\rho_2^2) + 2(\rho_2^2 - rho_1^2)\big]t + (1-\rho_2^2) \\
&\quad + (\rho_1^2 + 2\rho_1\cos\theta_1 + 1).
\end{aligned}$$

那么, 我们知道 $\phi(t)$ 是 t 在区间 $[0,1]$ 内的连续单调函数.

进一步, 我们观察到

$$\phi(0) = (1 - \rho_2^2)(\rho_1^2 + 2\rho_1\cos\theta_1) = (1 - \rho_2^2)[(\rho_1 + \cos\theta_1)^2 + \sin\theta_1^2]$$

以及

$$\phi(1) = (1 - \rho_1^2)[(\rho_2 + \cos\theta_2)^2 + \sin^2\theta_2] > 0,$$

这表明对于所有的 $t \in [0,1]$, 有 $\phi(t) > 0$. 因此 $|\omega| < 1$, 从而 f 是局部单叶的.

接下来我们将证明 f 是沿实轴方向凸的. 注意到

$$\begin{aligned}
h'_j - g'_j &= (h'_j + g'_j)\left(\frac{h'_j - g'_j}{h'_j + g'_j}\right) \\
&= (h'_j + g'_j)\left(\frac{1 - \omega_j}{1 + \omega_j}\right) = \frac{p_j}{(1-z)^2}, \quad (j = 1, 2)
\end{aligned}$$

其中 $p_j = \frac{1-\omega_j}{1+\omega_j}$ $(j = 1, 2)$ 满足 $\mathrm{Re}(p_j) > 0$. 因此, 记

$$\varphi(z) = \frac{z}{(1-z)^2},$$

得

$$\begin{aligned}
\mathrm{Re}\left\{\frac{z(h'-g')}{\varphi(z)}\right\} &= \mathrm{Re}\left\{\frac{z}{\varphi(z)}[t(h'_1 - g'_1) + (1-t)(h'_2 - g'_2)]\right\} \\
&= t\mathrm{Re}\{(1-z)^2(h'_1 - g'_1)\} + (1-t)\mathrm{Re}\{(1-z)^2(h'_2 - g'_2)\} \\
&= t\mathrm{Re}\{p_1\} + (1-t)\mathrm{Re}\{p_2\} > 0.
\end{aligned}$$

因此, 由引理 2.1可知 f 在 Ω 内单叶且沿实轴方向凸. 定理证毕.

我们知道 $f = h + \overline{g}$ 为非对称垂直带状映射，若满足

$$h + g = \frac{1}{2i\sin\theta}\log\left(\frac{1+ze^{i\theta}}{1+ze^{-i\theta}}\right) \quad (0 < \theta < \pi).$$

因此，定理 2.6 可以用非对称垂直带映射而不是右半平面映射来表述.

推论 2.2

设 $f_j = h_j + \overline{g_j} \in \mathcal{S}_H$ $(j = 1, 2)$，且满足

$$h_j + g_j = \frac{1}{2i\sin\theta}\log\left(\frac{1+ze^{i\theta}}{1+ze^{-i\theta}}\right) \quad (j = 1, 2; 0 < \theta < \pi).$$

则 $f = tf_1 + (1-t)f_2 \, (0 \leqslant t \leqslant 1)$ 是单叶且沿实轴方向凸的. ♡

例 2.3 设 $f_1 = h_1 + \overline{g_1}$，其中 $h_1 + g_1 = \frac{z}{1-z}$，取 $\omega_1 = z$，则由剪切原理得：

$$h_1(z) = \frac{1}{2}\frac{z}{1-z} + \frac{1}{4}\log\frac{1+z}{1-z},$$

和

$$g_1(z) = \frac{1}{2}\frac{z}{1-z} - \frac{1}{4}\log\frac{1+z}{1-z}.$$

设 $f_2 = h_2 + \overline{g_2}$，其中 $h_2 + g_2 = \frac{z}{1-z}$，$\omega_2 = -z^2$，则有

$$h_2(z) = \frac{1}{8}\log\frac{1+z}{1-z} + \frac{\frac{3}{4}z - \frac{1}{2}z^2}{(1-z)^2},$$

和

$$g_2(z) = \frac{1}{8}\log\frac{1+z}{1-z} + \frac{\frac{1}{4}z - \frac{1}{2}z^2}{(1-z)^2}.$$

由于 f_1 和 f_2 满足定理 2.6 的条件（其图像分别如**图** 2.3(a) 和**图** 2.3(b) 所示），因此有 $f = tf_1 + (1-t)f_2$ 单叶且沿实轴方向凸. 当 $t = 1/2$ 时，f 在单位圆盘 $\mathbb{D}$ 下的像如**图** 2.3(c) 所示.

2.3 调和映射的复值线性组合

在本节中，主要研究关于两个单叶调和映射在复数系数情况下的线性组合问题，并得到这些调和映射的线性组合的单叶性和沿某一方向凸的几个充分条件. 最后，构建了几个例子来验证主要结论所要满足的条件.

2001 年，Morgan[19] 研究了解析函数与调和映射线性组合局部单叶且保向的条件. 以下定理给出了局部单叶且保向所要满足的条件.

定理 2.7. ([19, Morgan 2001])

设 $f = \lambda f_1(z) + (1-\lambda)f_2(z)$，其中 $f_1(z)$ 为解析函数，$f_2(z)$ 为保向的调和映射，对于固定的 λ，且 $0 \leqslant \lambda \leqslant 1$. 若 $2(1-\lambda)\mathrm{Re}\left\{\frac{\overline{h_2'(z)}}{f_1'(z)}\right\} > -\lambda$，则 f 是局部单叶且保向的调和映射. ♡

到目前为止，关于复系数的线性组合结果较少. 最近，Khurana 等人[20] 通过将常数 λ 取复数而不是实数来研究两个调和映射的线性组合. 他们确定了 f 的近于凸半径，并建立了 f 局部单叶且保向一些充分条件. 此外，他们证明了一些单叶调和映射的具有复系数 λ

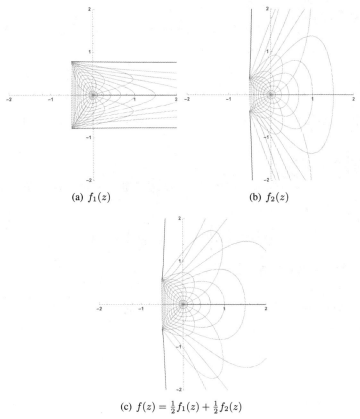

(a) $f_1(z)$ (b) $f_2(z)$

(c) $f(z) = \frac{1}{2}f_1(z) + \frac{1}{2}f_2(z)$

图 2.3 $f_1(z), f_2(z), f(z)$ 在单位圆盘 $\mathbb{D}$ 上的图像

的线性组合在水平方向凸的充分条件.

> **定理 2.8.** ([20, Khurana2021])
>
> 对于 $j = 1, 2$, 令 $f_j = h_j + \overline{g_j}$, 并且满足
>
> $$h_1 - e^{-2i\alpha}g_1 = \int_0^z \frac{e^{-i\alpha}}{(1 + \zeta e^{i\theta})(1 + \zeta e^{-i\theta})}\, \mathrm{d}\zeta, \, \theta \in \mathbb{R}$$
>
> 和
>
> $$h_2 - e^{-2i\beta}g_2 = \int_0^z \frac{e^{-i\beta}}{(1 + \zeta e^{i\theta})(1 + \zeta e^{-i\theta})}\, \mathrm{d}\zeta, \, \theta \in \mathbb{R}.$$
>
> 其中 $\alpha = \arg(\lambda), \beta = \arg(1 - \lambda)$. 若 $F = \lambda f_1 + (1 - \lambda)f_2$ 是局部单叶的, 则 F 是沿水平方向凸的.

下面我们将研究两个调和映射 $f_j = h_j + \overline{g_j} \in S_H (j = 1, 2)$ 取某些特殊的伸缩商时, 线性组合 $f = \lambda f_1 + (1 - \lambda)f_2$ 是单叶的并且沿着 μ 方向凸的. 其中 λ 取复数值, 满足条件 $h'_j - e^{2i(\mu - \alpha_j)}g'_j = e^{-i\alpha_j}\psi_{\mu,\nu}(z)p_j(z)$, $\mathrm{Re}\{p_j\} > 0$, 并且 $\psi_{\mu,\nu}(z)$ 由下式给出

$$\psi_{\mu,\nu}(z) = \frac{1}{1 - 2ze^{-i\mu}\cos\nu + z^2 e^{-2i\mu}}, \quad \mu, \nu \in [0, 2\pi). \tag{2.5}$$

Royster 和 Ziegler [11] 的以下结果用于判断解析函数在特定方向上的凸性.

> **引理 2.2.** [**11**, Royster1976]
>
> 设 ϕ 为 $\mathbb{D}$ 内非常数的解析函数. 则 ϕ 将 $\mathbb{D}$ 映射到沿 γ $(0 \leqslant \gamma < \pi)$ 水平方向凸的区域的充要条件是存在实数 μ 和 ν $(0 \leqslant \nu < 2\pi)$，使得
> $$\text{Re}\left\{ e^{i(\mu-\gamma)} \left(1 - 2ze^{-i\mu}\cos\nu + z^2 e^{-2i\mu}\right) \phi'(z) \right\} \geqslant 0, \quad z \in \mathbb{D}. \tag{2.6}$$

首先，我们得到了对于复数 λ，解析函数与调和映射的线性组合的单叶性判别法则，这是定理 2.7 的推广.

> **定理 2.9.** [**21**, Liu 2021]
>
> 设 $f = \lambda f_1(z) + (1-\lambda)f_2(z)$，其中 $f_1(z)$ 为解析函数，$f_2(z)$ 为保向的调和映射，对于固定的复数 λ，若
> $$|\lambda|^2 + 2\text{Re}\left\{ \lambda \overline{\left((1-\lambda)\frac{h_2'}{f_1'}\right)} \right\} > 0. \tag{2.7}$$
> 则 f 是局部单叶且保向的调和映射.

    证明 如果调和映射 $f = \lambda f_1 + (1-\lambda)h_2 + \overline{(1-\lambda)g_2} =: h + \overline{g}$ 满足 $|g'| < |h'|$，那么它是局部单叶且保向的. 它等价于以下式子

$$|(1-\lambda)g_2'|^2 < |\lambda f_1' + (1-\lambda)h_2'|^2.$$

因此

$$|1-\lambda|^2|g_2'|^2 < |\lambda|^2|f_1'|^2 + |1-\lambda|^2|h_2'|^2 + 2\text{Re}\left\{\lambda f_1' \overline{(1-\lambda)h_2'}\right\}.$$

由于 f_2 局部单叶且保向，则有 $|g_2'| < |h_2'|$，因此只需满足以下式子

$$|\lambda|^2|f_1'|^2 + 2\text{Re}\left\{\lambda f_1' \overline{(1-\lambda)h_2'}\right\} > 0.$$

上式两端同时除以 $|f_1'|^2$ 就可以得到 (2.7) 式. 定理证毕.

    我们通过以下例子是来验证定理 2.9 的结论.

    例 2.4 考虑线性组合 $f = \lambda f_1 + (1-\lambda)f_2$，其中 $\lambda = i$，设 f_1 为以下单叶解析函数
$$f_1(z) = \frac{3(z - 1/2z^2)}{(1-z)^2}.$$

设 $f_2 = h_2 + \overline{g_2}$ 为调和映射，其中 $h_2 - g_2 = z/(1-z)$，并取伸缩商为 $\omega_{f_2} = g_2'/h_2' = z$. 利用剪切原理，可求得

$$f_2(z) = h_2(z) + \overline{g_2(z)} = \frac{z - 1/2z^2}{(1-z)^2} + \overline{\frac{1/2z^2}{(1-z)^2}}.$$

显然又 $\frac{1}{3}f_1'(z) = h_2'(z) = \frac{1}{(1-z)^3}$，从而有

$$|\lambda|^2 + 2\text{Re}\left\{ \lambda \overline{\left((1-\lambda)\frac{h_2'(z)}{f_1'(z)}\right)} \right\} = 1 - \frac{2}{3} = \frac{1}{3} > 0.$$

以上说明 (2.7) 式成立.

    由定理 2.9 可知 $f = \lambda f_1 + (1-\lambda)f_2$ 是局部单叶且保向的. f_1, f_2 以及 $f = if_1 + (1-i)f_2$ 在单位圆盘 $\mathbb{D}$ 上的图像分别如图 2.4(a)，图 2.4(b) 以及图 2.4(c) 所示.

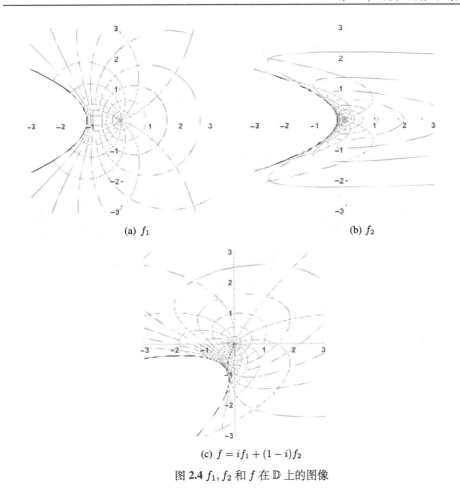

(a) f_1

(b) f_2

(c) $f = if_1 + (1-i)f_2$

图 2.4 f_1, f_2 和 f 在 $\mathbb{D}$ 上的图像

接下来的两个定理是对于复值 λ，两个调和映射的线性组合的单叶性准则.

定理 2.10

对于 $j = 1, 2$，设 $f_j = h_j + \overline{g_j} \in S_H$，且满足

$$h_1 - e^{2i(\mu-\alpha)}g_1 = \int_0^z e^{-i\alpha}\psi_{\mu,\nu}(\zeta)p_1(\zeta)\,\mathrm{d}\zeta$$

和

$$h_2 - e^{2i(\mu-\beta)}g_2 = \int_0^z e^{-i\beta}\psi_{\mu,\nu}(\zeta)p_2(\zeta)\,\mathrm{d}\zeta.$$

其中 $\alpha = \arg(\lambda), \beta = \arg(1-\lambda)$，$p_j$ 为 $\mathbb{D}$ 上满足 $\mathrm{Re}\{p_j\} > 0$ 的解析函数，$\psi_{\mu,\nu}$ 由 (2.5) 式给出. 若对于复常数 λ，$f = \lambda f_1 + (1-\lambda)f_2$ 是局部单叶且保向，则 f 是沿 μ 方向凸的. ♡

证明 由于

$$
\begin{aligned}
f &= \lambda f_1 + (1-\lambda)f_2 \\
&= \lambda h_1 + (1-\lambda)h_2 + \overline{\overline{\lambda}g_1 + (1-\overline{\lambda})g_2} \\
&=: h + \overline{g},
\end{aligned}
$$

因此

$$F = h - e^{2i\mu}g$$

$$= \lambda h_1 + (1-\lambda)h_2 - e^{2i\mu}(\overline{\lambda}g_1 + (1-\overline{\lambda})g_2) \tag{2.8}$$

$$= (\lambda h_1 - e^{2i\mu}\overline{\lambda}g_1) + (1-\lambda)h_2 - e^{2i\mu}(1-\overline{\lambda})g_2.$$

因为 $\lambda = |\lambda|e^{i\alpha}$，$1-\lambda = |1-\lambda|e^{i\beta}$，则有

$$F = |\lambda|e^{i\alpha}(h_1 - e^{2i(\mu-\alpha)}g_1) + |1-\lambda|e^{i\beta}(h_2 - e^{2i(\mu-\beta)}g_2).$$

又由 $\psi_{\mu,\nu}(z) = \frac{1}{1-2ze^{-i\mu}\cos\nu+z^2e^{-2i\nu}}$ 可得

$$\mathrm{Re}\left\{\frac{F'(z)}{\psi_{\mu,\nu}(z)}\right\} = |\lambda|\mathrm{Re}\left\{e^{i\alpha}\frac{h_1' - e^{2i(\mu-\alpha)}g_1'}{\psi_{\mu,\nu}(z)}\right\} + |1-\lambda|\mathrm{Re}\left\{e^{i\beta}\frac{h_2' - e^{2i(\mu-\beta)}g_2'}{\psi_{\mu,\nu}(z)}\right\}$$

$$= |\lambda|\mathrm{Re}\{p_1\} + |1-\lambda|\mathrm{Re}\{p_2\}.$$

则由引理 2.2 可知 $F = h - e^{2i\mu}g$ 沿 μ 方向凸的. 再根据引理 1.1，我们知道 $f = h + \overline{g}$ 是局部单叶并且沿 μ 方向凸的. 定理证毕.

注 在定理 2.10 中，如果我们取 $\mu = 0$ 且 $p_1(z) = p_2(z) = 1$，则该定理简化为定理 2.8. 此外，定理 2.10 中的 λ 为实数时退化为文献 [22, Theorem 2.1].

定理 2.11

对于 $j = 1, 2$，设 $f_j = h_j + \overline{g_j} \in S_H$，并且满足

$$h_1 - e^{2i(\mu-\alpha)}g_1 = \int_0^z e^{-i\alpha}\psi_{\mu,\nu}(\zeta)p_1(\zeta)\,\mathrm{d}\zeta \tag{2.9}$$

和

$$h_2 - e^{2i(\mu-\beta)}g_2 = \int_0^z e^{-i\beta}\psi_{\mu,\nu}(\zeta)p_2(\zeta)\,\mathrm{d}\zeta, \tag{2.10}$$

其中 $\alpha = \arg(\lambda), \beta = \arg(1-\lambda)$，$\lambda$ 为复数，，p_j 为 $\mathbb{D}$ 上满足 $\mathrm{Re}\{p_j\} > 0$ 的解析函数，$\psi_{\mu,\nu}$ 由 (2.5) 式给出. 设 ω_{f_j} 为 f_j 的伸缩商，若 ω_{f_j}，p_j 满足下列条件:

(1) $\omega_{f_1} = \omega_{f_2}$ 且 $\beta = \alpha + k\pi$ $(k \in \mathbb{Z})$.

(2) $\frac{p_1}{1-e^{2i(\mu-\alpha)}\omega_{f_1}} = \frac{p_2}{1-e^{2i(\mu-\beta)}\omega_{f_2}}$.

(3) $p_1 = p_2$ 且 $\beta = \alpha + k\pi$ $(k \in \mathbb{Z})$.

(4) $\omega_{f_2} = -\omega_{f_1}$, $\beta = \alpha + k\pi$ $(k \in \mathbb{Z})$ 且 $\mathrm{Re}\left\{\frac{(1-e^{2i(\mu-\alpha)}\omega_{f_1})p_1}{(1-e^{2i(\mu-\alpha)}\omega_{f_2})p_2}\right\} > 0$.

则 $f = \lambda f_1 + (1-\lambda)f_2$ 是局部单叶且沿 μ 方向凸的. ♡

证明 根据定理 2.10，只需证明 f 局部单叶且保向. 现对等式 (2.9) 和 (2.10) 两边同时微分得

$$h_1' - e^{2i(\mu-\alpha)}g_1' = e^{-i\alpha}\psi_{\mu,\nu}p_1$$

$$h_2' - e^{2i(\mu-\beta)}g_2' = e^{-i\beta}\psi_{\mu,\nu}p_2.$$

由于 $g_j' = \omega_{f_j}h_j'$ $(j = 1, 2)$，则以上两式化为

$$h_1' = \frac{e^{-i\alpha}\psi_{\mu,\nu}p_1}{1-e^{2i(\mu-\alpha)}\omega_{f_1}} \quad \text{和} \quad h_2' = \frac{e^{-i\beta}\psi_{\mu,\nu}p_2}{1-e^{2i(\mu-\beta)}\omega_{f_2}}.$$

则

$$
\begin{aligned}
\omega_f &= \frac{g'}{h'} = \frac{\overline{\lambda}g_1' + (1-\overline{\lambda})g_2'}{\lambda h_1' + (1-\lambda)h_2'} \\
&= \frac{\overline{\lambda}\omega_{f_1}(1 - e^{2i(\mu-\beta)}\omega_{f_2})e^{-i\alpha}p_1 + (1-\overline{\lambda})\omega_{f_2}(1 - e^{2i(\mu-\alpha)}\omega_{f_1})e^{-i\beta}p_2}{\lambda(1 - e^{2i(\mu-\beta)}\omega_{f_2})e^{-i\alpha}p_1 + (1-\lambda)(1 - e^{2i(\mu-\alpha)}\omega_{f_1})e^{-i\beta}p_2} \\
&= \frac{|\lambda|\omega_{f_1}(1 - e^{2i(\mu-\beta)}\omega_{f_2})e^{-2i\alpha}p_1 + |1-\lambda|\omega_{f_2}(1 - e^{2i(\mu-\alpha)}\omega_{f_1})e^{-2i\beta}p_2}{|\lambda|(1 - e^{2i(\mu-\beta)}\omega_{f_2})p_1 + |1-\lambda|(1 - e^{2i(\mu-\alpha)}\omega_{f_1})p_2}.
\end{aligned} \tag{2.11}
$$

(1) 设 $\omega_{f_1} = \omega_{f_2}$，$\beta = \alpha + k\pi\ (k \in \mathbb{Z})$，则由 (2.11) 式得 $\omega_f = e^{-2i\alpha}\omega_{f_1} = e^{-2i\beta}\omega_{f_2}$，因此 $|\omega_f| < 1$.

(2) 设 p_j 和 ω_{f_j} 满足定理中的条件 (2)，则 (2.11) 式化为

$$
\omega_f = \frac{|\lambda|\omega_{f_1}e^{-2i\alpha} + |1-\lambda|\omega_{f_2}e^{-2i\beta}}{|\lambda| + |1-\lambda|}.
$$

由于 $|\omega_{f_1}| < 1$，$|\omega_{f_2}| < 1$，则有 $\big||\lambda|\omega_{f_1}e^{-2i\alpha} + |1-\lambda|\omega_{f_2}e^{-2i\beta}\big| < |\lambda| + |1-\lambda|$. 因此 $|\omega_f| < 1$.

(3) 设 $p_1 = p_2$，并且 $\beta = \alpha + k\pi\ (k \in \mathbb{Z})$，则由 (2.11) 式得

$$
\begin{aligned}
\omega_f &= e^{-2i\alpha}\frac{|\lambda|\omega_{f_1}(1 - e^{2i(\mu-\beta)}\omega_{f_2}) + |1-\lambda|\omega_{f_2}(1 - e^{2i(\mu-\alpha)}\omega_{f_1})}{|\lambda|(1 - e^{2i(\mu-\beta)}\omega_{f_2}) + |1-\lambda|(1 - e^{2i(\mu-\alpha)}\omega_{f_1})} \\
&= e^{-2i\alpha}\frac{|\lambda|\omega_{f_1}(1 - e^{2i(\mu-\alpha)}\omega_{f_2}) + |1-\lambda|\omega_{f_2}(1 - e^{2i(\mu-\alpha)}\omega_{f_1})}{|\lambda|(1 - e^{2i(\mu-\alpha)}\omega_{f_2}) + |1-\lambda|(1 - e^{2i(\mu-\alpha)}\omega_{f_1})} \\
&=: e^{-2i\alpha}\widehat{\omega}_f,
\end{aligned}
$$

其中

$$
\widehat{\omega}_f = \frac{|\lambda|\omega_{f_1}(1 - e^{2i(\mu-\alpha)}\omega_{f_2}) + |1-\lambda|\omega_{f_2}(1 - e^{2i(\mu-\alpha)}\omega_{f_1})}{|\lambda|(1 - e^{2i(\mu-\alpha)}\omega_{f_2}) + |1-\lambda|(1 - e^{2i(\mu-\alpha)}\omega_{f_1})}.
$$

因此 $|\widehat{\omega}_f| < 1$ 表明

$$
\begin{aligned}
&\operatorname{Re}\left\{\frac{1 + e^{2i(\mu-\alpha)}\widehat{\omega}_f}{1 - e^{2i(\mu-\alpha)}\widehat{\omega}_f}\right\} \\
&= \frac{|\lambda|}{|\lambda| + |1-\lambda|}\operatorname{Re}\left\{\frac{1 + e^{2i(\mu-\alpha)}\omega_{f_1}}{1 - e^{2i(\mu-\alpha)}\omega_{f_1}}\right\} + \frac{|1-\lambda|}{|\lambda| + |1-\lambda|}\operatorname{Re}\left\{\frac{1 + e^{2i(\mu-\alpha)}\omega_{f_2}}{1 - e^{2i(\mu-\alpha)}\omega_{f_2}}\right\} > 0.
\end{aligned}
$$

从而有 $|\omega_f| = |\widehat{\omega}_f| < 1$.

(4) 设 $\omega_{f_2} = -\omega_{f_1}$ 且 $\beta = \alpha + k\pi\ (k \in \mathbb{Z})$，则由 (2.11) 式可得

$$
\begin{aligned}
\omega_f &= e^{-2i\alpha}\omega_{f_1}\frac{|\lambda|(1 + e^{2i(\mu-\alpha)}\omega_{f_1})p_1 - |1-\lambda|(1 - e^{2i(\mu-\alpha)}\omega_{f_1})p_2}{|\lambda|(1 + e^{2i(\mu-\alpha)}\omega_{f_1})p_1 + |1-\lambda|(1 - e^{2i(\mu-\alpha)}\omega_{f_1})p_2} \\
&=: e^{-2i\alpha}\omega_{f_1}\varphi,
\end{aligned}
$$

其中

$$
\varphi = \frac{|\lambda|(1 + e^{2i(\mu-\alpha)}\omega_{f_1})p_1 - |1-\lambda|(1 - e^{2i(\mu-\alpha)}\omega_{f_1})p_2}{|\lambda|(1 + e^{2i(\mu-\alpha)}\omega_{f_1})p_1 + |1-\lambda|(1 - e^{2i(\mu-\alpha)}\omega_{f_1})p_2}.
$$

要证明 $|\omega_f| < 1$，只需证明 $|\varphi| < 1$. 由定理 2.11 的条件 (4) 可得

$$
\operatorname{Re}\left\{\frac{1 + \varphi}{1 - \varphi}\right\} = \operatorname{Re}\left\{\frac{|\lambda|(1 + e^{2i(\mu-\alpha)})p_1}{|1-\lambda|(1 - e^{2i(\mu-\alpha)})p_2}\right\} > 0.
$$

因此，$|\varphi| < 1$. 定理证毕.

注 在定理 2.11 中取 $\alpha = \beta + k\pi \ (k \in \mathbb{Z})$，由于 $\alpha = \arg(\lambda)$，$\beta = \arg(1-\lambda)$，当 λ 为实数时，该定理退化为 [22, Theorem 2.3].

现去掉一些限制条件，得到以下两个定理.

定理 2.12

对于 $j = 1, 2$，设 $f_j = h_j + \overline{g_j} \in S_H$ 使得

$$
h_1 + e^{2i(\mu-\alpha)}g_1 = \int_0^z e^{-i\alpha}\psi_{\mu,\nu}(\zeta)\,\mathrm{d}\zeta
$$
$$
h_2 + e^{2i(\mu-\beta)}g_2 = \int_0^z e^{-i\beta}\psi_{\mu,\nu}(\zeta)\,\mathrm{d}\zeta
$$

(2.12)

其中 $\alpha = \arg(\lambda), \beta = \arg(1-\lambda)$，$\psi_{\mu,\nu}$ 由 (2.5)式给出. 若对于某个复数 λ，$f = \lambda f_1 + (1-\lambda)f_2$ 局部单叶且保向，则 f 是沿 μ 方向凸的.

♡

证明 根据 (2.8)式可得

$$
\begin{aligned}
h - e^{2i\mu}g &= \lambda h_1 + (1-\lambda)h_2 - e^{2i\mu}(\overline{\lambda}g_1 + (1-\overline{\lambda})g_2) \\
&= (\lambda h_1 - \overline{\lambda}e^{2i\mu}g_1) + ((1-\lambda)h_2 - (1-\overline{\lambda})e^{2i\mu}g_2) \\
&= |\lambda|e^{i\alpha}\left(h_1 - e^{2i(\mu-\alpha)}g_1\right) + |1-\lambda|e^{i\beta}\left(h_2 - e^{2i(\mu-\beta)}g_2\right).
\end{aligned}
$$

(2.13)

另一方面，我们注意到

$$
\begin{aligned}
h_1' - e^{2i(\mu-\alpha)}g_1' &= \left(h_1' + e^{2i(\mu-\alpha)}g_1'\right)\frac{h_1' - e^{2i(\mu-\alpha)}g_1'}{h_1' + e^{2i(\mu-\alpha)}g_1'} \\
&= \left(h_1' + e^{2i(\mu-\alpha)}g_1'\right)\frac{1 - e^{2i(\mu-\alpha)}\omega_{f_1}}{1 + e^{2i(\mu-\alpha)}\omega_{f_1}} \\
&=: e^{-i\alpha}\psi_{\mu,\nu}(z)\mathfrak{p}_1(z).
\end{aligned}
$$

类似地，可得

$$
h_2' - e^{2i(\mu-\beta)}g_2' = e^{-i\beta}\psi_{\mu,\nu}(z)\mathfrak{p}_2(z),
$$

其中

$$
\mathfrak{p}_1(z) = \frac{1 - e^{2i(\mu-\alpha)}\omega_{f_1}}{1 + e^{2i(\mu-\alpha)}\omega_{f_1}}, \quad \mathfrak{p}_2(z) = \frac{1 - e^{2i(\mu-\beta)}\omega_{f_2}}{1 + e^{2i(\mu-\beta)}\omega_{f_2}}
$$

满足 $\mathrm{Re}\{\mathfrak{p}_j(z)\} > 0, \forall z \in \mathbb{D}, j = 1, 2$. 因此，对于复数 λ，由 (2.13)式，在 $\mathbb{D}$ 上有

$$
\mathrm{Re}\left\{\frac{h' - e^{2i\mu}g'}{\psi_{\mu,\nu}}\right\} = |\lambda|\mathrm{Re}\{\mathfrak{p}_1(z)\} + |1-\lambda|\mathrm{Re}\{\mathfrak{p}_2(z)\} > 0
$$

因此，根据引理 2.2 可得 $h - e^{2i\mu}g$ 是沿 μ 方向凸的. 再由定理 1.4 可知 f 是沿 μ 方向凸的.

定理 2.13

对于 $j = 1, 2$，设 $f_j = h_j + \overline{g_j} \in S_H$ 满足 (2.12)式的条件，其中 $\psi_{\mu,\nu}$ 由 (2.5)式给出，并且 $\alpha = \arg(\lambda), \beta = \arg(1-\lambda)$. 设 ω_{f_j} 为 f_j 的伸缩商，若 $\omega_{f_1} = e^{2i(\alpha-\beta)}\omega_{f_2}$，则对于复数 λ，$f = \lambda f_1 + (1-\lambda)f_2$ 是沿 μ 方向凸的.

♡

证明 根据定理 2.12，只需证明在 $\mathbb{D}$ 上有 $|\omega_f| < 1$，其中 ω_f 为 f 的伸缩商. 对 (2.12)式

两端微分得

$$h'_1 + e^{2i(\mu-\alpha)}g'_1 = e^{-i\alpha}\psi_{\mu,\nu}(z)$$

和

$$h'_2 + e^{2i(\mu-\beta)}g'_2 = e^{-i\beta}\psi_{\mu,\nu}(z).$$

由以上两式及其 $g'_j = \omega_j h'_j\ (j=1,2)$ 得

$$h'_1 = \frac{e^{-i\alpha}\psi_{\mu,\nu}(z)}{1+e^{2i(\mu-\alpha)}\omega_{f_1}} \quad 和 \quad h'_2 = \frac{e^{-i\beta}\psi_{\mu,\nu}(z)}{1+e^{2i(\mu-\beta)}\omega_{f_2}}. \tag{2.14}$$

由 (2.8) 和 (2.14)式，ω_f 由下式可得

$$\begin{aligned}
\omega_f &= \frac{g'}{h'} = \frac{\overline{\lambda}g'_1 + (1-\overline{\lambda})g'_2}{\lambda h'_1 + (1-\lambda)h'_2}\\
&= \frac{\overline{\lambda}\omega_{f_1}h'_1 + (1-\overline{\lambda})\omega_{f_2}h'_2}{\lambda h'_1 + (1-\lambda)h'_2}\\
&= \frac{\overline{\lambda}e^{-i\alpha}\omega_{f_1}\left(1+e^{2i(\mu-\beta)}\omega_{f_2}\right) + (1-\overline{\lambda})e^{-i\beta}\omega_{f_2}\left(1+e^{2i(\mu-\alpha)}\omega_{f_1}\right)}{\lambda e^{-i\alpha}\left(1+e^{2i(\mu-\beta)}\omega_{f_2}\right) + (1-\lambda)e^{-i\beta}\left(1+e^{2i(\mu-\alpha)}\omega_{f_1}\right)}\\
&= \frac{|\lambda|e^{-2i\alpha}\omega_{f_1}\left(1+e^{2i(\mu-\beta)}\omega_{f_2}\right) + |1-\lambda|e^{-2i\beta}\omega_{f_2}\left(1+e^{2i(\mu-\alpha)}\omega_{f_1}\right)}{|\lambda|\left(1+e^{2i(\mu-\beta)}\omega_{f_2}\right) + |1-\lambda|\left(1+e^{2i(\mu-\alpha)}\omega_{f_1}\right)}.
\end{aligned} \tag{2.15}$$

(a) 若 $\beta = \alpha+k\pi\ (k\in\mathbb{Z})$，则 $\omega_{f_1} = \omega_{f_2}$. 由 (2.15)式可得 $\omega_f = e^{-2i\alpha}\omega_{f_1}$. 又因为 $|\omega_{f_1}| < 1$，所以 $|\omega_f| < 1$.

(b) 若 $\beta \neq \alpha+k\pi\ (k\in\mathbb{Z})$，把 $\omega_{f_1} = e^{2i(\alpha-\beta)}\omega_{f_2}$ 代入 (2.15) 得

$$\omega_f = \frac{|\lambda|e^{-2i\alpha}\omega_{f_1} + |1-\lambda|e^{-2i\beta}\omega_{f_2}}{|\lambda| + |1-\lambda|} = e^{-2i\beta}\omega_{f_2} = e^{-2i\alpha}\omega_{f_1}.$$

所以 $|\omega_f| < 1$. 定理证毕.

以下两个例子分别用来验证定理 2.10 和定理 2.12.

例 **2.5** 考虑线性组合 $f = \lambda f_1 + (1-\lambda)f_2$，若取 $\lambda = i$，则 $\alpha = \arg(\lambda) = \pi/2$ 并且 $\beta = \arg(1-\lambda) = -\pi/4$. 在 (2.5) 式中取 $\mu = \nu = \pi/2$，则有

$$\psi_{\mu,\nu}(z) = \frac{1}{1-2ze^{-i\mu}cos\nu + z^2 e^{-2i\mu}} = \frac{1}{1-z^2}.$$

则由 (2.9)可得

$$h'_1(z) - g'_1(z) = \frac{-ip_1(z)}{1-z^2}.$$

若取 $p_1(z) = p_2(z) = \frac{1+z}{1-z}$，$\omega_{f_1} = g'_1(z)/h'_1(z) = -z$，利用剪切原理得

$$h_1(z) = -i\left(\frac{1}{2}\frac{z}{1-z} + \frac{1}{4}\log\frac{1+z}{1-z}\right)$$

和

$$g_1(z) = -i\left(-\frac{1}{2}\frac{z}{1-z} + \frac{1}{4}\log\frac{1+z}{1-z}\right).$$

$f_1(z) = h_1(z) + \overline{g_1(z)}$ 在 $\mathbb{D}$ 上的图像如图 2.5(a) 所示.

由定理 2.10 中的 (2.3) 式，可以得到 $\omega_{f_2} = i\omega_{f_1} = g'_2(z)/h'_2(z) = -iz$. 对 (2.10)式两边微分得

$$h'_2(z) + ig'_2(z) = e^{\frac{\pi}{4}i}\frac{p_2(z)}{1-z^2}.$$

经计算得

$$h_2(z) = \frac{1+i}{4\sqrt{2}} \left(\frac{1}{2} \frac{z}{1-z} + \frac{1}{4} \log \frac{1+z}{1-z} \right)$$

和

$$g_2(z) = \frac{1+i}{4\sqrt{2}} \left(\frac{1}{2} \frac{z}{1-z} - \frac{1}{4} \log \frac{1+z}{1-z} \right).$$

当 $\lambda = i$ 时，$f_2(z) = h_2(z) + \overline{g_2(z)}$ 和 $f(z) = \lambda f_1(z) + (1-\lambda)f_2(z)$ 在 $\mathbb{D}$ 上的图像分别如**图** 2.5(b)、2.5(c)，所示. 根据定理 2.10，$f(z) = if_1(z) + (1-i)f_2(z)$ 是沿虚轴方向凸的.

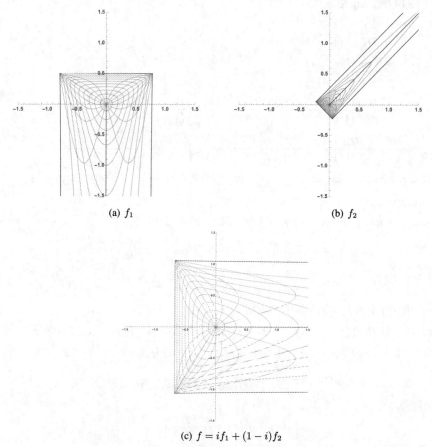

(a) f_1

(b) f_2

(c) $f = if_1 + (1-i)f_2$

图 **2.5** f_1, f_2 和 f 在 $\mathbb{D}$ 上的图像

例 2.6 设 $f = \lambda f_1 + (1-\lambda)f_2$，取 $\lambda = (1+i)/2$，则有 $\alpha = \arg(\lambda) = \pi/4$ 且 $\beta = \arg(1-\lambda) = -\pi/4$.

在 (2.5)式中，取 $\mu = \nu = \frac{\pi}{2}$，得

$$\psi_{\mu,\nu}(z) = \frac{1}{1 - 2ze^{-i\mu}\cos\nu + z^2 e^{-2i\mu}} = \frac{1}{1-z^2}.$$

设 $f_1 = h_1 + \overline{g_1}$ 使得

$$h_1 + e^{2i(\mu-\alpha)}g_1 = \int_0^z e^{-i\alpha}\psi_{\mu,\nu}(\zeta)\,\mathrm{d}\zeta,$$

并且其伸缩商为 $\omega_{f_1} = g_1'/h_1' = z^2$. 经简单计算得

$$h_1(z) = \frac{1+i}{4} \log\left(\frac{1 + \frac{1-i}{\sqrt{2}}z}{1 - \frac{1-i}{\sqrt{2}}z}\right) - \frac{\sqrt{2}}{4} i \log\left(\frac{1+z}{1-z}\right)$$

和

$$g_1(z) = -\frac{1-i}{4} \log\left(\frac{1 + \frac{1-i}{\sqrt{2}}z}{1 - \frac{1-i}{\sqrt{2}}z}\right) - \frac{\sqrt{2}}{4} i \log\left(\frac{1+z}{1-z}\right).$$

下面设 $f_2 = h_2 + \overline{g_2}$ 使得

$$h_2 + e^{2i(\mu - \beta)} g_2 = \int_0^z e^{-i\beta} \psi_{\mu,\nu}(\zeta) \,\mathrm{d}\zeta,$$

并且其伸缩商为 $\omega_{f_2} = g_2'/h_2' = e^{-2i(\alpha - \beta)} \omega_{f_1} = -z^2$. 则有

$$h_2(z) = -\frac{1-i}{4} \log\left(\frac{1 + \frac{1-i}{\sqrt{2}}z}{1 - \frac{1-i}{\sqrt{2}}z}\right) + \frac{\sqrt{2}}{4} \log\left(\frac{1+z}{1-z}\right)$$

和

$$g_2(z) = \frac{1+i}{4} \log\left(\frac{1 + \frac{1-i}{\sqrt{2}}z}{1 - \frac{1-i}{\sqrt{2}}z}\right) - \frac{\sqrt{2}}{4} \log\left(\frac{1+z}{1-z}\right).$$

因此，复系数调和映射的线性组合可表示为

$$f(z) = \frac{1+i}{2} f_1(z) + \frac{1-i}{2} f_2(z).$$

由于 $f_1(z)$ 和 $f_2(z)$ 满足 (2.12) 式，由定理 2.13 可知，$f(z) = \lambda f_1(z) + (1-\lambda) f_2(z)$ 是沿虚轴方向凸的. 当 $\lambda = \frac{1+i}{2}$ 时，$f_1(z), f_2(z)$ 和 $f(z) = \lambda f_1(z) + (1-\lambda)f_2(z)$ 在 $\mathbb{D}$ 上的图像分别如图 2.6(a)、2.6(b)、2.6(c) 所示.

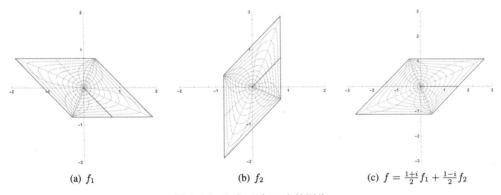

(a) f_1 (b) f_2 (c) $f = \frac{1+i}{2}f_1 + \frac{1-i}{2}f_2$

图 2.6 f_1, f_2 和 f 在 $\mathbb{D}$ 上的图像

第 3 章 调和映射的卷积

剪切原理（定理 1.4）提供了一种构造单叶调和映射的方法. 为了使用此方法，需要特定的条件以保证其单叶性. 卷积是构造单叶调和映射的另一种方法，它也需要特定的条件以保证卷积后生成的新函数的单叶性. 另外，研究调和映射的卷积本身也是一个有趣的课题.

3.1 定义

调和映射的卷积是解析函数卷积的更一般化，它是研究 Schlicht 函数的一个重要领域（更多有关解析函数的卷积参见文献 [23]）. 然而，解析函数的卷积一些很好的性质不能直接平移到调和的情形上来. 比如说由 Ruscheweyh 和 Sheil-Small 证明的 Polya–Schoenberg 猜想表明解析函数的卷积具有保凸性，然而这种保凸性对于调和映射的卷积却不成立. 但是仍然有一些涉及到调和卷积的公开领域有待进一步研究. 更多有关调和映射卷积的详细介绍参见文献 [17]. 首先我们定义解析函数的卷积.

> **定义 3.1. 解析函数的卷积**
>
> 对于 $F_1, F_2 \in \mathcal{S}$ 分别由下列级数表示
>
> $$F_1(z) = \sum_{n=0}^{\infty} A_n z^n \quad \text{和} \quad F_2(z) = \sum_{n=0}^{\infty} B_n z^n,$$
>
> 则它们的卷积定义为
>
> $$F_1(z) * F_2(z) = \sum_{n=0}^{\infty} A_n B_n z^n.$$
> ♣

例 3.1 我们计算右半平面函数（见例 1.3）

$$f(z) = \frac{z}{1-z} = \sum_{n=1}^{\infty} z^n$$

与 Koebe 函数

$$k(z) = \frac{z}{(1-z)^2} = \sum_{n=1}^{\infty} n z^n$$

的卷积为

$$\begin{aligned}
f(z) * k(z) &= \frac{z}{1-z} * \frac{z}{(1-z)^2} \\
&= \sum_{n=1}^{\infty} z^n * \sum_{n=1}^{\infty} n z^n \\
&= \sum_{n=1}^{\infty} n z^n \\
&= \frac{z}{(1-z)^2}.
\end{aligned}$$

例 3.2 取 Kobe 函数 $f(z) = \frac{z}{(1-z)^2}$ 和水平带状函数 $F(z) = \frac{1}{2} \log\left(\frac{1+z}{1-z}\right)$. 它们的卷积

$f(z) * F(z)$ 是什么呢? 我们需要计算 F 的泰勒展开式. 为此, 利用

$$\log(1-z) = \int_0^z \frac{-1}{1-\xi}\,d\xi = -\int_0^z \sum_{n=0}^\infty \xi^n\,d\xi = \sum_{n=0}^\infty \frac{-1}{n+1}z^{n+1}$$

和

$$\log(1+z) = \sum_{n=0}^\infty (-1)^{n+1}\frac{1}{n+1}z^{n+1}.$$

我们得到

$$\frac{1}{2}\log\left(\frac{1+z}{1-z}\right) = \sum_{n=0}^\infty(-1)^{n+1}\frac{1}{n+1}z^{n+1} - \sum_{n=0}^\infty \frac{-1}{n+1}z^{n+1}$$
$$= \sum_{n=0}^\infty \frac{1}{2n+1}z^{2n+1}.$$

从而有

$$f(z)*F(z) = \frac{z}{(1-z)^2} * \frac{1}{2}\log\left(\frac{1+z}{1-z}\right)$$
$$= \sum_{n=1}^\infty nz^n * \sum_{n=0}^\infty \frac{1}{2n+1}z^{2n+1}$$
$$= (z + 2z^2 + 3z^3 + 4z^4 + 5z^5 + \cdots) * \left(z + \frac{1}{3}z^3 + \frac{1}{5}z^5 + \cdots\right)$$
$$= z + z^3 + z^5 + \cdots.$$

由于

$$\frac{1}{1-z} = 1 + z + z^2 + z^3 + \cdots,$$

因此有

$$\frac{1}{1-z^2} = 1 + z^2 + z^4 + z^6 + \cdots$$

和

$$\frac{z}{1-z^2} = z + z^3 + z^5 + \cdots.$$

即

$$f(z)*F(z) = \frac{z}{(1-z)^2} * \frac{1}{2}\log\left(\frac{1+z}{1-z}\right) = \frac{z}{1-z^2}.$$

容易验证, 解析函数的卷积有以下性质:

命题 3.1. 解析函数卷积的性质

(a) 右半平面映射 $f(z) = \frac{z}{1-z}$ 在卷积上扮演恒等的角色: 若 F 为一解析函数, 则 $\frac{z}{1-z} * F(z) = F(z)$.

(b) Koebe 函数 $f(z) = \frac{z}{(1-z)^2}$ 在卷积上扮演微分算子的角色: 若 F 为一解析函数, 则 $\frac{z}{(1-z)^2} * F(z) = zF'(z)$.

(c) 卷积是可交换的: 若 f_1 与 f_2 为两解析函数, 则 $f_1 * f_2 = f_2 * f_1$.

(d) 若 f_1 与 f_2 为两解析函数, 则 $z(f_1(z)*f_2(z))' = zf_1'(z)*f_2(z)$.

若 $f_1, f_2 \in \mathcal{S}$，则有可能 $f_1 * f_2 \notin \mathcal{S}$，如：

$$\frac{z}{(1-z)^2} * \frac{z}{(1-z)^2} = \sum_{n=1}^{\infty} n z^n * \sum_{n=1}^{\infty} n z^n$$

$$= \sum_{n=1}^{\infty} n^2 z^n \notin \mathcal{S}.$$

然而，在文献 [24] 中证明了：$f_1, f_2 \in \mathcal{K} \Longrightarrow f_1 * f_2 \in \mathcal{K}$，因此解析函数的卷积具有保凸性.

类似地，我们可以定义调和映射的卷积.

定义 3.2. 调和映射的卷积

对于两调和映射

$$f_1(z) = z + \sum_{n=2}^{\infty} a_n z^n + \overline{\sum_{n=2}^{\infty} b_n z^n}$$

$$f_2(z) = z + \sum_{n=2}^{\infty} A_n z^n + \overline{\sum_{n=2}^{\infty} B_n z^n},$$

则它们的卷积定义为

$$f_1(z) * f_2(z) = z + \sum_{n=2}^{\infty} a_n A_n z^n + \overline{\sum_{n=2}^{\infty} b_n B_n z^n}.$$

在例 1.3 中，右半平面调和映射 $f_0 = h_0(z) + \overline{g_0(z)}$ 可简化成如下形式：

$$h_0(z) = \frac{z - \frac{1}{2} z^2}{(1-z)^2} = \frac{1}{2} \left(\frac{z}{1-z} + \frac{z}{(1-z)^2} \right)$$

$$g_0(z) = \frac{z - \frac{1}{2} z^2}{(1-z)^2} = \frac{1}{2} \left(\frac{z}{1-z} - \frac{z}{(1-z)^2} \right).$$

由于

$$\frac{z}{1-z} = z + z^2 + z^3 + \cdots = \sum_{n=1}^{\infty} z^n,$$

$$\frac{z}{(1-z)^2} = z + 2z^2 + 3z^3 + \cdots = \sum_{n=1}^{\infty} n z^n.$$

根据命题 3.1 的结论，我们可得到

$$\frac{z}{1-z} * F(z) = F(z),$$

$$\frac{z}{(1-z)^2} * F(z) = z F'(z).$$

因此

$$(h_0 * F)(z) = \frac{1}{2} \left[F(z) + z F'(z) \right], \tag{3.1}$$

$$(g_0 * F)(z) = \frac{1}{2} \left[F(z) - z F'(z) \right]. \tag{3.2}$$

对于 $f \in \mathcal{S}_H$ 把单位圆盘 $\mathbb{D}$ 映射成一个凸区域的调和映射，我们将记为：$f \in \mathcal{K}_H$. 前面我们提到：若 $f_1, f_2 \in \mathcal{K}$，则 $f_1 * f_2 \in \mathcal{K}$. 对于凸的单叶调和映射的卷积上述结论是否成立呢? 目前对调和映射的卷积的研究还很少. 1984 年，Clunie 和 Sheil-Small 得到以下结论：

定理 3.1. [2, Clunie1984]

设 $f \in \mathcal{K}_H$ 和 $\varphi \in \mathcal{S}$，则函数

$$f * (\alpha \overline{\varphi} + \varphi) \in \mathcal{S}_H$$

将单位圆盘 $\mathbb{D}$ 映射到一个近于凸的区域，其中 $|\alpha| \leqslant 1$.

并且 Clunie 和 Sheil-Small 在文献 [2] 中提出以下公开问题:

问题 3.1 对于 $f \in \mathcal{K}_H$，调和函数 F 满足什么条件可使得 $f * F \in \mathcal{K}_H$?

以下结论部分回答了以上公开问题.

定理 3.2. [9, Ruscheweyh1989]

设 g 是 $\mathbb{D}$ 上的解析函数，则对于所有的 $f \in \mathcal{K}_H$ 有

$$f * g = \mathrm{Re}\{f\} * g + \overline{\mathrm{Im}\{f\} * g} \in \mathcal{K}_H$$

成立的充要条件是对于每一个 $\gamma \in \mathbb{R}$，$g + i\gamma z g'$ 沿虚轴方向凸.

3.2 右半平面调和映射的卷积

现在我们考虑问题 3.1 更简单的一种情形: 若 $f_1, f_2 \in \mathcal{K}_H$，则满足什么条件可以使得 $f_1 * f_2 \in \mathcal{S}_H$?

我们需要 Lewy's 定理来证明以下结论，Lewy's 定理的另一种表述形式为: 设定义在 $\mathbb{D}$ 上的调和映射 $f = h + \overline{g}$ 满足 $h'(z) \neq 0$，则 f 局部单叶且保向的充要条件是其伸缩商 $|\omega(z)| = |g'(z)/h'(z)| < 1, \forall z \in \mathbb{D}$.

由文献 [25] 可知，对于任意的右半平面调和映射 $f = h + \overline{g} \in \mathcal{K}_H$，一定满足条件

$$h(z) + g(z) = \frac{z}{1-z}.$$

2001 年，Dorff 等人在文献 [26] 中研究了右半平面单叶调和映射的卷积问题. 他们证明了:

定理 3.3. 右半平面调和映射的卷积

设 $f_1 = h_1 + \overline{g_1}$, $f_2 = h_2 + \overline{g_2} \in \mathcal{K}_H$，并且对于 $k = 1, 2$ 有 $h_k(z) + g_k(z) = \frac{z}{1-z}$. 若 $f_1 * f_2$ 局部单叶且保向，则 $f_1 * f_2 \in \mathcal{S}_H$ 且沿实轴方向凸.

证明 由于 $h_k(z) + g_k(z) = \frac{z}{1-z}$，并且对于任意的解析函数 F，有 $\frac{z}{1-z} * F(z) = F(z)$，因此我们得到

$$h_2 - g_2 = (h_1 + g_1) * (h_2 - g_2) = h_1 * h_2 - h_1 * g_2 + h_2 * g_1 - g_1 * g_2,$$

$$h_1 - g_1 = (h_2 + g_2) * (h_1 - g_1) = h_1 * h_2 + h_1 * g_2 - h_2 * g_1 - g_1 * g_2.$$

以上两式相加得

$$h_1 * h_2 - g_1 * g_2 = \frac{1}{2} \left[(h_1 - g_1) + (h_2 - g_2) \right]. \tag{3.3}$$

下面我们将证明 $(h_1 - g_1) + (h_2 - g_2)$ 是沿实轴方向凸的. 由于

$$
\begin{aligned}
h_k'(z) - g_k'(z) &= \left(h_k'(z) + g_k'(z)\right) \left(\frac{h_k'(z) - g_k'(z)}{h_k'(z) + g_k'(z)} \right) \\
&= \left(h_k'(z) + g_k'(z)\right) \left(\frac{1 - \omega_k(z)}{1 + \omega_k(z)} \right) \\
&= \frac{p_k(z)}{(1-z)^2},
\end{aligned}
$$

其中 $p_k(z) = \frac{1 - \omega_k(z)}{1 + \omega_k(z)}$, 且 $\mathrm{Re}\{p_k(z)\} > 0$, $\forall z \in \mathbb{D}$. 设 $\varphi(z) = z/(1-z)^2$, 则

$$
\begin{aligned}
\mathrm{Re}\left\{ \frac{z[(h_1'(z) - g_1'(z)) + (h_2'(z) - g_2'(z))]}{\varphi(z)} \right\} &= \mathrm{Re}\left\{ \frac{\frac{z}{(1-z)^2}[p_1(z) + p_2(z)]}{\frac{z}{(1-z)^2}} \right\} \\
&= \mathrm{Re}\left\{ p_1(z) + p_2(z) \right\} > 0.
\end{aligned}
$$

因此, 根据引理 2.1 和 (3.3) 式可知, $h_1 * h_2 - g_1 * g_2$ 沿实轴方向凸.

最后, 由于 $f_1 * f_2$ 是局部单叶的, 根据定理 1.4 可以得到 $f_1 * f_2 = h_1 * h_2 + \overline{g_1 * g_2}$ 沿实轴方向凸.

2012 年, Dorff 等人 [27] 利用 Cohn's Rule 证明了如下定理:

> **定理 3.4**
>
> 设 $f_n = h + \overline{g} \in \mathcal{S}_H^0$ 满足 $h + g = z/(1-z)$ 和 $\omega(z) = g'(z)/h'(z) = e^{i\theta} z^n$ ($\theta \in \mathbb{R}, n \in \mathbb{N}^+$). 若 $n = 1, 2$, 则 $f_0 * f_n \in \mathcal{S}_H^0$ 且沿实轴凸.

> **定理 3.5**
>
> 设 $f = h + \overline{g} \in \mathcal{K}_H^0$ 满足 $h + g = (1+a)z/(1-z)$ 和 $\omega(z) = (z+a)/(1+az)$, 其中 $a \in (-1, 1)$. 则 $f_0 * f \in \mathcal{S}_H^0$ 沿实轴凸.

以下 Cohn's Rule 在证明我们结论的过程中起重要作用.

> **引理 3.1. Cohn's Rule [28, p375]**
>
> 给定一个 n 次多项式
>
> $$ p(z) = p_0(z) = a_{n,0} z^n + a_{n-1,0} z^{n-1} + \cdots + a_{1,0} z + a_{0,0} \quad (a_{n,0} \neq 0), $$
>
> 并且设
>
> $$ p^*(z) = p_0^*(z) = z^n \overline{p(1/\overline{z})} = \overline{a_{n,0}} + \overline{a_{n-1,0}} z + \cdots + \overline{a_{1,0}} z^{n-1} + \overline{a_{0,0}} z^n, $$
>
> 用 r 和 s 分别表示 $p(z)$ 在单位闭圆盘上的零点数. 若 $|a_{0,0}| < |a_{n,0}|$, 则
>
> $$ p_1(z) = \frac{\overline{a_{n,0}} p(z) - a_{0,0} p^*(z)}{z} \tag{3.4} $$
>
> 是一个在单位圆内和单位圆上的零点数分别为 $r_1 = r - 1$ 和 $s_1 = s$ 的 $n-1$ 次多项式.

注意到 Cohn's Rule 和 Schur-Cohn's Algorithm [28] 是证明调和映射局部单叶保向的重要工具.

定理 3.4 的证明:

证明 由定理 3.3 可知 $f_0 * f$ 是沿实轴凸的, 因此我们只需证明 $f_0 * f$ 是局部单叶

的. 设 $\widetilde{\omega} = (g_0 * g)'/(h_0 * h)'$ 表示 $f_0 * f$ 的伸缩商, 根据 Lewy's 定理, 我们只需证明 $|\widetilde{\omega}(z)| < 1, \forall z \in \mathbb{D}$.

若 F 在 $\mathbb{D}$ 内解析, 并且 $F(0) = 0$, 则有

$$h_0(z) * F(z) = \frac{1}{2}\left[F(z) + zF'(z)\right]$$

$$g_0(z) * F(z) = \frac{1}{2}\left[F(z) - zF'(z)\right].$$

由于 $g'(z) = \omega(z)h'(z)$, 因此 $g''(z) = \omega(z)h''(z) + \omega'(z)h'(z)$. 从而

$$\begin{aligned}
\widetilde{\omega}(z) &= \frac{(g_0 * g)'}{(h_0 * h)'} = \frac{(g(z) - zg'(z))'}{(h(z) + zh'(z))'} \\
&= -\frac{zg''(z)}{2h'(z) + zh''(z)} \\
&= -z\frac{\omega'(z)h'(z) + \omega(z)h''(z)}{2h'(z) + zh''(z)}.
\end{aligned}$$

利用 $h(z) + g(z) = \frac{z}{1-z}$ 和 $g'(z) = \omega(z)h'(z)$, 我们能够得到用 z 和 $\omega(z)$ 所表示的 $h'(z)$ 和 $h''(z)$ 的表达式:

$$h'(z) = \frac{1}{(1+\omega(z))(1-z)^2}$$

$$h''(z) = \frac{2(1+\omega(z)) - \omega'(z)(1-z)}{(1+\omega(z))^2(1-z)^3}.$$

将 $h'(z)$ 和 $h''(z)$ 代入 $\widetilde{\omega}(z)$ 的表达式, 我们得到

$$\begin{aligned}
\widetilde{\omega}(z) &= -z\frac{\omega(z)h'(z) + \omega(z)h''(z)}{2h'(z) + zh''(z)} \\
&= -z\frac{\omega^2(z) + [\omega(z) - \frac{1}{2}\omega'(z)z] + \frac{1}{2}\omega'(z)}{1 + [\omega(z) - \frac{1}{2}\omega'(z)z] + \frac{1}{2}\omega'(z)z^2}.
\end{aligned} \tag{3.5}$$

若 $\omega(z) = e^{i\theta}z$, 则上式为

$$\widetilde{\omega}(z) = -ze^{2i\theta}\frac{z^2 + \frac{1}{2}e^{-i\theta}z + \frac{1}{2}e^{-i\theta}}{1 + \frac{1}{2}e^{i\theta}z + \frac{1}{2}e^{i\theta}z^2} = -ze^{2i\theta}\frac{p(z)}{q(z)}.$$

注意到 $q(z) = z^2\overline{p(1/\bar{z})}$. 因此, 若 z_0 为 $p(z)$ 的零点, 则 $1/\bar{z}$ 为 $q(z)$ 的零点. 因此

$$\widetilde{\omega}(z) = -ze^{2i\theta}\frac{(z+A)(z+B)}{(1+\overline{A}z)(1+\overline{B}z)}.$$

根据引理 3.1, 有

$$p_1(z) = \frac{\overline{a_2}\,p(z) - a_0\,p^*(z)}{z} = \frac{3}{4}z + \left(\frac{1}{2}e^{-i\theta} - \frac{1}{4}\right).$$

因此, $p_1(z)$ 有一个零点 $z_0 = \frac{1}{3} - \frac{2}{3}e^{-i\theta} \in \mathbb{D}$. 根据引理 3.1 可知, $p(z)$ 有两个零点, 分别为 A 和 B, 并且 $|A|, |B| < 1$.

下面我们考虑 $\omega(z) = e^{i\theta}z^2$ 的情形. 将它代入 (3.5) 式得

$$|\widetilde{\omega}(z)| = |z^2|\left|\frac{z^3 + e^{-i\theta}}{1 + e^{i\theta}z^3}\right| = |z|^2 < 1.$$

定理证毕.

定理 3.5 的证明:

证明 由定理 3.3 可知 $f_0 * f$ 是沿实轴凸的, 因此我们只需证明 $f_0 * f$ 是局部单叶的.

把 $\omega(z) = \frac{z+a}{1+az}$ 代入 (3.5) 式，其中 $-1 < a < 1$，得

$$\begin{aligned}
\widetilde{\omega}(z) &= -z \frac{z^2 + \frac{1+3a}{2}z + \frac{1+a}{2}}{1 + \frac{1+3a}{2}z + \frac{1+a}{2}z^2} \\
&= -z \frac{(z+A)(z+B)}{(1+\overline{A}z)(1+\overline{B}z)} \\
&= -z \frac{p(z)}{p^*(z)}.
\end{aligned}$$

根据引理 3.1，可知

$$p_1(z) = \frac{\overline{a_2}\, p(z) - a_0\, p^*(z)}{z} = \frac{(a+3)(1-a)}{4} z + \frac{(1+3a)(1-a)}{4}.$$

由于 $-1 < a < 1$，因此 $p_1(z)$ 有一个在单位圆内的零点 $z_0 = -\frac{1+3a}{a+3}$. 所以 $|A|, |B| < 1$. 从而 $|\widetilde{\omega}(z)| = |-z| < 1$. 定理得证.

现在我们开始阐述调和映射 f_0 与其他特殊类调和映射族的卷积的结论. 首先我们得到 f_0 与另一个具有不同伸缩商的右半平面映射的卷积沿实轴凸的充分条件.

定理 3.6

设 $f = h + \overline{g} \in \mathcal{K}_H^0$ 满足 $h + g = z/(1-z)$ 和 $\omega(z) = -z(z+a)/(1+az)$. 则当 $a = 1$ 或 $-1 \leqslant a \leqslant 0$ 时，$f_0 * f \in \mathcal{S}_H^0$ 且沿实轴凸. ♡

证明 由定理 3.3 可知 $f_0 * f$ 是沿实轴凸的，因此我们只需证明 $f_0 * f$ 是局部单叶的.

将 $\omega(z) = -z(z+a)/(1+az)$ 代入到 (3.5) 式并化简可得：

$$\begin{aligned}
\widetilde{\omega}(z) &= z \frac{z^3 + \frac{2+3a}{2}z^2 + (1+a)z + \frac{a}{2}}{1 + \frac{2+3a}{2}z + (1+a)z^2 + \frac{a}{2}z^3} \\
&= z \frac{q(z)}{q^*(z)} \\
&= z \frac{(z-A)(z-B)(z-C)}{(1-\overline{A}z)(1-\overline{B}z)(1-\overline{C}z)},
\end{aligned} \tag{3.6}$$

若 $a = 1$，则 $q(z) = z^3 + \frac{5}{2}z^2 + 2z + \frac{1}{2} = \frac{1}{2}(1+z)^2(1+2z)$ 的所有零点都在闭单位圆盘上. 由 Cohn's Rule，则对于所有的 $z \in \mathbb{D}$ 都有 $|\widetilde{\omega}(z)| < 1$.

若 $a = 0$，对于所有的 $z \in \mathbb{D}$ 显然有 $|\widetilde{\omega}(z)| = |z^2| < 1$.

若 $-1 \leqslant a < 0$，则对 $q(z) = z^3 + \frac{2+3a}{2}z^2 + (1+a)z + \frac{a}{2}$ 应用 Cohn's Rule，注意到 $|\frac{a}{2}| < 1$，因此我们得到

$$\begin{aligned}
Q(z) &= \frac{\overline{a_3}q(z) - a_0 q^*(z)}{z} \\
&= \frac{4-a^2}{4}\left(z^2 + \frac{2(2+2a-a^2)}{4-a^2}z + \frac{4+2a-3a^2}{4-a^2}\right) \\
&= \frac{4-a^2}{4} q_1(z).
\end{aligned}$$

其中 $q_1(z) = z^2 + \frac{2(2+2a-a^2)}{4-a^2}z + \frac{4+2a-3a^2}{4-a^2}$，由于

$$\left|\frac{4+2a-3a^2}{4-a^2}\right| = \left|1 + \frac{2a(1-a)}{4-a^2}\right| < 1 \ (\text{当} -1 \leqslant a < 0),$$

再次对 $q_1(z)$ 应用 Cohn's Rule 可得

$$q_2(z) = \frac{q_1(z) - \frac{4+2a-3a^2}{4-a^2}q_1^*(z)}{z}$$

$$= \frac{4a(a-1)(4+a-2a^2)}{(4-a^2)^2}\left(z + \frac{2+2a-a^2}{4+a-2a^2}\right).$$

显然

$$z_0 = -\frac{2+2a-a^2}{4+a-2a^2}$$

为 $q_2(z)$ 的零点.

根据上式, 欲证明 $|z_0| \leqslant 1$, 则等价于

$$|2+2a-a^2|^2 - |4+a-2a^2|^2 = (2+2a-a^2)^2 - (4+a-2a^2)^2$$
$$= 3(4-a^2)(a^2-1) \leqslant 0.$$

因此, 由 Cohn's Rule, $q(z)$ 的三个零点都在单位闭圆盘 $\overline{\mathbb{D}}$ 上, 即: $A, B, C \in \overline{\mathbb{D}}$, 从而对于所有的 $z \in \mathbb{D}$, 都有 $|\widetilde{\omega}(z)| < 1$.

3.3 推广形式

在文献 [29] 中, Kumar 等人构造了满足条件 $h_a + g_a = z/(1-z)$ 和 $\omega_a(z) = (a-z)/(1-az)$ $(-1 < a < 1)$ 的右半平面调和映射族. 利用剪切原理（见文献 [3]）, 则有

$$h_a(z) = \frac{\frac{1}{1+a}z - \frac{1}{2}z^2}{(1-z)^2} \quad \text{和} \quad g_a(z) = \frac{\frac{a}{1+a}z - \frac{1}{2}z^2}{(1-z)^2}. \tag{3.7}$$

显然, 当 $a = 0$ 时, $f_0(z) = h_0(z) + \overline{g_0(z)} \in \mathcal{K}_H^0$ 是标准化的右半平面调和映射, 其中

$$h_0(z) = \frac{z - \frac{1}{2}z^2}{(1-z)^2} \quad \text{和} \quad g_0(z) = \frac{-\frac{1}{2}z^2}{(1-z)^2}. \tag{3.8}$$

> **引理 3.2. [29, Kumar2016]**
>
> 设 $f_a = h_a + \overline{g_a}$ 由 (3.7) 式给出, $f = h + \overline{g} \in \mathcal{S}_H^0$, 且 $h + g = z/(1-z)$, 其伸缩商为 $\omega(z) = g'(z)/h'(z)$ $(h'(z) \neq 0, z \in \mathbb{D})$. 则 $f_a * f$ 的伸缩商 $\widetilde{\omega}_1(z)$ 为
> $$\widetilde{\omega}_1(z) = \frac{2(a-z)\omega(1+\omega) + (a-1)\omega' z(1-z)}{2(1-az)(1+\omega) + (a-1)\omega' z(1-z)}. \tag{3.9}$$
> ♡

在文献 [29] 中, Kumar 等人证明了如下结论, 我们给出定理 3.7 的一个新的证明方法.

> **定理 3.7. 一般化右半平面调和映射卷积定理 I**
>
> 设 $f_a = h_a + \overline{g_a}$ 由 (3.7) 式定义, 如果 $f_n = h + \overline{g}$ 是满足条件 $h + g = z/(1-z)$ 和 $\omega(z) = e^{i\theta}z^n$ $(\theta \in \mathbb{R}, n \in \mathbb{N}^+)$ 的右半平面调和映射, 则当 $a \in [\frac{n-2}{n+2}, 1)$ 时, $f_a * f_n \in \mathcal{S}_H$ 沿实轴凸.
> ♡

证明 由定理 3.3 可知, 只需证明 $f_a * f_n$ 的伸缩商满足 $\forall z \in \mathbb{D}$ 都有 $|\widetilde{\omega}_1(z)| < 1$. 在 (3.9) 式

中，令 $\omega(z) = e^{i\theta}z^n$ 得

$$\widetilde{\omega}_1(z) = -z^n e^{2i\theta}\left[\frac{z^{n+1} - az^n + \frac{1}{2}(2+an-n)e^{-i\theta}z + \frac{1}{2}(n-2a-an)e^{-i\theta}}{1 - az + \frac{1}{2}(2+an-n)e^{i\theta}z^n + \frac{1}{2}(n-2a-an)e^{i\theta}z^{n+1}}\right]$$

$$= -z^n e^{2i\theta}\frac{p(z)}{p^*(z)}, \tag{3.10}$$

其中

$$p(z) = z^{n+1} - az^n + \frac{1}{2}(2+an-n)e^{-i\theta}z + \frac{1}{2}(n-2a-an)e^{-i\theta}, \tag{3.11}$$

并且

$$p^*(z) = z^{n+1}\overline{p(1/\overline{z})}.$$

首先我们将证明当 $a = \frac{n-2}{n+2}$ 时，有 $|\widetilde{\omega}_1(z)| < 1$. 这种情况下，我们只需将 $a = \frac{n-2}{n+2}$ 代入到 (3.10) 式可得

$$|\widetilde{\omega}_1(z)| = \left|-z^n e^{2i\theta}\frac{z^{n+1} - \frac{n-2}{n+2}z^n - \frac{n-2}{n+2}e^{-i\theta}z + e^{-i\theta}}{1 - \frac{n-2}{n+2}z - \frac{n-2}{n+2}e^{i\theta}z^n + e^{i\theta}z^{n+1}}\right|$$

$$= \left|-z^n e^{i\theta}\frac{e^{i\theta}z^{n+1} - \frac{n-2}{n+2}e^{i\theta}z^n - \frac{n-2}{n+2}z + 1}{1 - \frac{n-2}{n+2}z - \frac{n-2}{n+2}e^{i\theta}z^n + e^{i\theta}z^{n+1}}\right|$$

$$= |-z^n e^{i\theta}| < 1.$$

接下来我们将证明当 $\frac{n-2}{n+2} < a < 1$ 时，有 $|\widetilde{\omega}_1(z)| < 1$. 显然，若 z_0 为 $p(z)$ 的零点，则 $1/\overline{z_0}$ 为 $p^*(z)$ 的零点. 因此，若 $A_1, A_2, \cdots, A_{n+1}$ 为 $p(z)$ 的零点（可能有相同零点），我们可以将 $\widetilde{\omega}_1(z)$ 写成以下形式：

$$\widetilde{\omega}_1(z) = -z^n e^{2i\theta}\frac{(z-A_1)}{(1-\overline{A_1}z)}\frac{(z-A_2)}{(1-\overline{A_2}z)}\cdots\frac{(z-A_{n+1})}{(1-\overline{A_{n+1}}z)}.$$

对于 $|A_j| \leqslant 1$，变换 $\frac{z-A_j}{1-\overline{A_j}z}$ $(j = 1, 2, \cdots, n+1)$ 将单位圆盘映射到单位圆盘. 现只需证明当 $\frac{n-2}{n+2} < a < 1$ 时，(3.11) 式的所有零点都在单位闭圆盘 $\overline{\mathbb{D}}$ 上. 由于 $|a_{0,0}| = |\frac{1}{2}(n-2a-an)e^{-i\theta}| < |a_{n+1,0}| = 1$，则对 $p(z)$ 利用 Cohn's Rule 得

$$p_1(z) = \frac{\overline{a_{n+1,0}}p(z) - a_{0,0}p^*(z)}{z}$$

$$= \frac{p(z) - \frac{1}{2}(n-2a-an)e^{-i\theta}p^*(z)}{z}$$

$$= \frac{(1-a)(2+n)[2(1+a)-(1-a)n]}{4}\left(z^n - \frac{n}{n+2}z^{n-1} + \frac{2}{n+2}e^{-i\theta}\right).$$

由于 $\frac{n-2}{n+2} < a < 1$，则有 $\frac{(1-a)(2+n)[2(1+a)-(1-a)n]}{4} > 0$. 设 $q_1(z) = z^n - \frac{n}{n+2}z^{n-1} + \frac{2}{n+2}e^{-i\theta}$，由于 $|a_{0,1}| = |\frac{2}{n+2}e^{-i\theta}| < 1 = |a_{n,1}|$，再对 $q_1(z)$ 利用 Cohn's Rule，我们得到

$$p_2(z) = \frac{\overline{a_{n,1}}q_1(z) - a_{0,1}q_1^*(z)}{z}$$

$$= \frac{q_1(z) - \frac{2}{n+2}e^{-i\theta}q_1^*(z)}{z}$$

$$= \frac{n(n+4)}{(n+2)^2}\left(z^{n-1} - \frac{n+2}{n+4}z^{n-2} + \frac{2}{n+4}e^{-i\theta}\right).$$

设 $q_2(z) = z^{n-1} - \frac{n+2}{n+4}z^{n-2} + \frac{2}{n+4}e^{-i\theta}$，则 $|a_{0,2}| = \frac{2}{n+4} < 1 = |a_{n-1,2}|$，从而有

$$
\begin{aligned}
p_3(z) &= \frac{\overline{a_{n-1,2}}q_2(z) - a_{0,2}q_2^*(z)}{z} \\
&= \frac{q_2(z) - \frac{2}{n+4}e^{-i\theta}q_2^*(z)}{z} \\
&= \frac{(n+2)(n+6)}{(n+4)^2}\left(z^{n-2} - \frac{n+4}{n+6}z^{n-3} + \frac{2}{n+6}e^{-i\theta}\right).
\end{aligned}
$$

设 $q_3(z) = z^{n-2} - \frac{n+4}{n+6}z^{n-3} + \frac{2}{n+6}e^{-i\theta}$，则 $|a_{0,3}| = \frac{2}{n+6} < 1 = |a_{n-2,3}|$，从而有

$$
\begin{aligned}
p_4(z) &= \frac{\overline{a_{n-1,3}}q_3(z) - a_{0,3}q_3^*(z)}{z} \\
&= \frac{q_3(z) - \frac{2}{n+6}e^{-i\theta}q_3^*(z)}{z} \\
&= \frac{(n+4)(n+8)}{(n+6)^2}\left(z^{n-3} - \frac{n+6}{n+8}z^{n-4} + \frac{2}{n+8}e^{-i\theta}\right).
\end{aligned}
$$

这样继续下去，我们断言：

$$
p_k(z) = \frac{[n+2(k-2)](n+2k)}{[n+2(k-1)]^2}\left(z^{n-k+1} - \frac{n+2(k-1)}{n+2k}z^{n-k} + \frac{2}{n+2k}e^{-i\theta}\right). \tag{3.12}
$$

其中 $k = 2,3,\cdots,n$.

为了证明等式 (3.12) 对所有 $k \in \mathbb{N}^+(k \geqslant 2)$ 成立，只需证明

$$
p_{k+1}(z) = \frac{[n+2(k-1)][n+2(k+1)]}{(n+2k)^2}\left(z^{n-k} - \frac{n+2k}{n+2(k+1)}z^{n-(k+1)} + \frac{2}{n+2(k+1)}e^{-i\theta}\right). \tag{3.13}
$$

设 $q_k(z) = z^{n-k+1} - \frac{n+2(k-1)}{n+2k}z^{n-k} + \frac{2}{n+2k}e^{-i\theta}$，则 $q_k^*(z) = z^{n-k+1}\overline{q_k(1/\bar{z})} = 1 - \frac{n+2(k-1)}{n+2k}z + \frac{2}{n+2k}e^{-i\theta}z^{n-k+1}$. 由于 $|a_{0,k}| = |\frac{2}{n+2k}e^{-i\theta}| = \frac{2}{n+2k} < 1 = |a_{n-k+1,k}|$，对 $q_k(z)$ 利用 Cohn's Rule 可得

$$
\begin{aligned}
p_{k+1}(z) &= \frac{\overline{a_{n-k+1,k}}q_k(z) - a_{0,k}q_k^*(z)}{z} \\
&= \frac{q_k(z) - \frac{2}{n+2k}e^{-i\theta}q_k^*(z)}{z} \\
&= \frac{[n+2(k-1)][n+2(k+1)]}{(n+2k)^2}\left(z^{n-k} - \frac{n+2k}{n+2(k+1)}z^{n-(k+1)} + \frac{2}{n+2(k+1)}e^{-i\theta}\right).
\end{aligned}
$$

把 $n = k(k \geqslant 2)$ 代入 (3.12) 式得

$$
p_n(z) = \frac{3n(3n-4)}{(3n-2)^2}\left(z - \frac{3n-2-2e^{-i\theta}}{3n}\right).
$$

则 $z_0 = \frac{3n-2-2e^{-i\theta}}{3n}$ 为 $p_n(z)$ 的零点，且有

$$
|z_0| = \left|\frac{3n-2-2e^{-i\theta}}{3n}\right| \leqslant \frac{|3n-2| + |2e^{-i\theta}|}{3n} = \frac{3n-2+2}{3n} = 1.
$$

因此 z_0 位于单位闭圆盘 $\overline{\mathbb{D}}$ 上，根据引理 3.1，我们知道 (3.11) 的所有零点都在单位闭圆盘 $\overline{\mathbb{D}}$ 上. 定理证毕.

Muir[30] 引进了以下一般化的右半平面调和映射:

$$L_c(z) = H_c(z) + \overline{G_c(z)}$$
$$= \frac{1}{1+c}\left[\frac{z}{1-z} + \frac{cz}{(1-z)^2}\right] + \overline{\frac{1}{1+c}\left[\frac{z}{1-z} - \frac{cz}{(1-z)^2}\right]} \quad (z \in \mathbb{D}; c > 0). \quad (3.14)$$

显然有 $L_1(z) = f_0(z)$, 文献 [30] 证明了对于每一个 $c > 0$ 都有 $L_c(\mathbb{D}) = \{\text{Re}(\omega) > -\frac{1}{1+c}\}$ 成立. 此外, 如果 $f = h + \overline{g} \in \mathcal{S}_H$, 则上式可表示为:

$$L_c * f = \frac{h + czh'}{1+c} + \overline{\frac{g - czg'}{1+c}}. \quad (3.15)$$

引理 3.3

设 $L_c = H_c + \overline{G_c}$ 为由 (3.15) 式给出的右半平面调和映射, $f = h + \overline{g} \in \mathcal{S}_H^0$, 且 $h + g = z/(1-z)$, 其伸缩商为 $\omega(z) = g'(z)/h'(z)$ $(h'(z) \neq 0, z \in \mathbb{D})$. 则 $L_c * f$ 的伸缩商 $\widetilde{\omega}_2$ 为

$$\widetilde{\omega}_2(z) = \frac{[(1-c)-(1+c)z]\omega(1+\omega) - c\omega' z(1-z)}{[(1+c)-(1-c)z](1+\omega) - c\omega' z(1-z)}. \quad (3.16)$$

证明 由 (3.15) 式, 有

$$\widetilde{\omega}_2(z) = \frac{(g - czg')'}{(h + czh')'}.$$

与文献 [31, Lemma 7] 的证明中类似的计算可得 (3.16) 式.

引理 3.4

设 $L_c = H_c + \overline{G_c}$ 为由 (3.15) 式给出的右半平面调和映射, $f = h + \overline{g} \in \mathcal{S}_H^0$, 且 $h + g = \frac{z}{1-z}$. 若 $L_c * f$ 局部单叶, 则 $L_c * f \in \mathcal{S}_H^0$ 且沿实轴凸.

证明 我们知道 $L_c = H_c + \overline{G_c}$, 并且有

$$H_c + G_c = \frac{2z}{(1+c)(1-z)}, \qquad h + g = \frac{z}{1-z}.$$

因此

$$h - g = \frac{1+c}{2}(H_c + G_c) * (h - g)$$
$$= \frac{1+c}{2}(H_c * h - H_c * g + G_c * h - G_c * g),$$
$$H_c - G_c = (H_c - G_c) * (h + g)$$
$$= H_c * h + H_c * g - G_c * h - G_c * g.$$

从而有

$$H_c * h - G_c * g = \frac{1}{2}\left[\frac{2}{1+c}(h - g) + (H_c - G_c)\right]. \quad (3.17)$$

下面我们将证明 $\frac{2}{1+c}(h - g) + (H_c - G_c)$ 沿实轴凸. 设 $\varphi(z) = z/(1-z)^2 \in \mathcal{S}^*$, 则有

$$\text{Re}\left\{\frac{z}{\varphi}\left[\frac{2}{1+c}(h' - g') + (H_c' - G_c')\right]\right\}$$
$$= \text{Re}\left\{\frac{z\left[\frac{2}{1+c}(h' + g')\left(\frac{h'-g'}{h'+g'}\right) + (H_c' + G_c')\left(\frac{H_c'-G_c'}{H_c'+G_c'}\right)\right]}{\varphi}\right\}$$

$$=\mathrm{Re}\left\{\frac{z\left[\frac{2}{1+c}(h'+g')\left(\frac{1-\omega}{1+\omega}\right)+(H_c'+G_c')\left(\frac{1-\omega_c}{1+\omega_c}\right)\right]}{\varphi}\right\}$$

$$=\frac{2}{1+c}\mathrm{Re}\left\{\frac{\frac{z}{(1-z)^2}[r(z)+r_c(z)]}{\frac{z}{(1-z)^2}}\right\}$$

$$=\frac{2}{1+c}\mathrm{Re}\left\{r(z)+r_c(z)\right\}>0,$$

其中 $r(z)=\frac{1-\omega(z)}{1+\omega(z)}$, $r_c(z)=\frac{1-\omega_c(z)}{1+\omega_c(z)}$. 因此, 由定理 1.1 和 (3.17) 式可得 H_c*h-G_c*g 沿实轴凸.

最后, 由于 L_c*f 局部单叶, 并且 H_c*h-G_c*g 沿实轴凸, 则由定理 1.3 可以得到 $L_c*f=H_c*h+\overline{G_c*g}$ 沿实轴凸.

我们利用新的方法证明了定理 3.7, 该证明方法与文献 [29] 的主要区别在于: 我们构造一函数列以寻找在单位闭圆盘上的多项式的所有零点, 并用数学归纳法证明函数 f_a*f_n 的伸缩商满足 $|\widetilde{\omega}_1(z)|=|(g_a*g)'/(h_a*h)'|<1$, 相较于文献 [29, Theorem 2.2] 中的证明方法而言, 这种方法极大地简化了繁复的计算. 我们也将证明当 $0<c\leqslant 2(1+a)/(1-a)$ 时, L_c*f_a 单叶并且沿实轴凸. 并得到如下定理:

> **定理 3.8**
>
> 设 $L_c=H_c+\overline{G_c}$ 为由 (3.14) 式定义的调和映射, $f_a=h_a+\overline{g_a}$ 为由 (3.7) 式定义的右半平面的调和映射. 则当 $0<c\leqslant 2(1+a)/(1-a)$ 时, L_c*f_a 单叶并且沿实轴凸. ♡

证明 由引理 3.4, 只需证明 L_c*f_a 局部单叶且保向. 把 $\omega(z)=\omega_a(z)=(a-z)/(1-az)$ 代入到 (3.16) 式得

$$\begin{aligned}\widetilde{\omega}_2(z)&=\frac{[(1-c)-(1+c)z]\left(\frac{a-z}{1-az}\right)\left(1+\frac{a-z}{1-az}\right)-\frac{c(a^2-1)}{(1-az)^2}z(1-z)}{[(1+c)-(1-c)z](1+\frac{a-z}{1-az})-\frac{c(a^2-1)}{(1-az)^2}z(1-z)}\\&=\frac{[(1-c)-(1+c)z][(a-z)(1-az)+(a-z)^2]-(a^2-1)cz(1-z)}{[(1+c)-(1-c)z][(1-az)^2+(a-z)(1-az)]-(a^2-1)cz(1-z)}\\&=-\frac{z^3-\frac{2+a-c+2ac}{1+c}z^2+\frac{1+2a-2c+ac}{1+c}z-\frac{a(1-c)}{1+c}}{1-\frac{2+a-c+2ac}{1+c}z+\frac{1+2a-2c+ac}{1+c}z^2-\frac{a(1-c)}{1+c}z^3}\end{aligned}\quad(3.18)$$

接下来我们将证明当 $0<c\leqslant 2(1+a)/(1-a)$ 时, 有 $|\widetilde{\omega}_2(z)|<1$, 其中 $-1<a<1$, 我们将分以下两种情况进行讨论.

情形 1 假设 $a=0$. 则把 $a=0$ 代入到 (3.18) 式得

$$\widetilde{\omega}_2(z)=-z\frac{z^2-\frac{2-c}{1+c}z+\frac{1-2c}{1+c}}{1-\frac{2-c}{1+c}z+\frac{1-2c}{1+c}z^2}=-z\frac{(z-1)\left(z-\frac{1-2c}{1+c}\right)}{(1-z)\left(1-\frac{1-2c}{1+c}z\right)}.$$

则对于 $0<c\leqslant 2$ 上式分子的两个零点 $z_1=1$ 和 $z_2=(1-2c)/(1+c)$ 分别位于单位圆周上和它的内部, 因此 $|\widetilde{\omega}_2(z)|<1$.

情形 2 假设 $a\neq 0$. 根据 (3.18) 式有

$$\widetilde{\omega}_2(z)=-\frac{z^3-\frac{2+a-c+2ac}{1+c}z^2+\frac{1+2a-2c+ac}{1+c}z-\frac{a(1-c)}{1+c}}{1-\frac{2+a-c+2ac}{1+c}z+\frac{1+2a-2c+ac}{1+c}z^2-\frac{a(1-c)}{1+c}z^3}$$

$$
\begin{aligned}
&= -\frac{p(z)}{p^*(z)} \\
&= -\frac{(z-A)(z-B)(z-C)}{(1-\overline{A}z)(1-\overline{B}z)(1-\overline{C}z)}.
\end{aligned}
$$

下面我们将要证明当 $0 < c \leqslant 2(1+a)/(1-a)$ 时，有 $A, B, C \in \overline{\mathbb{D}}$. 由引理 3.1 得

$$
p(z) = z^3 - \frac{2+a-c+2ac}{1+c}z^2 + \frac{1+2a-2c+ac}{1+c}z - \frac{a(1-c)}{1+c}.
$$

我们注意到，由于 $c > 0$ 和 $-1 < a < 1$，从而有 $\left| -\frac{a(1-c)}{1+c} \right| < 1$，因此我们得到

$$
\begin{aligned}
p_1(z) &= \frac{\overline{a_3}p(z) - a_0 p^*(z)}{z} = \frac{p(z) + \frac{a(1-c)}{1+c}p^*(z)}{z} \\
&= \frac{(1+c+a-ac)(1+c-a+ac)}{(1+c)^2}z^2 + \frac{-2-c-6ac+c^2+2a^2-a^2c-a^2c^2}{(1+c)^2}z \\
&\quad + \frac{1-c+6ac-2c^2-a^2-a^2c^2+2a^2c^2}{(1+c)^2} \\
&= \frac{(1+c+a-ac)(1+c-a+ac)}{(1+c)^2}\left(z^2 + \frac{-2+c-2a-ac}{1+c+a-ac}z + \frac{1-2c+a+2ac}{1+c+a-ac}\right) \\
&= \frac{(1+c+a-ac)(1+c-a+ac)}{(1+c)^2}(z-1)\left(z - \frac{1+a-2c(1-a)}{1+a+c(1-a)}\right).
\end{aligned}
$$

因此 $p_1(z)$ 的两个零点 $z_1^* = 1$ 和 $z_2^* = \frac{1+a-2c(1-a)}{1+a+c(1-a)}$ 分别位于单位圆周上和其内部. 由引理 3.1 可知 $p(z)$ 所有的零点都位于单位圆周上或内部，即: $A, B, C \in \overline{\mathbb{D}}$，从而对于所有 $z \in \mathbb{D}$ 有 $|\widetilde{\omega}_2(z)| < 1$. 定理证毕.

2013 年，刘志宏和李迎春[31] 定义了一类一般化的右半平面调和映射:

$$
\begin{aligned}
P_c(z) &= H_c(z) - \overline{G_c(z)} \\
&= \frac{1}{1+c}\left[\frac{cz}{(1-z)^2} + \frac{z}{1-z}\right] + \overline{\frac{1}{1+c}\left[\frac{cz}{(1-z)^2} - \frac{z}{1-z}\right]} \quad (z \in \mathbb{D}; c > 0).
\end{aligned}
\tag{3.19}
$$

并证明了如下定理:

定理 3.9. [31, liu2013]

设 $P_c(z)$ 为由 (3.19) 式定义的调和映射，并且满足 $f_n = h + \overline{g}$ 且 $h - g = z/(1-z)$，伸缩商为 $\omega(z) = e^{i\theta}z^n$ $(\theta \in \mathbb{R}, n \in \mathbb{N}^+)$. 则当 $0 < c \leqslant 2/n$ 时，$P_c * f_n$ 单叶并且沿实轴凸.

利用与定理 3.7 类似的方法可得到以下定理:

定理 3.10

设 $L_c = H_c + \overline{G_c}$ 为由 (3.14) 式定义的调和映射，满足条件 $f_n = h + \overline{g}$ 且 $h + g = z/(1-z)$，且伸缩商为 $\omega(z) = e^{i\theta}z^n$ $(\theta \in \mathbb{R}, n \in \mathbb{N}^+)$. 则当 $0 < c \leqslant 2/n$ 时，$L_c * f_n$ 单叶并且沿实轴凸.

注 在定理 3.8 和定理 3.10 中，若取 $c = 1$，显然有 $L_1 = f_0$. 因此定理 3.8 和定理 3.10 分别是定理 3.5 和定理 3.6 的一般形式. 并且由此也可以解释当 $n \geqslant 3$ 时定理 3.4 不成立的原因，由于 $c = 1$，根据定理 3.10 可知，$0 < c \leqslant 2/n$ 仅对于 $n = 1, 2$ 成立.

下面我们将根据定理 3.6 和定理 3.8 给出两个有趣的例子.

例 **3.3** 在定理 3.6 中, 注意到 $f = h + \overline{g} \in \mathcal{S}_H^0$, 且有 $h + g = z/(1 - z)$, 其伸缩商为 $\omega(z) = -z(a + z)/(1 + az)$. 则由剪切原理得

$$h'(z) + g'(z) = \frac{1}{(1 - z)^2}, \qquad g'(z) = \omega(z)h'(z).$$

解以上微分方程组得

$$h'(z) = \frac{1 + az}{(1 - z)^3(1 + z)}, \qquad g'(z) = \frac{-z(a + z)}{(1 - z)^3(1 + z)}.$$

对上式积分可得

$$h(z) = \frac{1}{2}\frac{z}{1 - z} + \frac{1 + a}{4}\frac{z}{(1 - z)^2} + \frac{1 - a}{8}\log\left(\frac{1 + z}{1 - z}\right), \tag{3.20}$$

$$g(z) = \frac{1}{2}\frac{z}{1 - z} - \frac{1 + a}{4}\frac{z}{(1 - z)^2} - \frac{1 - a}{8}\log\left(\frac{1 + z}{1 - z}\right). \tag{3.21}$$

则卷积表达式为

$$f_0 * f = h_0 * h + \overline{g_0 * g} = \frac{h(z) + zh'(z)}{2} + \overline{\left(\frac{g(z) - zg'(z)}{2}\right)}.$$

因此

$$h_0 * h = \frac{1}{4}\frac{z}{1 - z} + \frac{1 + a}{8}\frac{z}{(1 - z)^2} + \frac{1 - a}{16}\log\left(\frac{1 + z}{1 - z}\right) + \frac{1}{2}\frac{z(1 + az)}{(1 - z)^3(1 + z)},$$

$$g_0 * g = \frac{1}{4}\frac{z}{1 - z} - \frac{1 + a}{8}\frac{z}{(1 - z)^2} - \frac{1 - a}{16}\log\left(\frac{1 + z}{1 - z}\right) + \frac{1}{2}\frac{z^2(a + z)}{(1 - z)^3(1 + z)}.$$

对于某些 a 值, 利用 Mathematica 软件作出 $f_0 * f$ 在单位圆盘 $\mathbb{D}$ 上的像域分别见 **图** 3.1 (a)～(b). 由定理 3.6 可得当 $a = -0.5, 1$ 时, $f_0 * f$ 局部单叶并且沿实轴凸 (如**图** 3.1 (a)～(b) 所示), 但是当 $a = 0.2$ 时它并不是局部单叶的, **图** 3.2(b) 为**图** 3.2(a) 局部放大图.

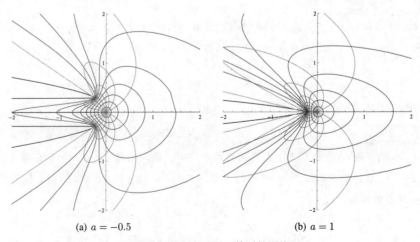

(a) $a = -0.5$ (b) $a = 1$

图 **3.1** $f_0 * f$ 取不同 a 值时的图像

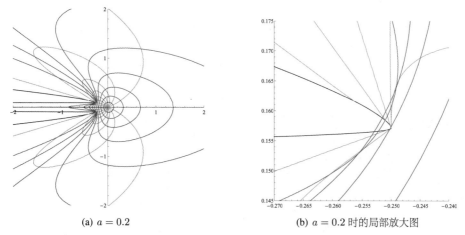

(a) $a = 0.2$ (b) $a = 0.2$ 时的局部放大图

图 **3.2** $f_0 * f$ 取 $a = 0.2$ 的图像

例 3.4 根据定理 3.8 以及 (3.7) 式和 (3.15) 式，我们有

$$
\begin{aligned}
L_c * f_a &= \frac{1}{1+c}\left[h_a(z) + czh'_a(z)\right] + \frac{1}{1+c}\overline{\left[g_a(z) - czg'_a(z)\right]} \\
&= \frac{1}{1+c}\left[\frac{\frac{1}{1+a}z - \frac{1}{2}z^2}{(1-z)^2} + \frac{cz(1-az)}{(1+a)(1-z)^3}\right] + \frac{1}{1+c}\overline{\left[\frac{\frac{a}{1+a}z - \frac{1}{2}z^2}{(1-z)^2} - \frac{cz(a-z)}{(1+a)(1-z)^3}\right]} \\
&= \operatorname{Re}\left\{\frac{z}{(1+c)(1-z)} + \frac{c(1-a)z(1+z)}{(1+c)(1+a)(1-z)^3}\right\} + i\operatorname{Im}\left\{\frac{\left(\frac{1-a}{1+a}+c\right)z}{(1+c)(1-z)^2}\right\}.
\end{aligned}
$$

若取 $a = 0.5, c = 6$，根据定理 3.8，我们知道 $L_6 * f_{0.5}$ 单叶且沿实轴凸. $f_{0.5}$, L_6 和 $L_6 * f_{0.5}$ 在 $\mathbb{D}$ 上的图像分别如**图** 3.3 (a)～(c) 所示.

若取 $a = 0.5, c = 6.2$，则

$$
L_{6.2} * f_{0.5} = \operatorname{Re}\left\{\frac{1}{7.2}\frac{z}{1-z} + \frac{3.1}{10.8}\frac{z(1+z)}{(1-z)^3}\right\} + i\operatorname{Im}\left\{\frac{\frac{1}{3}+6.2}{7.2}\frac{z}{(1-z)^2}\right\}.
$$

图 3.4(a) 是 $L_{6.2} * f_{0.5}$ 在单位圆盘 $\mathbb{D}$ 上的图像，**图** 3.4(b) 是**图** 3.4(a) 的局部放大的图像，这表明 $L_{6.2} * f_{0.5}$ 不是局部单叶的.

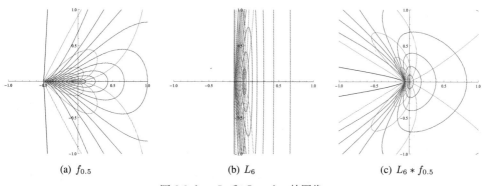

(a) $f_{0.5}$ (b) L_6 (c) $L_6 * f_{0.5}$

图 **3.3** $f_{0.5}$, L_6 和 $L_6 * f_{0.5}$ 的图像

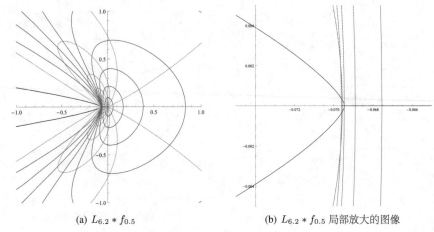

(a) $L_{6.2} * f_{0.5}$ (b) $L_{6.2} * f_{0.5}$ 局部放大的图像

图 3.4 $L_{6.2} * f_{0.5}$ 的图像

3.4 公开问题

本节我们考虑分别具有伸缩商为 $(z+a)/(1+az)$ 和 $e^{i\theta}z^n$ 的两右半平面调和映射族的卷积，其中 $-1 < a < 1$，$\theta \in \mathbb{R}$，$n \in \mathbb{N}$。我们证明了当 $n = 1$ 时，这些卷积是局部单叶的，从而部分解决了 Dorff 等人在文献 [27] 中（或者参见文献 [32] 的问题 3.26(b)）提出的问题。最后我们列表说明当 $n \geqslant 2$ 时这类卷积不是单叶的。

若 f 把单位圆盘 $\mathbb{D}$ 映射到平面 $H_\gamma := \{w : \operatorname{Re}(e^{i\gamma}w) > -(1+a)/2\}$，其中 $-1 < a < 1$，我们称函数 $f = h + \overline{g} \in \mathcal{S}_H$ 为沿 γ ($0 \leqslant \gamma < 2\pi$) 方向斜的右半平面调和映射。利用 Clunie 和 Sheil-Small [2] 的剪切原理和黎曼映射定理可知 f 有如下形式：

$$h(z) + e^{-2i\gamma}g(z) = \frac{(1+a)z}{1-e^{i\gamma}z}. \tag{3.22}$$

注意到 $h(0) = g(0) = h'(0) - 1 = 0$ 和 $g'(0) = a$，我们用 $\mathcal{S}(H_\gamma)$ 表示所有沿 γ 方向斜的右半平面调和映射。显然对于每一个 $f \in \mathcal{S}(H_\gamma)$ 都是属于凸族 $\mathcal{K}_H$，但不一定属于 $\mathcal{K}_H^0$，除非当 $a = 0$。每取一个 γ 都对应于一个沿 γ 方向斜的右半平面调和映射，因此这类映射有无数多个。我们用 $\mathcal{S}^0(H_\gamma)$ 表示 $f \in \mathcal{S}(H_\gamma)$ 且 $a = 0$。

从而函数 $f = h + \overline{g} \in \mathcal{S}^0(H_0)$（也就是说 $f \in \mathcal{S}(H_\gamma)$ 且 $a = 0$）通常是指沿 γ 方向斜的右半平面调和映射，并且由 (3.22) 式显然有如下形式：

$$h(z) + e^{-2i\gamma}g(z) = \frac{z}{1-e^{i\gamma}z} \tag{3.23}$$

因此，取 $\gamma = 0$，上式就退化成右半平面调和映射。譬如说，若 $f_0 = h_0 + \overline{g_0} \in \mathcal{S}^0(H_0)$，且其伸缩商为 $\omega_0 = g_0'/h_0' = -z$，则由剪切原理可得 (3.8) 式。其中函数 f_0 是函数族 $\mathcal{K}_H^0$ 的系数不等式的极值函数。

定理 3.11

若 $f_k \in \mathcal{S}^0(H_{\gamma_k})$，$k = 1, 2$ 且 $f_1 * f_2$ 在单位圆 $\mathbb{D}$ 内局部单叶，则 $f_1 * f_2$ 沿 $-(\gamma_1 + \gamma_2)$ 方向凸。

定理 3.11 中取 $\gamma_1 = \gamma_2 = 0$，此定理就是文献 [26] 中的定理 2．

通常情况下判断 $f_1 * f_2$ 在 $\mathbb{D}$ 的单叶性是困难的．在文献 [33] 中，李浏兰和 Ponnusamy 得到了比文献 [26, Theorem 3] 更一般性的定理．

定理 3.12

设 $f = h + \overline{g} \in \mathcal{S}^0(H_\gamma)$，且 $\omega(z) = e^{i\theta} z^n$，$n = 1, 2$，$\theta \in \mathbb{R}$．则 $f_0 * f \in \mathcal{S}_H^0$ 且沿 γ 方向凸．

2010 年，Bshouty 和 Lyzzaik [32] 收集和整理了一些有关平面调和映射的公开问题和猜想，譬如 Dorff 等人 [27] 提出的如下公开问题（也可参见文献 [32] 的 Problem 3.26）：

问题 **3.2** [32, M. Dorff，M. Nowak，M. Wołoszkiewicz 2012]

(a) 设 $f_0 = h_0 + \overline{g_0} \in \mathcal{S}^0(H_0)$ 由前文所定义的调和映射，且伸缩商为 $\omega_0 = g_0'/h_0' = -z$，$f = h + \overline{g} \in \mathcal{S}(H_0)$ 且其伸缩商为 $\omega(z) = (z + a)/(1 + az), a \in (-1, 1)$．则 $f_0 * f \in \mathcal{S}_H^0$ 且沿实轴凸．请确定其他的 $a \in \mathbb{D}$ 的值以使得其对应的结论仍然成立．

(b) 设 $f_n \in \mathcal{S}^0(H_0)$，其伸缩商为 $\omega_n(z) = e^{i\theta} z^n$ $(\theta \in \mathbb{R}, n \in \mathbb{N})$．确定 n 的值使得 $f_n * f$ 单叶．

上面两个问题在原文上有打印错误，文献 [32] 中的**问题 3.26(b)** 现已修改为如**问题 3.2(b)** 所述．本节的主要目的是解决这个问题，然而，**问题 3.2(a)** 已经由李浏兰和 Ponnusamy [33] 解决，并且在文献 [34-35] 中对此问题有更深入地研究．

注 在文献 [27, Theorem 4] 中，以下的结论源自于 $f = h + \overline{g} \in \mathcal{K}_H^0$，并且满足 $h(z) + g(z) = z/(1 - z)$ 和 $\omega(z) = (z + a)/(1 + az), a \in (-1, 1)$ 的假设的前提条件．然而，第一个条件是 $g'(0) = 0$，第二个条件满足 $g'(0) = a$．基于此，我们重新规范表述他们的结论．

定理 3.13

设 $f \in \mathcal{S}(H_0)$，即：$f = h + \overline{g} \in \mathcal{K}_H$ 使得 $h(z) + g(z) = (1 + a)z/(1 - z)$，且 $\omega(z) = (z + a)/(1 + az), a \in (-1, 1)$．则 $f_0 * f \in \mathcal{S}_H^0$ 且沿实轴凸．

现在我们证明**问题 3.2(b)** 对 $n = 1$ 时成立，并得到以下定理．

定理 3.14

设 $f = h + \overline{g} \in \mathcal{S}(H_0)$，且 $h + g = (1 + a)z/(1 - z)$，其伸缩商为 $\omega(z) = (z + a)/(1 + az)$，其中 $-1 < a < 1$．$f_1 = h_1 + \overline{g_1} \in \mathcal{S}^0(H_0)$，其伸缩商为 $\omega_1(z) = e^{i\theta} z$ $(\theta \in \mathbb{R})$．则 $f_1 * f$ 局部单叶且沿实轴凸．

在定理 3.14 中对于 $\omega(z) = \epsilon(z + a)/(1 + az)$ 且 $a \in \mathbb{D}$，$|\epsilon| = 1$ 结论是否成立仍然是公开问题．正如文献 [35, 定理 1.3] 中的情况，建立类似于定理 3.14 对于斜的右半平面映射是否成立的问题需要更进一步的研究．我们也注意到当 $\theta = \pi$ 时，定理 3.13 就退化成了定理 3.14．

为证明上述定理，我们需要以下引理：

> **引理 3.5. [2, Clunie1984]**
>
> 若 $f = h + \overline{g}$ 在单位圆内凸，则对于所有 $z_1, z_2 \in \mathbb{D}$，都有
> $$\left| \frac{g(z_1) - g(z_2)}{h(z_1) - h(z_2)} \right| < 1.$$
> ♡

> **引理 3.6. [36, Romney2013]**
>
> 设 $f : \mathbb{D} \to \mathbb{C}$ 为非常数的解析函数，其中 $f(\overline{\mathbb{D}})$ 忽略某些点 $w \in \{z : Re\, z < 0\}$. 假设对所有 $t \in \mathbb{R}$（有可能 $\widehat{f}(e^{it}) = \infty$），$\widehat{f}(e^{it}) = \lim_{z \to e^{it}} f(z)$ 存在. 若对于任意的 t 有 $\mathrm{Re}\{\widehat{f}(e^{it})\} \geqslant 0$，使得 $\widehat{f}(e^{it})$ 有穷，则对于所有 $z \in \mathbb{D}$ 有 $Re\{f(z)\} > 0$ 成立. ♡

需要指出的是，引理 3.6 是另一个简易版的解析函数的最大模原理.

定理 3.14 的证明:

证明 由定理 3.13 可知，当 $\theta = \pi$ 时，定理 3.14 显然成立. 因此在接下来的证明中我们假设 $\theta \neq \pi$. 由 (3.23) 式以及对 f 的假设条件可知

$$h'(z) + g'(z) = \frac{1+a}{(1-z)^2}, \quad \omega(z) = \frac{g'(z)}{h'(z)} = \frac{z+a}{1+az}.$$

解以上方程组，再对 h' 和 g' 分别积分并规范化得

$$h(z) = \frac{1+a}{2} \frac{z}{1-z} + \frac{1-a}{4} \log\left(\frac{1+z}{1-z}\right),$$
$$g(z) = \frac{1+a}{2} \frac{z}{1-z} - \frac{1-a}{4} \log\left(\frac{1+z}{1-z}\right). \tag{3.24}$$

同样，我们可以根据 f_1 的假设条件得

$$h_1(z) + g_1(z) = \frac{z}{1-z}, \quad \omega_1(z) = \frac{g_1'(z)}{h_1'(z)} = e^{i\theta}z.$$

解以上方程组得

$$h_1(z) = \frac{1}{1+e^{i\theta}} \frac{z}{1-z} + \frac{e^{i\theta}}{(1+e^{i\theta})^2} \log\left(\frac{1+e^{i\theta}z}{1-z}\right),$$
$$g_1(z) = \frac{e^{i\theta}}{1+e^{i\theta}} \frac{z}{1-z} - \frac{e^{i\theta}}{(1+e^{i\theta})^2} \log\left(\frac{1+e^{i\theta}z}{1-z}\right). \tag{3.25}$$

对于在单位圆盘 $\mathbb{D}$ 内的解析函数 $F(z) = \sum_{n=1}^{\infty} c_n z^n$，有 $(z/(1-z)) * F(z) = F(z)$，且当 $|x| \leqslant 1$，$x \neq 1$ 时，有

$$\log\left(\frac{1-xz}{1-z}\right) * F(z) = \int_0^z \frac{F(t) - F(xt)}{t} \, \mathrm{d}t. \tag{3.26}$$

根据 (3.24) 式和 (3.25) 式，经计算得

$$h(z) * h_1(z) = \frac{1+a}{2} h_1(z) + \frac{1-a}{4} \int_0^z \frac{h_1(t) - h_1(-t)}{t} \, \mathrm{d}t$$
$$= \frac{1+a}{2} \left[\frac{1}{(1+e^{i\theta})} \frac{z}{1-z} + \frac{e^{i\theta}}{(1+e^{i\theta})^2} \log\left(\frac{1+e^{i\theta}z}{1-z}\right) \right] + \frac{(1-a)e^{i\theta}}{4(1+e^{i\theta})^2} \bigg[\mathrm{Li}_2(z)$$
$$- \mathrm{Li}_2(-z) + \mathrm{Li}_2(e^{i\theta}z) - \mathrm{Li}_2(-e^{i\theta}z) + (1+e^{-i\theta}) \log\left(\frac{1+z}{1-z}\right) \bigg]$$

和

$$g(z) * g_1(z) = \frac{1+a}{2}g_1(z) - \frac{1-a}{4}\int_0^z \frac{g_1(t) - g_1(-t)}{t}\,\mathrm{d}t$$

$$= \frac{1+a}{2}\left[\frac{e^{i\theta}}{(1+e^{i\theta})}\frac{z}{1-z} - \frac{e^{i\theta}}{(1+e^{i\theta})^2}\log\left(\frac{1+e^{i\theta}z}{1-z}\right)\right] + \frac{(1-a)e^{i\theta}}{4(1+e^{i\theta})^2}\Big[\mathrm{Li}_2(z)$$

$$- \mathrm{Li}_2(-z) + \mathrm{Li}_2(e^{i\theta}z) - \mathrm{Li}_2(-e^{i\theta}z) - (1+e^{i\theta})\log\left(\frac{1+z}{1-z}\right)\Big],$$

其中 $\mathrm{Li}_2(z)$ 表示二重对数函数，对于 $|z| \leqslant 1$，$\mathrm{Li}_2(z)$ 定义为 $\mathrm{Li}_2(z) = \sum_{k=1}^{\infty}\frac{z^k}{k^2}$.

则 $f * f_1$ 的伸缩商由下式给出

$$\widetilde{\omega}_1(z) = \frac{(g*g_1)'(z)}{(h*h_1)'(z)} = \frac{\frac{1+a}{2}zg_1'(z) - \frac{1-a}{4}[g_1(z) - g_1(-z)]}{\frac{1+a}{2}zh_1'(z) + \frac{1-a}{4}[h_1(z) - h_1(-z)]}.$$

由定理 3.3 以及 $\gamma_1 = 0 = \gamma_2$ 可知若 $f_1 * f$ 局部单叶，则 $f_1 * f$ 沿实轴凸. 因此，我们只需证明对于 $z \in \mathbb{D}$ 有 $|\widetilde{\omega}_1(z)| < 1$. 根据最后一个等式得 $|\widetilde{\omega}_1(z)| < 1$ 等价于

$$\left|-\frac{1-a}{2(1+a)}\frac{g_1(z) - g_1(-z)}{z^2 h_1'(z)} + e^{i\theta}\right|^2 |z|^2 < \left|\frac{1-a}{2(1+a)}\frac{h_1(z) - h_1(-z)}{zh_1'(z)} + 1\right|^2.$$

因此只需证明

$$\left|-\frac{1-a}{2(1+a)}\frac{g_1(z) - g_1(-z)}{z^2 h_1'(z)} + e^{i\theta}\right|^2 < \left|\frac{1-a}{2(1+a)}\frac{h_1(z) - h_1(-z)}{zh_1'(z)} + 1\right|^2,$$

上式等价于

$$\begin{aligned} B(z) := &\left|\frac{1-a}{2(1+a)}\frac{g_1(z) - g_1(-z)}{z^2 h_1'(z)}\right|^2 - \left|\frac{1-a}{2(1+a)}\frac{h_1(z) - h_1(-z)}{zh_1'(z)}\right|^2 \\ &< \mathrm{Re}\left(\frac{1-a}{1+a}J(z)\right), \end{aligned} \tag{3.27}$$

其中

$$J(z) = \frac{h_1(z) - h_1(-z)}{zh_1'(z)} + \frac{e^{-i\theta}(g_1(z) - g_1(-z))}{z^2 h_1'(z)}.$$

因为 $h_1(0) = 0 = h_1'(0) - 1, g_1(0) = 0 = g_1'(0)$ 以及在单位圆上有 $h_1'(z) \neq 0$，则函数 $J(z)$ 在单位圆盘 $\mathbb{D}$ 上显然解析.

由于 f_1 是凸的，根据引理 3.5 可知

$$\left|\frac{g_1(z) - g_1(-z)}{h_1(z) - h_1(-z)}\right| < 1.$$

又由于

$$\lim_{z \to 0}\frac{g_1(z) - g_1(-z)}{h_1(z) - h_1(-z)} = \lim_{z \to 0}\frac{g_1'(z) + g_1'(-z)}{h_1'(z) + h_1'(-z)} = 0,$$

由 Schwarz's 引理，我们断言

$$\left|\frac{g_1(z) - g_1(-z)}{h_1(z) - h_1(-z)}\right| < |z|.$$

显然，当 $z \in \mathbb{D}$ 时，有 $B(z) < 0$，其中 $B(z)$ 由 (3.27) 式给出.

因此由 (3.27) 式可知，如果我们证明在 $\mathbb{D}$ 内有 $\mathrm{Re}\{J(z)\} > 0$，则该证明完成. 为此，由 (3.25) 式我们把 $J(z)$ 简化为

$$J(z) = \frac{(1+e^{i\theta}z)(1-z)}{(1+e^{i\theta})z}\left[2 - \frac{(1-z)(1-e^{i\theta}z)}{(1+e^{i\theta})z}\left\{\log\left(\frac{1+e^{i\theta}z}{1-z}\right) - \log\left(\frac{1-e^{i\theta}z}{1+z}\right)\right\}\right].$$

由引理 3.6，我们只需验证对所有 $t \in \mathbb{R}$ (有可能 $J(e^{it}) = \infty$) 都有 $\lim_{z \to e^{it}} J(z)$ 存在. 对于所有 $t \in \mathbb{R} \backslash \{0, \pi - \theta, \pi, 2\pi - \theta\}$ 是显然的. 对于其他的 t 值，有如下的极限:

$$\lim_{z \to 1} J(z) = 0, \quad \lim_{z \to -1} J(z) = \begin{cases} 0 & \text{若 } \theta = 0 \\ \infty & \text{若 } \theta \neq 0 \end{cases}, \quad \lim_{z \to e^{i(\pi-\theta)}} J(z) = 0,$$

和

$$\lim_{z \to e^{i(2\pi-\theta)}} J(z) = 4i \tan \frac{\theta}{2}.$$

因此，我们只需证明对所有 $t \in \mathbb{R} \backslash \{0, \pi - \theta, \pi, 2\pi - \theta\}$ 都有 $\operatorname{Re} \{J(e^{it})\} \geqslant 0$. 我们有

$$J(e^{it}) = \frac{(1 + e^{i(\theta+t)})(1 - e^{it})}{(1 + e^{i\theta})e^{it}} \left[2 - \frac{(1 - e^{it})(1 - e^{i(\theta+t)})}{(1 + e^{i\theta})e^{it}} \left\{ \log \left(\frac{1 + e^{i(\theta+t)}}{1 - e^{it}} \right) - \log \left(\frac{1 - e^{i(\theta+t)}}{1 + e^{it}} \right) \right\} \right]$$

$$= \frac{-2i \sin \frac{t}{2} \cos \frac{\theta+t}{2}}{\cos \frac{\theta}{2}} \left[2 + \frac{2 \sin \frac{t}{2} \sin \frac{\theta+t}{2}}{\cos \frac{\theta}{2}} \left\{ \log \left(\frac{1 + e^{i(\theta+t)}}{1 - e^{it}} \right) - \log \left(\frac{1 - e^{i(\theta+t)}}{1 + e^{it}} \right) \right\} \right]$$

因此有

$$\operatorname{Re} \{J(e^{it})\} = \frac{2 \sin^2 \frac{t}{2} \sin(\theta+t)}{\cos^2 \frac{\theta}{2}} \left[\arg \left(\frac{1 + e^{i(\theta+t)}}{1 - e^{it}} \right) - \arg \left(\frac{1 - e^{i(\theta+t)}}{1 + e^{it}} \right) \right].$$

现我们令

$$A = \arg \left(\frac{1 + e^{i(\theta+t)}}{1 - e^{it}} \right), \quad B = \arg \left(\frac{1 - e^{i(\theta+t)}}{1 + e^{it}} \right)$$

因此对于 $0 \leqslant \theta < \pi$，我们有

$$A = \begin{cases} \dfrac{\theta + \pi}{2} & \text{若 } t \in (0, \pi - \theta) \\ \dfrac{\theta - \pi}{2} & \text{若 } t \in (\pi - \theta, 2\pi) \end{cases}, \quad B = \begin{cases} \dfrac{\theta - \pi}{2} & \text{若 } t \in (0, \pi) \cup (2\pi - \theta, 2\pi) \\ \dfrac{\theta + \pi}{2} & \text{若 } t \in (\pi, 2\pi - \theta). \end{cases}$$

则有

$$A - B = \begin{cases} \pi & \text{若 } t \in (0, \pi - \theta) \\ -\pi & \text{若 } t \in (\pi, 2\pi - \theta) \\ 0 & \text{若 } t \in (\pi - \theta, \pi) \cup (2\pi - \theta, 2\pi). \end{cases}$$

接下来我们考虑 $\sin(\theta + t)$ 的情形. 当 $t \in (0, \pi - \theta) \cup (2\pi - \theta, 2\pi)$ 时，$\sin(\theta + t)$ 是非负的，当 $t \in (\pi - \theta, 2\pi - \theta)$ 时，则 $\sin(\theta + t)$ 是负的. 从而证明了对于以上所有情形都有 $\operatorname{Re} \{J(e^{it})\} \geqslant 0$.

对于 $\theta \in (-\pi, \pi)$ 情形的更一般的结论类似于 $\theta \in [0, \pi)$ 的讨论. 从而证明了在 $\mathbb{D}$ 内都有 $|\widetilde{\omega}_1(z)| < 1$. 定理证毕.

当 $\theta = \pi/6$ 时 $f * f_1$ 在单位圆盘 $\mathbb{D}$ 上的图像如图 3.5(a)~(d) 所示，其中 a 分别取 $-0.5, 0, 0.5, 0.8$. 当 $a = 0.5$ 时，$f * f_1$ 在单位圆盘 $\mathbb{D}$ 上的图像如图 3.6(a)~(d) 所示，其中 θ 分别取 $0, \pi/6, \pi/3, \pi/2$.

现我们计算 $f * f_n$ 的伸缩商，其中 $f = h + \overline{g} \in \mathcal{S}(H_0)$ 且 $h + g = (1+a)z/(1-z)$，伸缩商为 $\omega(z) = (z+a)/(1+az)$，其中 $-1 < a < 1$，并且 $f_n \in \mathcal{S}^0(H_0)$ 的伸缩商为 $\omega_n(z) = e^{i\theta} z^n$ $(\theta \in \mathbb{R}, n \in \mathbb{N})$.

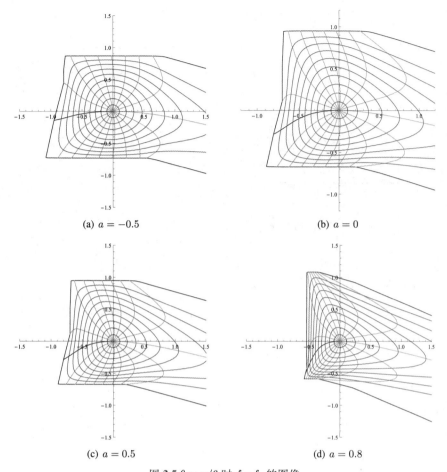

(a) $a = -0.5$ (b) $a = 0$

(c) $a = 0.5$ (d) $a = 0.8$

图 3.5 $\theta = \pi/6$ 时 $f * f_1$ 的图像

首先，我们计算当 $\theta = \pi$ 时 f_n 的表示式. 此时有

$$h'_n(z) + g'_n(z) = \frac{1}{(1-z)^2} \quad \text{和} \quad g'_n(z) = -z^n h'_n(z)$$

因此

$$h'_n(z) = \frac{1}{(1-z^n)(1-z)^2}.$$

为了计算 $h_n(z)$，我们可以把它写成

$$h'_n(z) = \frac{n^2-1}{12n} \frac{1}{1-z} + \frac{n-1}{2n} \frac{1}{(1-z)^2} + \frac{1}{n} \frac{1}{(1-z)^3} + \frac{1}{n} \sum_{k=1}^{n-1} \frac{1}{(1-e^{\frac{2k\pi}{n}i})^2(1-ze^{-\frac{2k\pi}{n}i})}.$$

对上式积分可得

$$h_n(z) = \frac{n-1}{2n} \frac{z}{1-z} + \frac{1}{2n} \frac{z(2-z)}{(1-z)^2} - \frac{n^2-1}{12n} \log(1-z) + \frac{1}{4n} \sum_{k=1}^{n-1} \csc^2 \frac{\pi k}{n} \log\left(1 - ze^{-\frac{2k\pi}{n}i}\right),$$

$$g_n(z) = \frac{n+1}{2n} \frac{z}{1-z} - \frac{1}{2n} \frac{z(2-z)}{(1-z)^2} + \frac{n^2-1}{12n} \log(1-z) - \frac{1}{4n} \sum_{k=1}^{n-1} \csc^2 \frac{\pi k}{n} \log\left(1 - ze^{-\frac{2k\pi}{n}i}\right).$$

$$(3.28)$$

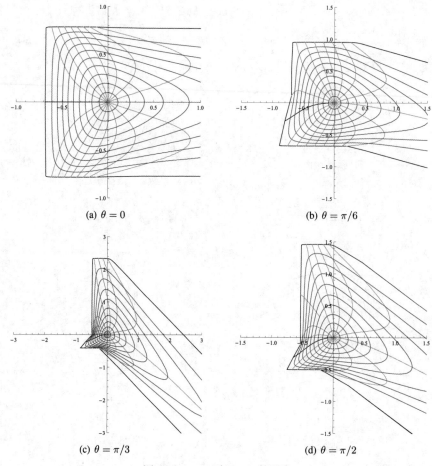

(a) $\theta = 0$　　　　　　　　　　　(b) $\theta = \pi/6$

(c) $\theta = \pi/3$　　　　　　　　　　(d) $\theta = \pi/2$

图 **3.6** $a = 0.5$ 时 $f * f_1$ 的图像

由 (3.24) 和 (3.26)，我们从下列式子可得到 $f * f_n$ 的表示式.

$$h(z) * h_n(z) = \frac{1-a}{4} \int \frac{h_n(z) - h_n(-z)}{z} \mathrm{d}z + \frac{1+a}{2} h_n(z),$$

$$g(z) * g_n(z) = -\frac{1-a}{4} \int \frac{g_n(z) - g_n(-z)}{z} \mathrm{d}z + \frac{1+a}{2} g_n(z), \tag{3.29}$$

并且 $f * f_n$ 的伸缩商 $\widetilde{\omega}_n$ 由下式给出

$$\widetilde{\omega}_n(z) = \frac{(g * g_n)'(z)}{(h * h_n)'(z)} = \frac{-\frac{1-a}{4}(g_n(z) - g_n(-z)) + \frac{1+a}{2} z g_n'(z)}{\frac{1-a}{4}(h_n(z) - h_n(-z)) + \frac{1+a}{2} z h_n'(z)}. \tag{3.30}$$

借助于 Mathematica 软件计算，下面的表格对于某些特定的 n, a 和 z 时对应的 $|\widetilde{\omega}_n(z)|$ 的值. 从**表** 3.1(a) 我们可以看出当 $n \geqslant 2$ 时，对于某些特定的 a 和 z 值使得 $|\widetilde{\omega}_n(z)| > 1$，从而 $f * f_n$ 不是局部单叶的.

接下来我们假设 $\theta \neq \pi$，由于

$$h_n'(z) + g_n'(z) = \frac{1}{(1-z)^2}, \qquad \omega_n(z) = \frac{g_n'(z)}{h_n'(z)} = e^{i\theta} z^n,$$

表 **3.1** $|\widetilde{\omega}_n(z)|$ 的值

(a) $|\widetilde{\omega}_n(z)|$ 对于某些 $a, z, \theta = \pi$ 的值

n	a	z	$|\widetilde{\omega}_n(z)|$
2	0.5	$0.99\exp\left(\frac{\pi}{3}i\right)$	1.06019
3	0.5	$0.99\exp\left(\frac{3\pi}{4}i\right)$	1.28884
4	-0.5	$0.99\exp\left(\frac{\pi}{8}i\right)$	1.07326
5	-0.5	$0.99\exp\left(\frac{\pi}{10}i\right)$	1.04422
6	-0.4	$0.99\exp\left(\frac{\pi}{11}i\right)$	1.03038
7	0.5	$0.99\exp\left(\frac{\pi}{3}i\right)$	1.04396
8	0.5	$0.99\exp\left(\frac{\pi}{3}i\right)$	1.02052
9	0.5	$0.99\exp\left(\frac{\pi}{2}i\right)$	1.12641
10	0.3	$0.99\exp\left(\frac{\pi}{4}i\right)$	1.05563
11	-0.7	$0.99\exp\left(\frac{\pi}{5}i\right)$	1.32055
12	0	$0.99\exp\left(\frac{\pi}{5}i\right)$	1.09197
13	0	$0.99\exp\left(\frac{\pi}{5}i\right)$	1.00698
14	-0.4	$0.99\exp\left(\frac{\pi}{6}i\right)$	1.20222
15	-0.2	$0.99\exp\left(\frac{\pi}{6}i\right)$	1.04876

(b) $|\widetilde{\omega}_n(z)|$ 对于某些 a, θ 和 z 的值

n	a	θ	z	$|\widetilde{\omega}_n(z)|$
2	0.5	$\frac{\pi}{8}$	$0.99\exp\left(\frac{\pi}{2}i\right)$	1.16334
3	0.5	$\frac{\pi}{12}$	$0.99\exp\left(\frac{\pi}{2}i\right)$	1.09124
4	0.5	$\frac{\pi}{3}$	$0.99\exp\left(\frac{\pi}{3}i\right)$	1.05616
5	0.8	$\frac{\pi}{6}$	$0.99\exp\left(\frac{2\pi}{3}i\right)$	1.06377
6	0.7	$\frac{\pi}{3}$	$0.99\exp\left(\frac{\pi}{2}i\right)$	1.09271
7	0.7	$\frac{\pi}{6}$	$0.99\exp\left(\frac{\pi}{6}i\right)$	1.01364
8	0.6	$-\frac{\pi}{3}$	$0.99\exp\left(\frac{\pi}{2}i\right)$	1.04091
9	0.7	$\frac{\pi}{2}$	$0.99\exp\left(-\frac{7\pi}{8}i\right)$	1.20496
10	0.7	$-\frac{\pi}{2}$	$0.99\exp\left(-\frac{7\pi}{8}i\right)$	1.97405
11	0.4	$\frac{\pi}{2}$	$0.99\exp\left(-\frac{7\pi}{8}i\right)$	1.42585
12	0	$\frac{\pi}{2}$	$0.99\exp\left(\frac{7\pi}{8}i\right)$	1.09957
13	0.9	$-\frac{\pi}{16}$	$0.99\exp\left(\frac{7\pi}{8}i\right)$	1.01078
14	0.9	$-\frac{3\pi}{4}$	$0.99\exp\left(-\frac{7\pi}{8}i\right)$	1.08478
15	0.9	$-\frac{\pi}{4}$	$0.99\exp\left(\frac{7\pi}{8}i\right)$	1.00032

因此有

$$
\begin{aligned}
h_n'(z) &= \frac{1}{(1+e^{i\theta}z^n)(1-z)^2} \\
&= \frac{ne^{i\theta}}{(1+e^{i\theta})^2}\frac{1}{1-z} + \frac{1}{1+e^{i\theta}}\frac{1}{(1-z)^2} - \frac{1}{n}\sum_{k=0}^{n-1}\frac{1}{\left(1-e^{i\frac{(2k+1)\pi-\theta}{n}}\right)^2}\frac{1}{1-ze^{-i\frac{(2k+1)\pi-\theta}{n}}}.
\end{aligned}
$$

对上式积分可得

$$
\begin{aligned}
h_n(z) = &-\frac{ne^{i\theta}}{(1+e^{i\theta})^2}\log(1-z) + \frac{1}{1+e^{i\theta}}\frac{z}{1-z} \\
&+ \frac{1}{4n}\sum_{k=0}^{n-1}\csc^2\frac{(2k+1)\pi-\theta}{2n}\log\left(1-ze^{-i\frac{(2k+1)\pi-\theta}{n}}\right),
\end{aligned}
\tag{3.31}
$$

因此

$$
\begin{aligned}
g_n(z) &= \frac{z}{1-z} - h_n(z) \\
&= \frac{ne^{i\theta}}{(1+e^{i\theta})^2}\log(1-z) + \frac{e^{i\theta}}{1+e^{i\theta}}\frac{z}{1-z} \\
&\quad - \frac{1}{4n}\sum_{k=0}^{n-1}\csc^2\frac{(2k+1)\pi-\theta}{2n}\log\left(1-ze^{-i\frac{(2k+1)\pi-\theta}{n}}\right).
\end{aligned}
\tag{3.32}
$$

把 (3.31) 式和 (3.32) 式代入到 (3.30) 式, 并取某些 $a, z, \theta = \pi$ 的值, 我们可得到表 **表 3.1**(b).

通过以上讨论和计算, 我们提出以下问题:

问题 3.3 设 $f = h + \overline{g} \in \mathcal{S}(H_0)$ 且 $h + g = (1+a)z/(1-z)$, 其伸缩商为 $\omega(z) = \frac{z+a}{1+az}$, 其中 $-1 < a < 1$. $f_n = h_n + \overline{g_n} \in \mathcal{S}^0(H_0)$, 其伸缩商为 $\omega_n(z) = e^{i\theta}z^n$ $(\theta \in \mathbb{R}, n \in \mathbb{N})$. 我们猜想当 $n \geqslant 2$ 时, $f * f_n$ 不是局部单叶的. 与此同时, $f * f_n$ 的单叶半径为多少?

3.5 右半平面与垂直带状调和映射的卷积

本节我们首先证明一般化的右半平面调和映射与垂直带状的调和映射的卷积单叶且沿实轴凸的充分条件，用简单方法证明了文献 [37] 中的定理 2.4，并构造了一些沿实轴凸的单叶调和映射的例子以验证主要结论.

然后利用 Gauss-Lucas 定理证明右半平面调和映射与垂直带状区域的卷积单叶并且沿实轴凸. 这些结果表明最近由 Kumar 等人 [37] 和作者本人在文献 [4] 中提出的猜想是正确的. 更进一步地，提供与以上结论相关的例子验证结果是精确的.

设 $f_\alpha = h_\alpha + \overline{g_\alpha}$ 定义为剪切垂直带状解析函数得到的调和映射，其中

$$h_\alpha(z) + g_\alpha(z) = \frac{1}{2i \sin \alpha} \log \left(\frac{1 + z e^{i\alpha}}{1 + z e^{-i\alpha}} \right), \quad \frac{\pi}{2} \leqslant \alpha < \pi. \tag{3.33}$$

在文献 [25, 38] 和 [39] 中精确描述了右半平面和垂直带状调和映射的像域为

$$\Omega_\alpha = \left\{ w : \frac{\alpha - \pi}{2 \sin \alpha} < \operatorname{Re} w < \frac{\alpha}{2 \sin \alpha} \right\}.$$

在文献 [30] 中证明了由 (3.14) 式定义的 $L_c(z)$ 将单位圆盘 $\mathbb{D}$ 映射到更一般的右半平面 $\mathcal{GR} = \{\omega : \operatorname{Re}\omega > -1/(1+c)\}$ $(c > 0)$. 如果 F 在 $\mathbb{D}$ 内解析且 $F(0) = 0$，则有

$$H_c(z) * F(z) = \frac{1}{1+c} \left[F(z) + cz F'(z) \right],$$
$$G_c(z) * F(z) = \frac{1}{1+c} \left[F(z) - cz F'(z) \right]. \tag{3.34}$$

正如解析情形一样，有关卷积的结论对得到部分调和映射的卷积的性质是有用的，最近李浏兰和 Ponnusamy 在文献 [40-42] 中发现一些新的调和卷积的问题，也可参见文献 [43].

在文献 [26] 和 [27] 中分别得到如下定理：

定理 3.15. [26, Dorff2001]

设 $f_1 = h_1 + \overline{g_1} \in \mathcal{K}_H^0$ 为右半平面调和映射，$f_\alpha = h_\alpha + \overline{g_\alpha} \in \mathcal{K}_H^0$ 为由 (3.33) 式定义的垂直带状调和映射. 若 $f_1 * f_\alpha$ 局部单叶保向，则 $f_1 * f_\alpha \in \mathcal{S}_H^0$ 且沿实轴凸. ♡

定理 3.16. [27, Dorff2012]

设 $f_\alpha = h_\alpha + \overline{g_\alpha} \in \mathcal{K}_H^0$ 为由 (3.33) 式定义的垂直带状调和映射，伸缩商为 $\omega = g'_\alpha / h'_\alpha = e^{i\theta} z^n$. f_0 为由 (3.8) 式定义的右半平面调和映射. 则对于 $n = 1, 2$，$f_0 * f_\alpha \in \mathcal{S}_H^0$ 且沿实轴凸. ♡

我们得到并证明以下定理：

定理 3.17

设 $L_c = H_c + \overline{G_c} \in \mathcal{K}_H^0$ 为由 (3.14) 式定义的调和映射，$f_\alpha = h_\alpha + \overline{g_\alpha} \in \mathcal{K}_H^0$ 定义为 (3.33) 式的垂直带状调和映射，其伸缩商为 $\omega(z) = e^{i\theta} z, (\theta \in \mathbb{R})$. 则当 $0 < c \leqslant 2$ 时，$L_c * f_\alpha \in \mathcal{S}_H^0$ 且沿实轴凸. ♡

定理 3.18

设 $L_c = H_c + \overline{G_c} \in \mathcal{K}_H^0$ 为由 (3.14) 式定义的调和映射, $f_{\pi/2} = h_{\pi/2} + \overline{g_{\pi/2}}$ 为由 (3.33) 式给出并取 $\alpha = \pi/2$ 的垂直带状调和映射, 其伸缩商为 $\omega(z) = g'_{\pi/2}/h'_{\pi/2} = e^{i\theta}z^n$, $(\theta \in \mathbb{R}, n \in \mathbb{N})$. 则当 $0 < c \leqslant \frac{2}{n}$ 时, $L_c * f_{\pi/2}$ 单叶且沿实轴凸.

在文献 [44] 中证明了如下结论:

定理 3.19. [44, Kumar2015]

设 $F_a = h_a(z) + \overline{g_a(z)}$ 为由 (3.7) 式给出的右半平面调和映射, $f_{\pi/2} = h_{\pi/2} + \overline{g_{\pi/2}}$ 为由 (3.33) 式给出, 并取 $\alpha = \pi/2$ 的垂直带状调和映射, 其伸缩商为 $\omega(z) = g'_{\pi/2}/h'_{\pi/2} = e^{i\theta}z^n$, $(\theta \in \mathbb{R}, n \in \mathbb{N})$. 则当 $\frac{n-2}{n+2} \leqslant a < 1$ 时, $F_a * f_{\pi/2} \in \mathcal{S}_H^0$ 且沿实轴凸.

在文献 [44] 中利用 Cohn's Rule 和 Schur-Cohn's Algorithm [28] 证明了 $F_a * f_{\pi/2} \in \mathcal{S}_H^0$ 且沿实轴凸. 然而其计算相当复杂, 需要对其进行简化. 我们将利用 Cohn's Rule 结合数学归纳法对其进行证明, 从而大大简化了计算过程和计算量.

为证明我们的主要结论, 需要下面一些引理. 我们首先证明以下关键性的引理:

引理 3.7

设 $L_c = H_c + \overline{G_c} \in \mathcal{K}_H^0$ 由 (3.14) 式定义的调和映射, $f_\alpha = h_\alpha + \overline{g_\alpha} \in \mathcal{K}_H^0$ 由 (3.33) 式给出且伸缩商为由 $\omega = g'_\alpha/f'_\alpha$ 的垂直带状的调和映射. 则 $L_c * f_\alpha$ 的伸缩商由下式给出:

$$\widetilde{\omega} = \frac{[(1+c)z^2 + 2z\cos\alpha + (1-c)]\omega(1+\omega) - cz(z^2 + 2z\cos\alpha + 1)\omega'}{[(1+c) + 2z\cos\alpha + (1-c)z^2](1+\omega) - cz(z^2 + 2z\cos\alpha + 1)\omega'}. \tag{3.35}$$

证明 由于

$$h_\alpha + g_\alpha = \frac{1}{2i\sin\alpha}\log\left(\frac{1 + ze^{i\alpha}}{1 + ze^{-i\alpha}}\right)$$

和 $g'_\alpha = \omega h'_\alpha$, 我们可以从上式得到关于 z 和 ω 所表示的 h'_α 和 h''_α 的表达式

$$h'_\alpha = \frac{1}{(1+\omega)(1 + ze^{i\alpha})(1 + ze^{-i\alpha})},$$

$$h''_\alpha = -\frac{\omega'(1 + 2z\cos\alpha + z^2) + 2(1+\omega)(\cos\alpha + z)}{(1+\omega)^2(1 + ze^{i\alpha})^2(1 + ze^{-i\alpha})^2}.$$

则由 (3.34) 式可得

$$\begin{aligned}
\widetilde{\omega} &= \frac{(G_c * g_\alpha)'}{(H_c * h_\alpha)'} = \frac{(g_\alpha - czg'_\alpha)'}{(h_\alpha + czh'_\alpha)'} = \frac{(1-c)g'_\alpha - czg''_\alpha}{(1+c)h'_\alpha + czh''_\alpha} \\
&= \frac{(1-c)\omega h'_\alpha - cz(\omega'h'_\alpha + \omega h''_\alpha)}{(1+c)h'_\alpha + czh''_\alpha} \\
&= \frac{[(1+c)z^2 + 2z\cos\alpha + (1-c)]\omega(1+\omega) - cz(z^2 + 2z\cos\alpha + 1)\omega'}{[(1+c) + 2z\cos\alpha + (1-c)z^2](1+\omega) - cz(z^2 + 2z\cos\alpha + 1)\omega'}.
\end{aligned}$$

引理证毕.

类似于文献 [26] 中定理 7 的讨论, 我们得到以下结论:

> **引理 3.8**
>
> 设 L_c 由 (3.8) 式定义, $f_\alpha = h_\alpha + \overline{g_\alpha} \in \mathcal{K}_H^0$ 由 (3.33) 式定义. 若 $L_c * f_\alpha$ 局部单叶保向, 则 $L_c * f_\alpha \in \mathcal{S}_H^0$ 并且沿实轴凸.

> **引理 3.9. [44, Kumar2015]**
>
> 设 $f_\alpha = h_\alpha + \overline{g_\alpha} \in \mathcal{K}_H^0$ 由 (3.33) 式定义, 其伸缩商为 $\omega = g'_\alpha / h'_\alpha$, $F_a = H_a + \overline{G_a}$ 为由 (3.7) 式定义的右半平面调和映射. 则 $F_a * f_\alpha$ 的伸缩商由下式给出:
>
> $$\omega^* = \frac{2[a + (a+1)z\cos\alpha + z^2]\omega(1+\omega) - (1-a)(1+2z\cos\alpha + z^2)z\omega'}{2[1 + (a+1)z\cos\alpha + az^2](1+\omega) - (1-a)(1+2z\cos\alpha + z^2)z\omega'}. \quad (3.36)$$

定理 3.17 的证明:

证明 由引理 3.8 和 Lewy's 定理可知, 我们只需证明 $|\tilde{\omega}| < 1, \forall z \in \mathbb{D}$. 把 $\omega = e^{i\theta}z$ 代入到 (3.35) 式得

$$\tilde{\omega} = ze^{2i\theta}\frac{z^3 + \frac{2\cos\alpha + e^{-i\theta}}{1+c}z^2 + \frac{(1-c)(1+2e^{-i\theta}\cos\alpha)}{1+c}z - \frac{2c-1}{1+c}e^{-i\theta}}{1 + \frac{2\cos\alpha + e^{i\theta}}{1+c}z + \frac{(1-c)(1+2e^{i\theta}\cos\alpha)}{1+c}z^2 - \frac{2c-1}{1+c}e^{i\theta}z^3}$$

$$= ze^{2i\theta}\frac{p(z)}{q(z)} = ze^{2i\theta}\frac{(z+A)(z+B)(z+C)}{(1+\overline{A}z)(1+\overline{B}z)(1+\overline{C}z)}, \quad (3.37)$$

其中

$$p(z) = z^3 + \frac{(2\cos\alpha + e^{-i\theta})}{1+c}z^2 + \frac{(1-c)(1+2e^{-i\theta}\cos\alpha)}{1+c}z - \frac{(2c-1)}{1+c}e^{-i\theta},$$

和

$$q(z) = z^3\overline{p\left(\frac{1}{z}\right)} = 1 + \frac{(2\cos\alpha + e^{i\theta})}{1+c}z + \frac{(1-c)(1+2e^{i\theta}\cos\alpha)}{1+c}z^2 - \frac{(2c-1)}{1+c}e^{i\theta}z^3.$$

对 $p(z)$ 利用 Cohn's Rule, 并且注意到对于 $0 < c < 2$, 有

$$|a_{0,0}| = \left|-\frac{(2c-1)}{1+c}e^{-i\theta}\right| = \left|\frac{2c-1}{1+c}\right| < 1 = |a_{3,0}|.$$

因此

$$p_1(z) = \frac{\overline{a_{3,0}}p(z) - a_{0,0}q(z)}{z}$$

$$= \frac{3c(2-c)}{(1+c)^2}\left[z^2 + \frac{2(2\cos\alpha + e^{-i\theta})}{3}z + \frac{1+2e^{-i\theta}\cos\alpha}{3}\right]$$

$$= \frac{3c(2-c)}{(1+c)^2}q_1(z),$$

其中 $q_1(z) = z^2 + \frac{2(2\cos\alpha + e^{-i\theta})}{3}z + \frac{1+2e^{-i\theta}\cos\alpha}{3}$. 由于 $\left|\frac{1+2e^{-i\theta}\cos\alpha}{3}\right| \leqslant \frac{1}{3} + \frac{2}{3}|\cos\alpha| < 1 \, (\alpha \neq \pi)$, 则再次对 $q_1(z)$ 利用 Cohn's Rule 有

$$p_2(z) = \frac{2}{9}\left[(4 - 2\cos^2\alpha - 2\cos\alpha\cos\theta)z + (2\cos\alpha - 4e^{-i\theta}\cos^2\alpha - e^{i\theta} + 3e^{-i\theta})\right].$$

显然 $p_2(z)$ 的零点为

$$z_0 = \frac{2\cos\alpha - 4e^{-i\theta}\cos^2\alpha - e^{i\theta} + 3e^{-i\theta}}{4 - 2\cos^2\alpha - 2\cos\alpha\cos\theta} = \frac{\frac{1}{2}\cos\alpha - e^{-i\theta}\cos^2\alpha - \frac{1}{4}e^{i\theta} + \frac{3}{4}e^{-i\theta}}{1 - \frac{1}{2}\cos^2\alpha - \frac{1}{2}\cos\alpha\cos\theta}.$$

下面我们将要证明 $|z_0| \leqslant 1$，由上式可知只需证明

$$\left| \frac{1}{2}\cos\alpha - e^{-i\theta}\cos^2\alpha - \frac{1}{4}e^{i\theta} + \frac{3}{4}e^{-i\theta} \right|^2 \leqslant \left| 1 - \frac{1}{2}\cos^2\alpha - \frac{1}{2}\cos\alpha\cos\theta \right|^2.$$

则

$$\left| 1 - \frac{1}{2}\cos^2\alpha - \frac{1}{2}\cos\alpha\cos\theta \right|^2 - \left| \frac{1}{2}\cos\alpha - e^{-i\theta}\cos^2\alpha - \frac{1}{4}e^{i\theta} + \frac{3}{4}e^{-i\theta} \right|^2$$

$$= \left(\frac{1}{4}\cos^4\alpha + \frac{1}{2}\cos\theta\cos^3\alpha - \cos^2\alpha + \frac{1}{4}\cos^2\theta\cos^2\alpha - \cos\theta\cos\alpha + 1 \right)$$

$$- \left(\cos^4\alpha - \cos\theta\cos^3\alpha - \frac{7}{4}\cos^2\alpha + \cos^2\theta\cos^2\alpha + \frac{1}{2}\cos\theta\cos\alpha - \frac{3}{4}\cos^2\theta + 1 \right)$$

$$= -\frac{3}{4}\cos^4\alpha + \frac{3}{2}\cos\theta\cos^3\alpha + \frac{3}{4}\cos^2\alpha - \frac{3}{4}\cos^2\theta\cos^2\alpha - \frac{3}{2}\cos\theta\cos\alpha + \frac{3}{4}\cos^2\theta$$

$$= -\frac{3}{4}(\cos^2\alpha - 1)(\cos\alpha - \cos\theta)^2 \geqslant 0.$$

若 $c = 2$，则由 (3.37) 式，我们有

$$\widetilde{\omega} = ze^{2i\theta}\frac{z^3 + \frac{2\cos\alpha + e^{-i\theta}}{3}z^2 - \frac{(1 + 2e^{-i\theta}\cos\alpha)}{3}z - e^{-i\theta}}{1 + \frac{2\cos\alpha + e^{i\theta}}{3}z - \frac{(1 + 2e^{i\theta}\cos\alpha)}{3}z^2 - e^{i\theta}z^3}$$

$$= -ze^{i\theta}.$$

因此有 $|\widetilde{\omega}(z)| < 1$.

从而由 Cohn's Rule 可知，$p(z)$ 的三个零点都在单位闭圆盘 $\overline{\mathbb{D}}$ 上，即：$A, B, C \in \overline{\mathbb{D}}$. 因此，对于所有 $z \in \mathbb{D}$，都有 $|\widetilde{\omega}(z)| < 1$. 定理证毕.

若在 (3.33) 式中取 $\alpha = \pi/2$，我们将证明对于 $0 < c \leqslant 2/n$ 和所有 $n \in \mathbb{N}$ 都有 $L_c * f_{\pi/2} \in \mathcal{S}_H^0$ 且沿实轴凸.

定理 3.18 的证明：

证明 由引理 3.8 可知，只需证明对于所有 $z \in \mathbb{D}$，$L_c * f_{\pi/2}$ 的伸缩商 $|\widetilde{\omega}_1| < 1$. 将 $\alpha = \pi/2$ 代入 (3.35) 式可得

$$\widetilde{\omega}_1 = \frac{\left[(1+c)z^2 + (1-c) \right]\omega(1+\omega) - cz(z^2+1)\omega'}{\left[(1+c) + (1-c)z^2 \right](1+\omega) - cz(z^2+1)\omega'}. \tag{3.38}$$

我们再将 $\omega = e^{i\theta}z^n$ 代入 (3.38) 式得

$$\widetilde{\omega}_1 = e^{2i\theta}z^n\frac{z^{n+2} + \frac{1-c}{1+c}z^n + \frac{1+(1-n)c}{1+c}e^{-i\theta}z^2 + \frac{1-(1+n)c}{1+c}e^{-i\theta}}{1 + \frac{1-c}{1+c}z^2 + \frac{1+(1-n)c}{1+c}e^{i\theta}z^n + \frac{1-(1+n)c}{1+c}e^{i\theta}z^{n+2}}$$

$$= e^{2i\theta}z^n\frac{p(z)}{p^*(z)}, \tag{3.39}$$

其中

$$p(z) = z^{n+2} + \frac{1-c}{1+c}z^n + \frac{1+(1-n)c}{1+c}e^{-i\theta}z^2 + \frac{1-(1+n)c}{1+c}e^{-i\theta} \tag{3.40}$$

和

$$p^*(z) = z^{n+2}\overline{p(1/\overline{z})} = 1 + \frac{1-c}{1+c}z^2 + \frac{1+(1-n)c}{1+c}e^{i\theta}z^n + \frac{1-(1+n)c}{1+c}e^{i\theta}z^{n+2}.$$

首先，我们将证明当 $c = 2/n$ 时，有 $|\widetilde{\omega}_1| < 1$. 在这种情形下，将 $c = 2/n$ 代入 (3.39) 式

得

$$\widetilde{\omega}_1 = e^{2i\theta} z^n \frac{z^{n+2} + \frac{1-\frac{2}{n}}{1+\frac{2}{n}} z^n + \frac{1+(1-n)\frac{2}{n}}{1+\frac{2}{n}} e^{-i\theta} z^2 + \frac{1-(1+n)\frac{2}{n}}{1+\frac{2}{n}} e^{-i\theta}}{1 + \frac{1-\frac{2}{n}}{1+\frac{2}{n}} z^2 + \frac{1+(1-n)\frac{2}{n}}{1+\frac{2}{n}} e^{i\theta} z^n + \frac{1-(1+n)\frac{2}{n}}{1+\frac{2}{n}} e^{i\theta} z^{n+2}}$$

$$= e^{2i\theta} z^n \frac{z^{n+2} + \frac{n-2}{n+2} z^n - \frac{n-2}{n+2} e^{-i\theta} z^2 - e^{-i\theta}}{1 + \frac{n-2}{n+2} z^2 - \frac{n-2}{n+2} e^{i\theta} z^n - e^{i\theta} z^{n+2}} = -e^{i\theta} z^n.$$

因此有 $|\widetilde{\omega}_1| < 1$.

接下来我们将证明对于 $0 < c < 2/n$ 有 $|\widetilde{\omega}_1| < 1$. 显然, 若 z_0 为 $p(z)$ 的零点, 则 $1/\overline{z_0}$ 为 $p^*(z)$ 的零点. 从而 $\widetilde{\omega}_1$ 可写成

$$\widetilde{\omega}_1 = e^{2i\theta} z^n \frac{(z+A_1)(z+A_2)\cdots(z+A_{n+2})}{(1+\overline{A_1}z)(1+\overline{A_2}z)\cdots(1+\overline{A_{n+2}}z)}.$$

由 Cohn's Rule, 我们只需证明当 $0 < c < 2/n$ 时, (3.40) 式所有的零点在单位闭圆盘 $\overline{\mathbb{D}} = \{z \in \mathbb{C} : |z| \leqslant 1\}$ 上. 对于 $0 < c < 2/n$ 有

$$|a_{0,0}| = \left| \frac{1-(1+n)c}{1+c} e^{-i\theta} \right| = \left| \frac{1-(1+n)c}{1+c} \right| < |a_{n+2,0}| = 1$$

因此

$$p_1(z) = \frac{\overline{a_{n+2,0}} p(z) - a_{0,0} p^*(z)}{z}$$

$$= \frac{(n+2)(2-nc)cz}{(1+c)^2} \left(z^n + \frac{n}{n+2} z^{n-2} + \frac{2}{n+2} e^{-i\theta} \right).$$

由于 $0 < c < 2/n$, 因此有 $(n+2)(2-nc)c/(1+c)^2 > 0$. 令

$$q_1(z) = z^n + \frac{n}{n+2} z^{n-2} + \frac{2}{n+2} e^{-i\theta}, \tag{3.41}$$

由于

$$|a_{0,1}| = \left| \frac{2}{n+2} e^{-i\theta} \right| < 1 = |a_{n,1}|,$$

对 $q_1(z)$ 再次利用 (3.4) 式 (Cohn's Rule) 可得

$$p_2(z) = \frac{\overline{a_{n,1}} q_1(z) - a_{0,1} q_1^*(z)}{z}$$

$$= \frac{n(n+4)z}{(n+2)^2} \left(z^{n-2} + \frac{n+2}{n+4} z^{n-4} - \frac{2}{n+4} e^{-i\theta} \right).$$

令 $q_2(z) = z^{n-2} + \frac{n+2}{n+4} z^{n-4} - \frac{2}{n+4} e^{-i\theta}$, 则 $|a_{0,2}| = \left| \frac{2}{n+4} e^{-i\theta} \right| < 1 = |a_{n-2,2}|$, 从而有

$$p_3(z) = \frac{\overline{a_{n-2,2}} q_2(z) - a_{0,2} q_2^*(z)}{z}$$

$$= \frac{(n+2)(n+6)z}{(n+4)^2} \left(z^{n-4} + \frac{n+4}{n+6} z^{n-6} + \frac{2}{n+6} e^{-i\theta} \right).$$

如此下去, 根据数学归纳法, 我们断言

$$p_k(z) = \frac{[n+2(k-2)](n+2k)z}{[n+2(k-1)]^2} \left(z^{n-2(k-1)} + \frac{n+2(k-1)}{n+2k} z^{n-2k} + \frac{2(-1)^{k+1}}{n+2k} e^{-i\theta} \right).$$

下面我们分两种情形进行讨论:

情形 1 若 $n = 2k$，则

$$p_k(z) = \frac{4k(4k-4)z}{(4k-2)^2}\left(z^2 + \frac{2k-1+(-1)^{k+1}e^{-i\theta}}{2k}\right)$$

$$= \frac{4k(k-1)z}{(2k-1)^2}\left(z^2 + \frac{2k-1-e^{i(k\pi-\theta)}}{2k}\right).$$

显然有 $\left|\frac{2k-1-e^{i(k\pi-\theta)}}{2k}\right| \leqslant 1$，因此 $z^2 + \frac{2k-1-e^{i(k\pi-\theta)}}{2k}$ 的两个零点都在单位闭圆盘上．由 Cohn's Rule 可知 (3.40) 式的所有零点都在单位闭圆盘上．

情形 2 若 $n = 2k+1$，则有

$$p_k(z) = \frac{(4k-3)(4k+1)z}{(4k-1)^2}\left(z^3 + \frac{4k-1}{4k+1}z - \frac{2e^{i(k\pi-\theta)}}{4k+1}\right).$$

令 $q_k(z) = z^3 + \frac{4k-1}{4k+1}z - \frac{2e^{i(k\pi-\theta)}}{4k+1}$，则 $|a_{0,k}| = \left|\frac{2e^{i(k\pi-\theta)}}{4k+1}\right| < 1 = |a_{3,k}|$，再次利用 Cohn's Rule 可知

$$p_{k+1}(z) = \frac{\overline{a_{3,k}}q_k(z) - a_{0,k}q_k^*(z)}{z}$$

$$= \frac{(4k+3)(4k-1)}{(4k+1)^2}\left(z^2 + \frac{2e^{i(k\pi-\theta)}}{4k+3}z + \frac{4k+1}{4k+3}\right).$$

令 $q_{k+1}(z) = z^2 + \frac{2e^{i(k\pi-\theta)}}{4k+3}z + \frac{4k+1}{4k+3}$，则 $|a_{0,k+1}| = \frac{4k+1}{4k+3} < 1 = |a_{2,k+1}|$，从而有

$$p_{k+2}(z) = \frac{\overline{a_{2,k+1}}q_{k+1}(z) - a_{0,k+1}q_{k+1}^*(z)}{z}$$

$$= \frac{8(2k+1)}{(4k+3)^2}\left(z + \frac{(4k+3)e^{i(k\pi-\theta)} - (4k+1)e^{-i(k\pi-\theta)}}{4(2k+1)}\right).$$

则 $z_0 = -\frac{(4k+3)e^{i(k\pi-\theta)} - (4k+1)e^{-i(k\pi-\theta)}}{4(2k+1)}$ 为 $p_{k+2}(z)$ 的零点，且

$$|z_0| = \left|\frac{(4k+3)e^{i(k\pi-\theta)} - (4k+1)e^{-i(k\pi-\theta)}}{4(2k+1)}\right| \leqslant \frac{(4k+3)+(4k+1)}{4(2k+1)} = 1.$$

因此 z_0 在单位闭圆盘上，由 Cohn's Rule 可知 (3.40) 式的所有零点都在单位闭圆盘上．定理证毕．

定理 3.19 的证明：

证明 根据定理 3.15 可知，只需证明对所有 $z \in \mathbb{D}$，有 $F_a * f$ 的伸缩商 $|\omega_1| < 1$．将 $\alpha = \pi/2$ 代入 (3.36) 式可得

$$\omega_1 = \frac{2(a+z^2)\omega(1+\omega) - (1-a)(1+z^2)z\omega'}{2(1+az^2)(1+\omega) - (1-a)(1+z^2)z\omega'} \tag{3.42}$$

把 $\omega = e^{i\theta}z^n$ 代入 (3.42) 式得

$$\omega_1 = \frac{2\omega(1+\omega)(a+z^2) - z\omega'(1-a)(1+z^2)}{2(1+az^2)(1+\omega) - z\omega'(1-a)(1+z^2)}$$

$$= e^{2i\theta}z^n \frac{z^{n+2} + az^n + \frac{2-n(1-a)}{2}e^{-i\theta}z^2 + \frac{2a-n(1-a)}{2}e^{-i\theta}}{1 + az^2 + \frac{2-n(1-a)}{2}e^{i\theta}z^n + \frac{2a-n(1-a)}{2}e^{i\theta}z^{n+2}} \tag{3.43}$$

$$= e^{2i\theta}z^n \frac{p(z)}{p^*(z)},$$

其中

$$p(z) = z^{n+2} + az^n + \frac{2-n(1-a)}{2}e^{-i\theta}z^2 + \frac{2a-n(1-a)}{2}e^{-i\theta} \qquad (3.44)$$

和

$$p^*(z) = z^{n+2}\overline{p(1/\overline{z})} = 1 + az^2 + \frac{2-n(1-a)}{2}e^{i\theta}z^n + \frac{2a-n(1-a)}{2}e^{i\theta}z^{n+2}.$$

首先我们考虑 $a = \frac{n-2}{n+2}$ 的情况. 由 (3.43) 式得

$$\omega_1 = e^{2i\theta}z^n \frac{z^{n+2} + \frac{n-2}{n+2}z^n - \frac{n-2}{n+2}e^{-i\theta}z^2 - e^{-i\theta}}{1 + \frac{n-2}{n+2}z^2 - \frac{n-2}{n+2}e^{i\theta}z^n - e^{i\theta}z^{n+2}}$$

$$= -e^{i\theta}z^n.$$

因此 $|\omega_1| < 1$.

接下来考虑 $\frac{n-2}{n+2} < a < 1$ 的情况. 注意到 $p^*(z) = z^{n+2}\overline{p(1/\overline{z})}$, 若 z_0 为 $p(z)$ 的零点, 则 $1/\overline{z_0}$ 为 $p^*(z)$ 的零点. 从而

$$\omega_1 = e^{2i\theta}z^n \frac{(z+A_1)(z+A_2)\cdots(z+A_{n+2})}{(1+\overline{A_1}z)(1+\overline{A_2}z)\cdots(1+\overline{A_{n+2}}z)}.$$

由引理 3.1 可知, 我们只需证明 (3.44) 式的所有零点都在单位闭圆盘上. 由于当 $\frac{n-2}{n+2} < a < 1$ 时, 有 $\left|a - \frac{n(1-a)}{2}\right| = |a_{0,0}| < |a_{n+2,0}| = 1$, 利用 Cohn's Rule 得

$$p_1(z) = \frac{\overline{a_{n+2,0}}p(z) - a_0,p^*(z)}{z}$$

$$= \frac{(1-a)(n+2)[(2+n)a-(n-2)]z}{4}\left(z^n + \frac{n}{n+2}z^{n-2} + \frac{2}{n+2}e^{-i\theta}\right).$$

由于 $\frac{n-2}{n+2} < a < 1$, 我们有 $\frac{1}{4}(1-a)(n+2)[(2+n)a-(n-2)]z > 0$. 令

$$q_1(z) = z^n + \frac{n}{n+2}z^{n-2} + \frac{2}{n+2}e^{-i\theta},$$

我们对 $q_1(z)$ 再次利用 Cohn's Rule, 则与定理 3.18 中的 (3.41) 类似证明可得 $q_1(z)$ 的所有零点都在单位闭圆盘上. 由 Cohn's Rule, $p(z)$ 的 $n+2$ 个零点都在单位闭圆盘上, 从而对于所有 $z \in \mathbb{D}$ 有 $|\omega_1| < 1$. 定理证毕.

下面我们举几个例子以验证满足定理条件的精确性.

例 3.5 在定理 3.17 中, 若取 $c = 2$, 则由 (3.8) 式, 我们有

$$\begin{aligned} L_2(z) &= H_2 + \overline{G_2} \\ &= \frac{1}{3}\left[\frac{z}{1-z} + \frac{2z}{(1-z)^2}\right] + \frac{1}{3}\overline{\left[\frac{z}{1-z} - \frac{2z}{(1-z)^2}\right]} \\ &= \operatorname{Re}\left\{\frac{2}{3}\frac{z}{1-z}\right\} + i\operatorname{Im}\left\{\frac{4}{3}\frac{z}{(1-z)^2}\right\}. \end{aligned}$$

设 $f_1 = h_1 + \overline{g_1}$, 其中 $h_1 + g_1 = \frac{1}{2i\sin\alpha}\log\left(\frac{1+ze^{i\alpha}}{1+ze^{-i\alpha}}\right)$, 并且取 $\omega_1 = g_1'/h_1' = z$ 和 $\alpha = \frac{2\pi}{3}$, 由剪切原理可得

$$h_1' + g_1' = \frac{1}{(1+ze^{\frac{2\pi}{3}i})(1+ze^{-\frac{2\pi}{3}i})}, \qquad \frac{g_1'}{h_1'} = z.$$

从而有

$$h_1 = \frac{1}{3}\log(1+z) - \frac{1}{6}\log(1-z+z^2) - \frac{i}{2\sqrt{3}}\log\left(\frac{1+ze^{\frac{2\pi}{3}i}}{1+ze^{-\frac{2\pi}{3}i}}\right),$$

$$g_1 = -\frac{1}{3}\log(1+z) + \frac{1}{6}\log(1-z+z^2) - \frac{i}{2\sqrt{3}}\log\left(\frac{1+ze^{\frac{2\pi}{3}i}}{1+ze^{-\frac{2\pi}{3}i}}\right).$$

故

$$f_1 = \mathrm{Re}\left\{\frac{1}{\sqrt{3}i}\log\left(\frac{1+ze^{\frac{2\pi}{3}i}}{1+ze^{-\frac{2\pi}{3}i}}\right)\right\} + i\,\mathrm{Im}\left\{\frac{2}{3}\log(1+z) - \frac{1}{3}\log(1-z+z^2)\right\}.$$

由 (3.34) 式可得

$$L_2 * f_1 = H_2 * h_1 + \overline{G_2 * g_1} = \frac{1}{3}\left[h_1 + 2zh_1'\right] + \frac{1}{3}\overline{\left[g_1 - 2zg_1'\right]}$$

$$= \frac{1}{3}\mathrm{Re}\left\{\frac{1}{\sqrt{3}i}\log\left(\frac{1+ze^{\frac{2\pi}{3}i}}{1+ze^{-\frac{2\pi}{3}i}}\right) + \frac{2z(1-z)}{(1-z+z^2)(1+z)}\right\}$$

$$+ \frac{i}{3}\mathrm{Im}\left\{\frac{2}{3}\log(1+z) - \frac{1}{3}\log(1-z+z^2) + \frac{2z}{1-z+z^2}\right\}.$$

由定理 3.17 可知 $L_2 * f_1$ 单叶且沿实轴凸. L_2, f_1 和 $L_2 * f_1$ 图像分别如图 3.7(a), 图 3.7(b) 和图 3.7(c) 所示.

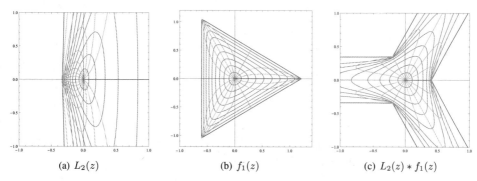

(a) $L_2(z)$ (b) $f_1(z)$ (c) $L_2(z) * f_1(z)$

图 3.7 L_2, f_1 和 $L_2 * f_1$ 在单位圆 $\mathbb{D}$ 的像

例 3.6 在定理 3.18 中, 取 $c = 2/3$, 则由 (3.34) 式可得

$$L_{2/3}(z) = H_{2/3} + \overline{G_{2/3}}$$

$$= \frac{3}{5}\left[\frac{z}{1-z} + \frac{2}{3}\frac{z}{(1-z)^2}\right] + \frac{3}{5}\overline{\left[\frac{z}{1-z} - \frac{2}{3}\frac{z}{(1-z)^2}\right]}$$

$$= \mathrm{Re}\left\{\frac{6}{5}\frac{z}{1-z}\right\} + i\,\mathrm{Im}\left\{\frac{4}{5}\frac{z}{(1-z)^2}\right\}.$$

设 $f_2 = h_2 + \overline{g_2}$ 是伸缩商为 $\omega_2 = g_2'/h_2' = -z^3$ 的垂直带状调和映射, 其中 $h_2 + g_2 = \frac{1}{2i}\log\left(\frac{1+iz}{1-iz}\right)$. 由剪切原理得

$$h_2 = -\frac{i}{4}\log\left(\frac{1+iz}{1-iz}\right) - \frac{1}{6}\log(1-z) - \frac{1}{4}\log(1+z^2) + \frac{1}{3}\log(1+z+z^2),$$

$$g_2 = -\frac{i}{4}\log\left(\frac{1+iz}{1-iz}\right) + \frac{1}{6}\log(1-z) + \frac{1}{4}\log(1+z^2) - \frac{1}{3}\log(1+z+z^2).$$

故有
$$f_2 = \text{Re}\left\{\frac{1}{2i}\log\left(\frac{1+iz}{1-iz}\right)\right\} + i\,\text{Im}\left\{-\frac{1}{3}\log(1-z) - \frac{1}{2}\log(1+z^2) + \frac{2}{3}\log(1+z+z^2)\right\}.$$

由 (3.34) 式得
$$
\begin{aligned}
L_{2/3} * f_2 &= H_{2/3} * h_2 + \overline{G_{2/3} * g_2} \\
&= \frac{3}{5}\left[h_2 + \frac{2}{3}zh_2'\right] + \overline{\frac{3}{5}\left[g_2 - \frac{2}{3}zg_2'\right]} \\
&= \frac{3}{5}\text{Re}\left\{\frac{1}{2i}\log\left(\frac{1+iz}{1-iz}\right) + \frac{2}{3}\frac{z(1+z^3)}{(1+z^2)(1-z^3)}\right\} \\
&\quad + \frac{3i}{5}\text{Im}\left\{-\frac{1}{3}\log(1-z) - \frac{1}{2}\log(1+z^2) + \frac{2}{3}\log(1+z+z^2) + \frac{2}{3}\frac{z}{1+z^2}\right\}.
\end{aligned}
$$

根据定理 3.18 可知 $L_{2/3} * f_2$ 单叶且沿实轴凸. $L_{2/3}$、f_2 和 $L_{2/3} * f_2$ 图像分别如图 3.8(a)、图 3.8(b) 和图 3.8(c) 所示.

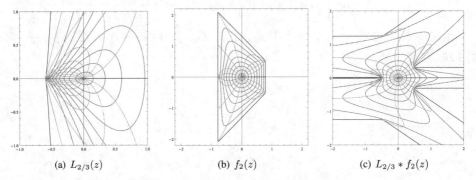

(a) $L_{2/3}(z)$ (b) $f_2(z)$ (c) $L_{2/3} * f_2(z)$

图 3.8 $L_{2/3}$, f_2 和 $L_{2/3} * f_2$ 在单位圆 $\mathbb{D}$ 的像

例 3.7 在定理 3.18 中，取 $c = 1/2$，则由 (3.34) 式得
$$
\begin{aligned}
L_{1/2}(z) &= H_{1/2} + \overline{G_{1/2}} \\
&= \frac{2}{3}\left[\frac{z}{1-z} + \frac{1}{2}\frac{z}{(1-z)^2}\right] + \frac{2}{3}\overline{\left[\frac{z}{1-z} - \frac{1}{2}\frac{z}{(1-z)^2}\right]} \\
&= \text{Re}\left\{\frac{4}{3}\frac{z}{1-z}\right\} + i\,\text{Im}\left\{\frac{2}{3}\frac{z}{(1-z)^2}\right\}.
\end{aligned}
$$

设 $f_3 = h_3 + \overline{g_3}$，其中 $h_3 + g_3 = \frac{1}{2i\sin\alpha}\log\left(\frac{1+ze^{i\alpha}}{1+ze^{-i\alpha}}\right)$ 以及 $\omega_3 = g_3'/h_3' = -z^4$，$\alpha = \frac{3\pi}{4}$. 我们得到
$$h_3' + g_3' = \frac{1}{(1+ze^{\frac{3\pi}{4}i})(1+ze^{-\frac{3\pi}{4}i})} = \frac{1}{1-\sqrt{2}z+z^2},$$

则有
$$h_3 = \frac{1}{2\sqrt{2}i}\log\left(\frac{1+ze^{\frac{3\pi}{4}i}}{1+ze^{-\frac{3\pi}{4}i}}\right) - \frac{2+\sqrt{2}}{8}\log(1-z) + \frac{2-\sqrt{2}}{8}\log(1+z) + \frac{\sqrt{2}}{8}\log(1+z^2)$$

$$g_3 = \frac{1}{2\sqrt{2}i}\log\left(\frac{1+ze^{\frac{3\pi}{4}i}}{1+ze^{-\frac{3\pi}{4}i}}\right) + \frac{2+\sqrt{2}}{8}\log(1-z) - \frac{2-\sqrt{2}}{8}\log(1+z) - \frac{\sqrt{2}}{8}\log(1+z^2).$$

因此

$$f_3 = h_3 + \overline{g_3}$$
$$= \mathrm{Re}\left\{ \frac{1}{\sqrt{2}i} \log\left(\frac{1 + ze^{\frac{3\pi}{4}i}}{1 + ze^{-\frac{3\pi}{4}i}} \right) \right\}$$
$$+ i\,\mathrm{Im}\left\{ -\frac{2+\sqrt{2}}{4}\log(1-z) + \frac{2-\sqrt{2}}{4}\log(1+z) + \frac{\sqrt{2}}{4}\log(1+z^2) \right\}.$$

由 (3.34) 式得

$$L_{1/2} * f_3 = H_{1/2} * h_3 + \overline{G_{1/2} * g_3}$$
$$= \frac{2}{3}\left[h_3 + \frac{1}{2}zh_3' \right] + \overline{\frac{2}{3}\left[g_3 - \frac{1}{2}zg_3' \right]}$$
$$= \frac{2}{3}\mathrm{Re}\left\{ \frac{1}{\sqrt{2}i} \log\left(\frac{1 + ze^{\frac{3\pi}{4}i}}{1 + ze^{-\frac{3\pi}{4}i}} \right) + \frac{1}{2}\frac{z(1+z^4)}{(1-z^4)(1-\sqrt{2}z+z^2)} \right\}$$
$$+ \frac{2i}{3}\mathrm{Im}\left\{ -\frac{2+\sqrt{2}}{4}\log(1-z) + \frac{2-\sqrt{2}}{4}\log(1+z) \right.$$
$$\left. + \frac{\sqrt{2}}{4}\log(1+z^2) + \frac{1}{2}\frac{z}{1-\sqrt{2}z+z^2} \right\}.$$

$L_{1/2}$, f_3 和 $L_{1/2} * f_3$ 的图像分别如 **图 3.9(a)**、**图 3.9(b)** 和 **图 3.9(c)** 所示. 从 **图 3.9(c)** 可以看出，$L_{1/2} * f_3$ 单叶且沿实轴凸.

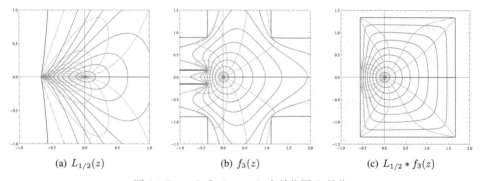

(a) $L_{1/2}(z)$ (b) $f_3(z)$ (c) $L_{1/2} * f_3(z)$

图 3.9 $L_{1/2}$, f_3 和 $L_{1/2} * f_3$ 在单位圆 $\mathbb{D}$ 的像

3.6 有关猜想及其证明

结合定理 3.17、定理 3.18 以及例 3.7，我们提出以下猜想：

猜想 3.1 设 $L_c = H_c + \overline{G_c} \in \mathcal{K}_H^0$ 为由 (3.14) 式定义的调和映射. 若 $f_\alpha = h_\alpha + \overline{g_\alpha} \in \mathcal{K}_H^0$ 满足 $h_\alpha + g_\alpha = \frac{1}{2i\sin\alpha}\log\left(\frac{1+ze^{i\alpha}}{1+ze^{-i\alpha}} \right)$ $(\frac{\pi}{2} \leqslant \alpha < \pi)$ 和 $\omega(z) = g_\alpha'/h_\alpha' = e^{i\theta}z^n (\theta \in \mathbb{R}, n \in \mathbb{N})$. 则当 $0 < c \leqslant \frac{2}{n}$ 时，$L_c * f_\alpha \in \mathcal{S}_H^0$ 且沿实轴凸.

在文献 [29] 中，**Kumar** 等人提出如下猜想：

猜想 3.2 设 $F_a = h_a + \overline{g_a}$ 由 (3.7) 式定义的右半平面调和映射，且 $f_\alpha = h_\alpha + \overline{g_\alpha} \in \mathcal{K}_H^0$ 由 (3.33) 式给出，其伸缩商为 $\omega_n = g_\alpha'/h_\alpha' = e^{i\theta}z^n (\theta \in \mathbb{R}, n \in \mathbb{N}^+)$. 则当 $\frac{n-2}{n+2} \leqslant a < 1$ 时，

$F_a * f_\alpha$ 单叶且沿实轴方向凸.

文献 [29] 中，对于 $n = 1, 2, 3$ 和 4，Kumar 等人证明了猜想 3.2 是成立的. 然而当 n 增加时，计算变得相当复杂. 在文献 [44] 中证明了当 $\alpha = \pi/2$ 和 $n \in \mathbb{N}^+$ 时，猜想 3.2 成立.

另一个一般化的右半平面调和映射族 $L_c = H_c + \overline{G_c}$ 由 Muir 在文献 [30] 中引进，定义为 (3.8) 式. 在文献 [30] 中证明了 $L_c(z)$ 把单位圆盘 $\mathbb{D}$ 映射到一般化的右半平面 $\mathcal{GR} = \{\omega : \mathrm{Re}\,\omega > -1/(1+c)\}$，其中 $c > 0$.

正如文献 [27] 的注 1 所述，当 $n \geqslant 3$ 时，定理 3.16 不成立. 本节我们将找到满足条件的常数 c，使得对于所有的 $n \in \mathbb{N}^+$，都有 $L_c * f_\alpha \in \mathcal{S}_H^0$ 且沿实轴凸.

在文献 [45] 中，猜想 3.1 对于 $\alpha = \pi/2$ 和 $n \in \mathbb{N}^+$ 已证明是成立的. 本节我们将利用 Gauss-Lucas 定理证明以上两猜想，并且这些结论是精确的.

我们在文献 [37] 中的 Cohn's 方法的基础上利用新的方法进一步研究调和映射的卷积. 这个新的方法的关键引理是 **Gauss-Lucas 定理**（参见引理 3.12）. 为了证明以上两猜想，我们需要以下引理：

引理 3.10. [45, Liu2017]

设 L_c 由 (3.14) 式给出的右半平面调和映射，$f_\alpha = h_\alpha + \overline{g_\alpha} \in \mathcal{K}_H^0$ 为由 (3.33) 式给出的垂直带状调和映射，其伸缩商为 $\omega = g_\alpha'/f_\alpha'$. 则 $L_c * f_\alpha$ 的伸缩商由下式给出：

$$\widehat{\omega} = \frac{\left[(1-c) + 2z\cos\alpha + (1+c)z^2\right]\omega(1+\omega) - c\left(1 + 2z\cos\alpha + z^2\right)z\omega'}{\left[(1+c) + 2z\cos\alpha + (1-c)z^2\right](1+\omega) - c\left(1 + 2z\cos\alpha + z^2\right)z\omega'}. \qquad (3.45)$$

引理 3.11. [45, Liu2017]

设 L_c 为由 (3.14) 式给出的右半平面调和映射，$f_\alpha = h_\alpha + \overline{g_\alpha} \in \mathcal{K}_H^0$ 为由 (3.33) 式给出的垂直带状调和映射. 若 $L_c * f_\alpha$ 局部单叶且保向，则 $L_c * f_\alpha$ 单叶且沿实轴凸.

在复分析中，众所周知的 **Gauss-Lucas 定理**给出了多项式 $P(z)$ 和 $P'(z)$ 的根的几何联系. 此定理陈述如下：

引理 3.12. Gauss-Lucas 定理 [46]

设 $P(z)$ 为非常数的复系数多项式，则其导函数 $P'(z)$ 的所有零点包含在 $P(z)$ 零点的凸包之内.

引理 3.13

设

$$Q(z) = z^{n+1} + \frac{2(n+1)\cos\alpha}{n+2}z^n + \frac{n}{n+2}z^{n-1} + \frac{2}{n+2}e^{-i\theta}z + \frac{2\cos\alpha}{n+2}e^{-i\theta}$$

为 $n+1$ 次复值多项式，其中 $\theta \in \mathbb{R}, n \in \mathbb{N}^+, \frac{\pi}{2} \leqslant \alpha < \pi$. 则 $Q(z)$ 所有的零点位于单位闭圆盘 $|z| \leqslant 1$ 上.

证明 我们注意到有 $Q(z) = \frac{1}{n+2}P'(z)$ 成立，其中

$$P(z) = (z^n + e^{-i\theta})(z^2 + 2z\cos\alpha + 1).$$

显然有 $(z^n + e^{-i\theta})$ 的所有根位于单位圆周上，根据二次方程的求根公式，$z_0 = -\cos\alpha \pm$

$i\sin\alpha$ 为 $z^2 + 2z\cos\alpha + 1$ 的两个根，而这些根也在单位圆周上. 因此，$P(z)$ 的所有的根都在单位圆周上，由引理 3.12 (**Gauss-Lucas 定理**) 可知，$Q(z)$ 的根都在单位闭圆盘上. 引理证毕.

猜想 3.1 的证明:

证明 由引理 3.11 可知，我们只需证明 $L_c * f_\alpha$ 的伸缩商满足 $|\widehat{\omega}| < 1, \forall z \in \mathbb{D}$. 把 $\omega = e^{i\theta}z^n$ 代入到 (3.45) 式得

$$\widehat{\omega}(z) = \frac{[(1+c)z^2 + 2z\cos\alpha + (1-c)]e^{i\theta}z^n(1 + e^{i\theta}z^n) - nc(z^2 + 2z\cos\alpha + 1)e^{i\theta}z^n}{[(1+c) + 2z\cos\alpha + (1-c)z^2](1 + e^{i\theta}z^n) - nc(z^2 + 2z\cos\alpha + 1)e^{i\theta}z^n}$$

$$= e^{2i\theta}z^n \frac{z^{n+2} + \frac{2\cos\alpha}{1+c}z^{n+1} + \frac{1-c}{1+c}z^n + \frac{1+(1-n)c}{1+c}e^{-i\theta}z^2 + \frac{2(1-nc)\cos\alpha}{1+c}e^{-i\theta}z + \frac{1-(1+n)c}{1+c}e^{-i\theta}}{1 + \frac{2\cos\alpha}{1+c}z + \frac{1-c}{1+c}z^2 + \frac{1+(1-n)c}{1+c}e^{i\theta}z^n + \frac{2(1-nc)\cos\alpha}{1+c}e^{i\theta}z^{n+1} + \frac{1-(1+n)c}{1+c}e^{i\theta}z^{n+2}}$$

$$= e^{2i\theta}z^n \frac{p(z)}{p^*(z)},$$

其中

$$\begin{aligned}
p(z) = {}& z^{n+2} + \frac{2\cos\alpha}{1+c}z^{n+1} + \frac{1-c}{1+c}z^n + \frac{1+(1-n)c}{1+c}e^{-i\theta}z^2 \\
& + \frac{2(1-nc)\cos\alpha}{1+c}e^{-i\theta}z + \frac{1-(1+n)c}{1+c}e^{-i\theta}
\end{aligned} \tag{3.46}$$

和

$$\begin{aligned}
p^*(z) &= z^{n+2}\overline{p(1/\overline{z})} \\
&= 1 + \frac{2\cos\alpha}{1+c}z + \frac{1-c}{1+c}z^2 + \frac{1+(1-n)c}{1+c}e^{i\theta}z^n \\
&\quad + \frac{2(1-nc)\cos\alpha}{1+c}e^{i\theta}z^{n+1} + \frac{1-(1+n)c}{1+c}e^{i\theta}z^{n+2}.
\end{aligned}$$

当 $c = \frac{2}{n}$ 时. 把 $c = \frac{2}{n}$ 代入到 (3.46) 式，直接计算可得 $|\widehat{\omega}| < 1$.

当 $0 < c < \frac{2}{n}$ 时，我们将证明 $|\widehat{\omega}| < 1$. 若 z_0 为 $p(z)$ 的零点，显然有 $1/\overline{z_0}$ 为 $p^*(z)$ 的零点. 则我们可以把 $\widehat{\omega}$ 写成以下形式:

$$\widehat{\omega} = e^{2i\theta}z^n \frac{(z + A_1)(z + A_2)\cdots(z + A_{n+2})}{(1 + \overline{A_1}z)(1 + \overline{A_2}z)\cdots(1 + \overline{A_{n+2}}z)}.$$

由引理 3.1 (Cohn's rule) 可知，我们只需证明当 $0 < c < \frac{2}{n}$ 时，(3.46) 式所有的零点都在单位闭圆盘上. 由于当 $0 < c < \frac{2}{n}$ 时，有

$$|a_{0,0}| = \left|\frac{1-(1+n)c}{1+c}e^{-i\theta}\right| = \left|\frac{1-(1+n)c}{1+c}\right| < |a_{n+2,0}| = 1,$$

因此

$$\begin{aligned}
p_1(z) &= \frac{\overline{a_{n+2,0}}p(z) - a_{0,0}p^*(z)}{z} \\
&= \frac{(n+2)(2-nc)c}{(1+c)^2}\left(z^{n+1} + \frac{2(n+1)\cos\alpha}{n+2}z^n + \frac{n}{n+2}z^{n-1} + \frac{2}{n+2}e^{-i\theta}z + \frac{2\cos\alpha}{n+2}e^{-i\theta}\right).
\end{aligned}$$

由引理 3.13，我们知道

$$Q(z) = z^{n+1} + \frac{2(n+1)\cos\alpha}{n+2}z^n + \frac{n}{n+2}z^{n-1} + \frac{2}{n+2}e^{-i\theta}z + \frac{2\cos\alpha}{n+2}e^{-i\theta}$$

的所有零点都在单位闭圆盘上. 再由 Cohn's rule，从而得到 (3.46) 式所有的零点都在单位闭

圆盘上. 证明完毕.

猜想 3.2 的证明:

证明 由定理 3.15 可知, 只需证明 $F_a * f_\alpha$ 局部单叶且保向, 其伸缩商 $F_a * f_\alpha$ 在单位圆盘 $z \in \mathbb{D}$ 内满足 $|\widetilde{\omega}(z)| < 1$. 在 (3.36) 式中令 $\omega(z) = e^{i\theta} z^n$ 得

$$
\begin{aligned}
\widetilde{\omega} &= e^{2i\theta} z^n \frac{z^{n+2} + (1+a)z^{n+1}\cos\alpha + az^n + \frac{2-n(1-a)}{2}e^{-i\theta}z^2 + [(1-n)+(1+n)a]e^{-i\theta}z\cos\alpha + \frac{(2+n)a-n}{2}e^{-i\theta}}{1 + (1+a)z\cos\alpha + az^2 + \frac{2-n(1-a)}{2}e^{i\theta}z^n + [(1-n)+(1+n)a]e^{i\theta}z^{n+1}\cos\alpha + \frac{(2+n)a-n}{2}e^{i\theta}z^{n+2}} \\
&= e^{2i\theta} z^n \frac{u(z)}{u^*(z)},
\end{aligned}
\tag{3.47}
$$

其中

$$
\begin{aligned}
u(z) = {}& z^{n+2} + (1+a)z^{n+1}\cos\alpha + az^n + \frac{2-n(1-a)}{2}e^{-i\theta}z^2 \\
& + [(1-n)+(1+n)a]e^{-i\theta}z\cos\alpha + \frac{(2+n)a-n}{2}e^{-i\theta}
\end{aligned}
$$

和

$$
\begin{aligned}
u^*(z) = z^{n+2}\overline{u(1/\overline{z})} = {}& 1 + (1+a)z\cos\alpha + az^2 + \frac{2-n(1-a)}{2}e^{i\theta}z^n \\
& + [(1-n)+(1+n)a]e^{-i\theta}z^{n+1}\cos\alpha + \frac{(2+n)a-n}{2}e^{i\theta}z^{n+2}.
\end{aligned}
$$

首先, 我们将证明当 $a = (n-2)/(n+2)$ 时, 有 $|\widetilde{\omega}| < 1$. 我们将 $a = (n-2)/(n+2)$ 代入到 (3.47) 式可得

$$
\begin{aligned}
\widetilde{\omega}(z) &= e^{2i\theta} z^n \frac{z^{n+2} + \frac{2n\cos\alpha}{n+2}z^{n+1} + \frac{n-2}{n+2}z^n - \frac{n-2}{n+2}e^{-i\theta}z^2 - \frac{2n\cos\alpha}{n+2}e^{-i\theta}z - e^{-i\theta}}{1 + \frac{2n\cos\alpha}{n+2}z + \frac{n-2}{n+2}z^2 - \frac{n-2}{n+2}e^{i\theta}z^n - \frac{2n\cos\alpha}{n+2}e^{i\theta}z^{n+1} - e^{i\theta}z^{n+2}} \\
&= -e^{i\theta} z^n.
\end{aligned}
$$

因此, $|\widetilde{\omega}(z)| = |-e^{i\theta} z^n| < 1$.

接下来我们将证明对于所有 $(n-2)/(n+2) < a < 1$, 都有 $|\widetilde{\omega}(z)| < 1$. 若 z_0 为 $u(z)$ 的零点, 则 $1/\overline{z_0}$ 为 $u^*(z)$ 的零点, 因此

$$
\widetilde{\omega}(z) = e^{2i\theta} z^n \frac{u(z)}{u^*(z)} = e^{2i\theta} z^n \frac{(z+A_1)(z+A_2)\cdots(z+A_{n+2})}{(1+\overline{A_1}z)(1+\overline{A_2}z)\cdots(1+\overline{A_{n+2}}z)}.
$$

由 Cohn's rule (引理 3.1) 可知, 我们只需证明对于 $\frac{n-2}{n+2} < a < 1$, $u(z)$ 的所有零点都在单位闭圆盘上. 因此当 $\frac{n-2}{n+2} < a < 1$ 时, 有

$$
|a_{0,0}| = \left| \frac{(2+n)a-n}{2} \right| < 1 = |a_{n+2,0}|,
$$

由 (3.4) 式得

$$
\begin{aligned}
u_1(z) &= \frac{\overline{a_{n+2,0}}u(z) - a_{0,0}u^*(z)}{z} \\
&= \frac{(1-a)(n+2)[(n+2)a-(n-2)]}{4}\left(z^{n+1} + \frac{2(n+1)\cos\alpha}{n+2}z^n \right. \\
&\qquad \left. + \frac{n}{n+2}z^{n-1} + \frac{2}{n+2}e^{-i\theta}z + \frac{2\cos\alpha}{n+2}e^{-i\theta} \right) \\
&= \frac{(1-a)(n+2)[(n+2)a-(n-2)]}{4}Q(z),
\end{aligned}
$$

其中

$$
Q(z) = z^{n+1} + \frac{2(n+1)\cos\alpha}{n+2}z^n + \frac{n}{n+2}z^{n-1} + \frac{2}{n+2}e^{-i\theta}z + \frac{2\cos\alpha}{n+2}e^{-i\theta}.
$$

由于对于 $\frac{n-2}{n+2} < a < 1$, 有 $\frac{(1-a)(n+2)[(n+2)a-(n-2)]}{4} \neq 0$, 则 $u_1(z)$ 和 $Q(z)$ 有相同的零点. 由

引理 3.13 可知，$Q(z)$ 的所有零点都在单位闭圆盘上. 再由 Cohn's rule 可知，$u(z)$ 的所有零点都在单位闭圆盘上. 证明完毕.

第 4 章 调和微分算子的单叶半径

设 $\mathcal{H}$ 表示所有在单位圆 $\mathbb{D}$ 内正规化的调和映射族 $f = h + \overline{g}$. 对于 $\lambda \geqslant 0$, 我们引入下列调和映射子族:

$$\mathcal{K}_H^0(\lambda) = \left\{ f \in \mathcal{H} : |h'(z) + \lambda z h''(z) - 1| < 1 - |g'(z) + \lambda z g''(z)|, z \in \mathbb{D} \right\}.$$

在本章, 我们首先得到调和微分算子 $D_f^\epsilon = z f_z - \epsilon \overline{z} f_{\overline{z}}$ $(|\epsilon| = 1)$ 精确的 α 阶完全星象和完全凸半径. 我们也证明了 $f \in \mathcal{K}_H^0(\lambda)$ 在单位圆盘 $\mathbb{D}$ 内单叶且保向. 更一般地, 我们研究了满足某些系数条件的调和线性微分算子 $F_\lambda(z) = (1 - \lambda) f + \lambda(z f_z + \epsilon \overline{z} f_{\overline{z}})$ $(|\epsilon| = 1)$ 的单叶性、完全星象、完全凸的半径, 且所有结果都是精确的. 其中有些结论是对 Kalaj 等人 [47] 所做工作的推广和改进.

4.1 预备知识

整个本章, $\mathcal{H}$ 表示在单位圆盘 $\mathbb{D} = \{z \in \mathbb{C} : |z| < 1\}$ 上满足正规化条件 $f(0) = 0 = h'(0) - 1$ 的所有复值调和映射 $f = h + \overline{g}$ 的集合, 其中 h 和 g 在 $\mathbb{D}$ 内解析, 并且有

$$h(z) = z + \sum_{n=2}^{\infty} a_n z^n \quad \text{和} \quad g(z) = \sum_{n=1}^{\infty} b_n z^n. \tag{4.1}$$

> **定义 4.1.** 近于凸调和映射
>
> 若 Ω 的补集能表示成不相交的半直线的并集, 则称区域 Ω 为近于凸的. 若调和映射 $f = h + \overline{g}$ 的像域是近于凸的, 则称 $f = h + \overline{g}$ 为近于凸调和映射.

在文献 [2] 中, Clunie 和 Sheil-Small 把近于凸的解析函数和调和函数联系起来了, 并证明了以下结论:

> **定理 4.1.** [2, Clunie1984]
>
> 假设 h 和 g 在 $\mathbb{D}$ 内解析且满足 $|g'(0)| < |h'(0)|$, 且对于每一个 ϵ $(|\epsilon| = 1)$, $h + \epsilon g$ 都是近于凸的, 则 $f = h + \overline{g}$ 在 $\mathbb{D}$ 内近于凸.

类似于解析函数的 Bieberbach 猜想 [48], Clunie 和 Shell-Small [2] 也提出了调和映射族 $\mathcal{S}_H^0$ 的 Bieberbach 猜想.

猜想 4.1 (**调和映射 Bieberbach 猜想**) 设 $f = h + \overline{g} \in \mathcal{S}_H^0$, 其中 h 和 g 的表达式由 (4.1) 式给出. 则

(1) $|a_n| \leqslant \dfrac{1}{6}(2n+1)(n+1)$;

(2) $|b_n| \leqslant \dfrac{1}{6}(2n-1)(n-1)$;

(3) $||a_n| - |b_n|| \leqslant n.$ $(n = 2, 3, \cdots)$

1984 年，Clunie 和 Sheil-Small [2] 证明了以上猜想对于典型的实调和映射成立；1990 年，Sheil-Small [49] 证明了对于星象调和映射或者沿某个方向凸的调和映射以上猜想也成立；2001 年，王晓天等人 [50] 证明了对于近于凸的调和映射以上猜想成立. 并且极值函数为调和 Koebe 函数 $K(z) = H_1(z) + \overline{G_1(z)} \in \mathcal{S}_H^0$，其中

$$
\begin{aligned}
f_k(z) &= z + \sum_{n=2}^{\infty} \frac{(2n+1)(n+1)}{6} z^n + \overline{\sum_{n=2}^{\infty} \frac{(2n-1)(n-1)}{6} z^n} \\
&= \frac{z - \frac{1}{2}z^2 + \frac{1}{6}z^3}{(1-z)^3} + \overline{\frac{\frac{1}{2}z^2 + \frac{1}{6}z^3}{(1-z)^3}}.
\end{aligned}
\tag{4.2}
$$

因为对于某些 $f_0 \in \mathcal{S}_H^0$ 和 $|b_1| < 1$，每一个函数 $f \in \mathcal{S}_H$ 可以写成如下形式：$f = f_0 + \overline{b_1} \overline{f_0}$，容易得到下列不等式：

$$
|a_n| \leqslant \frac{1}{6}(2n+1)(n+1) \quad \text{和} \quad |b_n| \leqslant \frac{1}{6}(2n-1)(n-1).
\tag{4.3}
$$

对于函数 $f_0 \in \mathcal{S}_H^0$ 和 $f \in \mathcal{S}_H$，有下列精确不等式（不取"="）

$$
|a_n| < \frac{1}{3}(2n^2+1) \quad \text{和} \quad |b_n| < \frac{1}{3}(2n^2+1).
\tag{4.4}
$$

若 $f = h + \overline{g} \in \mathcal{C}_H^0$，Clunie 和 Sheil-Small [2] 证明了对于所有 $n \geqslant 2$，有

$$
|a_n| \leqslant \frac{n+1}{2} \quad \text{和} \quad |b_n| \leqslant \frac{n-1}{2}
\tag{4.5}
$$

成立. 等号成立取右半平面调和映射 $L(z) = H_2(z) + \overline{G_2(z)} \in \mathcal{S}_H^0$，其中

$$
L(z) = z + \sum_{n=2}^{\infty} \frac{n+1}{2} z^n - \overline{\sum_{n=2}^{\infty} \frac{n-1}{2} z^n} = \frac{z - \frac{1}{2}z^2}{(1-z)^2} + \overline{\frac{-\frac{1}{2}z^2}{(1-z)^2}}.
\tag{4.6}
$$

类似地，对于 $f \in \mathcal{C}_H$，很显然有

$$
|a_n| < n \quad \text{和} \quad |b_n| < n. \quad (n \geqslant 2)
$$

设 $\mathcal{FS}_H^*(\alpha)$ 和 $\mathcal{FC}_H(\alpha)$ 分别表示函数族 $\mathcal{S}_H$ 的子族 α **阶完全星象调和映射**和 α **阶完全凸调和映射**. 对于函数 $f \in \mathcal{H}$，Jahangiri 在文献 [51-52] 中分别给出了 $f \in \mathcal{FS}_H^*(\alpha)$ 和 $f \in \mathcal{FC}_H(\alpha)$ 的充分条件.

引理 4.1. [51, Jahangiri1998]

设 $f = h + \overline{g} \in \mathcal{H}$，其中 h 和 g 由 (4.1) 式给出. 进一步地，设

$$
\sum_{n=2}^{\infty} \frac{n-\alpha}{1-\alpha}|a_n| + \sum_{n=1}^{\infty} \frac{n+\alpha}{1-\alpha}|b_n| \leqslant 1
$$

且 $0 \leqslant \alpha < 1$. 则 $f \in \mathcal{FS}_H^*(\alpha)$ 且在 $\mathbb{D}$ 内单叶.

引理 4.2. [52, Jahangiri1999]

设 $f = h + \overline{g} \in \mathcal{H}$，其中 h 和 g 由 (4.1) 式给出. 进一步地，设

$$
\sum_{n=2}^{\infty} \frac{n(n-\alpha)}{1-\alpha}|a_n| + \sum_{n=1}^{\infty} \frac{n(n+\alpha)}{1-\alpha}|b_n| \leqslant 1
$$

且 $0 \leqslant \alpha < 1$. 则 $f \in \mathcal{FC}_H(\alpha)$ 且在 $\mathbb{D}$ 内单叶.

根据 **Radó-Kneser-Choquet** 定理，完全凸的调和映射一定在 $\mathbb{D}$ 内单叶. 然而，完全星象的调和映射在 $\mathbb{D}$ 内不一定单叶（参见文献 [53]）.

对于 $f = h + \overline{g} \in \mathcal{S}_H^0$，设

$$D_f^\epsilon = zf_z - \epsilon\,\overline{z}\,f_{\overline{z}} \quad (|\epsilon| = 1). \tag{4.7}$$

显然有

$$D_f^{+1} = Df = zf_z - \overline{z}f_{\overline{z}}, \qquad D_f^{-1} = \mathcal{D}f = zf_z + \overline{z}f_{\overline{z}}.$$

类似于解析函数微分算子 $zf'(z)$，算子 Df 和 $\mathcal{D}f$ 在调和映射中扮演着同样重要的角色. 1915 年，Alexander [54] 第一个建立了解析凸和星象的联系：设 $f(z)$ 在 $\mathbb{D}$ 内解析，且满足 $f(0) = 0$ 和 $f'(0) = 1$，则 $f(z)$ 在 $\mathbb{D}$ 内星象当且仅当 $\int_0^z \frac{f(\xi)}{\xi} d\xi$ 在 $\mathbb{D}$ 内凸（或者：$f(z) \in \mathcal{C} \Longleftrightarrow zf'(z) \in \mathcal{S}^*$）. 1990 年，Sheil-Small [49] 把这个结论推广到调和映射的情形，表述如下：

> **定理 4.2. 调和 Alexander 定理**
>
> 若 $f = h + \overline{g} : \mathbb{D} \to \mathbb{C}$ 零点固定、单叶且其像域是星象的，H 和 G 在 $\mathbb{D}$ 内解析，并定义为
>
> $$zH'(z) = h(z), zG'(z) = -g(z), H(0) = G(0) = 0, \tag{4.8}$$
>
> 则 $F = H + \overline{G}$ 单叶且其像域是凸的. ♡

通常情况下，其逆定理不一定成立. 比如：设 $F = H + \overline{G} \in \mathcal{S}_H^0$ 为由 (4.6) 式给出的右半平面调和映射，显然有 $L(z)$ 单叶并且在 $\mathbb{D}$ 内凸，但是 $DF = zH'(z) - \overline{zG'(z)}$ 在 $\mathbb{D}$ 内不是星象的，甚至都不单叶（参见文献 [3] 第 110 页）. 然而，Ponnusamy 和 Sairam Kaliraj [55] 增加条件后其逆定理也成立，表述如下：

> **定理 4.3**
>
> 假设 $F = H + \overline{G}$ 为正规化保向的凸调和映射，且调和微分算子 $DF = zF_z - \overline{z}F_{\overline{z}}$ 在 $\mathbb{D}$ 内保向，则 DF 在 $\mathbb{D}$ 内单叶且星象. ♡

因此研究调和微分算子 D_f^ϵ 的单叶性成为了一个有趣的课题. 本章研究满足特定系数不等式条件的调和微分算子 D_f^ϵ 和 $F_\lambda(z) = (1-\lambda)f + \lambda D_f^\epsilon$ 的单叶半径、完全凸和完全星象半径问题. 且所有结论都是精确的.

4.2 调和微分算子的星象和凸半径

在本节，我们将得到调和微分算子 D_f^ϵ 的 α 阶完全星象和完全凸的半径. 下面一些等式在证明我们的结论时起重要作用：

> **引理 4.3**
>
> 对于 $0 < r < 1$，我们有以下结论：
>
> (a) $\sum_{n=2}^{\infty} n\,r^{n-1} = \dfrac{r(2-r)}{(1-r)^2}$,

(b) $\displaystyle\sum_{n=2}^{\infty} n^2 r^{n-1} = \frac{r\left(4-3r+r^2\right)}{(1-r)^3}$,

(c) $\displaystyle\sum_{n=2}^{\infty} n^3 r^{n-1} = \frac{r\left(8-5r+4r^2-r^3\right)}{(1-r)^4}$,

(d) $\displaystyle\sum_{n=2}^{\infty} n^4 r^{n-1} = \frac{r\left(16+r+11r^2-5r^3+r^4\right)}{(1-r)^5}$,

(e) $\displaystyle\sum_{n=2}^{\infty} n^5 r^{n-1} = \frac{r\left(32+51r+46r^2-14r^3+6r^4-r^5\right)}{(1-r)^6}$.

证明 由于 $\sum_{n=1}^{\infty} n\, r^n = r(1-r)^{-2}$，我们可得到 (a) 式. 余下的等式可微分后类似地得到，证明在此省略.

对于 $0 < r < 1$ 和 $f \in h + \overline{g} \in \mathcal{H}$，我们定义 $D_f^{\epsilon,r}$ 为

$$D_f^{\epsilon,r}(z) = \frac{D_f^{\epsilon}(rz)}{r} = z + \sum_{n=2}^{\infty} n a_n r^{n-1} z^n - \epsilon \overline{\sum_{n=2}^{\infty} n b_n r^{n-1} z^n}. \tag{4.9}$$

定理 4.4

设 $f = h + \overline{g}$ 为一调和映射，其中 h 和 g 由 (4.1) 式给出，且当 $n \geqslant 2$ 时，其系数满足条件 (4.3)，则对于 $D_f^{\epsilon} = z f_z - \epsilon \overline{z} \overline{f_{\overline{z}}}$ $(|\epsilon| = 1)$，有以下结论：

(1) α 阶完全星象半径为 $r_s(\alpha)$，其中 $r_s(\alpha)$ 为方程 $p_\alpha(r) = 0$ 在区间 $(0,1)$ 中唯一的根，其中

$$p_\alpha(r) = 1 - \alpha - (17-9\alpha)r + (13-21\alpha)r^2 - 21(1-\alpha)r^3 + 10(1-\alpha)r^4 - 2(1-\alpha)r^5. \tag{4.10}$$

(2) 完全星象半径为 $r_u \approx 0.0614313$，其中 r_u 为方程

$$1 - 17r + 13r^2 - 21r^3 + 10r^4 - 2r^5 = 0 \tag{4.11}$$

在区间 $(0,1)$ 中的唯一的根.

以上所有结论都是精确的.

证明 由假设 h 和 g 具有 (4.1) 式的形式，且其系数满足条件 (4.3). 首先，我们注意到 $b_1 = g'(0) = 0$. 条件 (4.3) 表明级数 (4.1) 在 $\mathbb{D}$ 内收敛，因此有 h 和 g 在 $\mathbb{D}$ 内解析. 从而对于 $0 < r < 1$ 的调和映射 $f = h + \overline{g} \in \mathcal{H}_0$，只需证明由 (4.9) 式给出且 $b_1 = 0$ 的调和算子 (4.9) 属于 $\mathcal{FS}_H^{0*}(\alpha)$.

我们现在考虑

$$\begin{aligned}
S_1 &= \sum_{n=2}^{\infty} \frac{n-\alpha}{1-\alpha} |n a_n| r^{n-1} + \sum_{n=2}^{\infty} \frac{n+\alpha}{1-\alpha} |n b_n| r^{n-1} \\
&\leqslant \sum_{n=2}^{\infty} \frac{n-\alpha}{1-\alpha} \left(\frac{n(2n+1)(n+1)}{6} \right) r^{n-1} + \sum_{n=2}^{\infty} \frac{n+\alpha}{1-\alpha} \left(\frac{n(2n-1)(n-1)}{6} \right) r^{n-1} \\
&= \sum_{n=2}^{\infty} \frac{n^2\left(1-3\alpha+2n^2\right)}{3(1-\alpha)} r^{n-1}
\end{aligned}$$

$$= \frac{1}{3(1-\alpha)} \left[(1-3\alpha)\frac{r(4-3r+r^2)}{(1-r)^3} + \frac{2r(16+r+11r^2-5r^3+r^4)}{(1-r)^5} \right] =: T_1,$$

其中我们利用了引理 4.3 中的 (a) 和 (d). 由引理 4.1 可知, 我们只需证明当 $p_\alpha(r) \geqslant 0$ 时有 $T_1 \leqslant 1$ 成立, 其中 $p_\alpha(r)$ 由 (4.10) 式给出.

现我们将证明由 (4.10) 式给出的多项式 $p_\alpha(r)$ 对于任意地 $\alpha \in [0,1)$ 在 $(0,1)$ 内恰好有一个零点. 由于 $p_\alpha(0) = 1-\alpha > 0$ 和 $p_\alpha(1) = -16 < 0$, 因此 $p_\alpha(r)$ 在 $(0,1)$ 至少有一个零点. 经直接计算得

$$\begin{aligned} p_\alpha'(r) &= 9\alpha - 17 + 2(13-21\alpha)r - 63(1-\alpha)r^2 + 40(1-\alpha)r^3 - 10(1-\alpha)r^4 \\ &= 9\alpha - 17 + 2(13-21\alpha)r - (1-\alpha)r^2 \left[23 + 10(r-2)^2 \right] \quad (由于 \ 0 < r < 1) \\ &< 9\alpha - 17 + 2(13-21\alpha)r - 33(1-\alpha)r^2 =: q_\alpha(r). \end{aligned}$$

我们只需证明 $q_\alpha(r)$ 对于每一个 $\alpha \in [0,1)$ 在 $r \in (0,1)$ 内都是小于零. 更进一步地有

$$q_\alpha'(r) = 2\left[(13-21\alpha) - 33(1-\alpha)r \right],$$

从而可得到关键点 $r_0 = \frac{13-21\alpha}{33(1-\alpha)}$, 且当 $0 \leqslant r < r_0$ 时, 有 $q_\alpha'(r) > 0$, 当 $r_0 < r < 1$ 时, 有 $q_\alpha'(r) < 0$. 显然, 我们需要处理 $0 \leqslant \alpha \leqslant 13/21$ 和 $13/21 < \alpha < 1$ 两种情况.

情形 1 设 $0 \leqslant \alpha \leqslant 13/21$. 当 $0 \leqslant \alpha \leqslant \frac{13}{21}$ 时, 计算得

$$q_\alpha(r_0) = \frac{8(18\alpha^2 + 39\alpha - 49)}{33(1-\alpha)} < 0.$$

这表明对于所有的 $0 \leqslant \alpha \leqslant 13/21$, 在 $r \in (0,1)$ 内有 $q_\alpha(r) < 0$.

情形 2 设 $13/21 < \alpha < 1$. 则当 $r \in [0,1)$ 时, 我们有 $q_\alpha'(r) < 0$. 又由于 $q_\alpha(0) = 9\alpha - 17 < 0$ 和 $q_\alpha(1) = -24 < 0$, 我们得到对于所有的 $13/21 < \alpha < 1$, 在 $r \in (0,1)$ 内有 $q_\alpha(r) < 0$.

结合以上两种情形, 我们得到对于所有的 $\alpha \in [0,1)$ 在 $(0,1)$ 内有 $q_\alpha(r) < 0$. 从而证明了对于所有的 $\alpha \in [0,1)$ 在 $(0,1)$ 内有 $p_\alpha'(r) < q_\alpha(r) < 0$. 因此, 对于 $r \leqslant r_s(\alpha)$ 有 $D_f^{\epsilon,r} \in \mathcal{FS}_H^{0*}(\alpha)$, 其中 $r_s(\alpha)$ 为方程 (4.10) 在 $(0,1)$ 内唯一的实根.

注意到方程 (4.10) 在 $(0,1)$ 内随着与 α 相关的函数是递减的, 其中 $0 \leqslant \alpha < 1$. 因此 $r_s \leqslant r_u$. 当 $\alpha = 0$ 时, 方程 (4.10) 简化成 (4.11). 则由引理 4.1, 我们得到调和映射 f 在 $|z| \leqslant r_u \approx 0.0614313$ 内星象且单叶, 其中 r_u 为方程 (4.11) 在 $(0,1)$ 内的唯一的根.

接下来我们为了证明其精确性, 考虑以下函数

$$DF(z) = zH'(z) - \overline{zG'(z)} = H_d(z) + \overline{G_d(z)},$$

其中

$$H(z) = 2z - H_1(z) \quad 和 \quad G(z) = -G_1(z).$$

这里 $H_1(z)$ 和 $G_1(z)$ 由 (4.2) 式给出. 又由于

$$DF(z) = z\left(2 - H_1'(z) \right) + \overline{zG_1'(z)} = z\left(2 - \frac{1+z}{(1-z)^4} \right) + \overline{\left(\frac{z^2(1+z)}{(1-z)^4} \right)}.$$

直接计算可得

$$H_d'(r) = 2 - \frac{2r^2 + 5r + 1}{(1-r)^5} \quad 和 \quad G_d'(r) = \frac{r(r^2 + 5r + 2)}{(1-r)^5}.$$

由于 $DF(r)$ 为实系数微分算子，则我们有

$$J_{DF}(r) = \left(H'_d(r) + G'_d(r)\right)\left(H'_d(r) - G'_d(r)\right)$$

$$= \left(2 - \frac{2r^2 + 5r + 1}{(1-r)^5} + \frac{r\left(r^2 + 5r + 2\right)}{(1-r)^5}\right)\left(2 - \frac{2r^2 + 5r + 1}{(1-r)^5} - \frac{r\left(r^2 + 5r + 2\right)}{(1-r)^5}\right)$$

$$= \frac{\left(1 - 13r + 23r^2 - 19r^3 + 10r^4 - 2r^5\right)\left(1 - 17r + 13r^2 - 21r^3 + 10r^4 - 2r^5\right)}{(1-r)^5}.$$

因此，在 $(0,1)$ 内有 $J_{DF}(r) = 0$ 当且仅当 $r = r_u \approx 0.0614313$ 或 $r = r_u^* \approx 0.0903331$，其中 r_u 和 r_u^* 分别为方程

$$1 - 13r + 23r^2 - 19r^3 + 10r^4 - 2r^5 = 0 \quad \text{和} \quad 1 - 17r + 13r^2 - 21r^3 + 10r^4 - 2r^5 = 0$$

在 $(0,1)$ 内的根. 对于 $r_u < r < r_u^*$，我们有 $J_{DF}(r) < 0$. 对于 $r \in (0, 0.15)$，函数 $J_{DF}(r)$ 的图像如图 4.1 所示. 因此，根据 Lewy's 定理，若 $r > r_u$，函数 $DF(z)$ 在 $|z| < 1$ 不单叶. 从而证明了 r_u 是精确的.

此外，由于

$$\frac{\partial}{\partial \theta}\left(\arg\left(DF(re^{i\theta})\right)\right)\bigg|_{\theta=0} = \frac{rH'_d(r) - rG'_d(r)}{H_d(r) + G_d(r)}$$

$$= \frac{1 - 17r + 13r^2 - 21r^3 + 10r^4 - 2r^5}{1 - 9r + 21r^2 - 21r^3 + 10r^4 - 2r^5}.$$

因此，由 (4.10) 式和 $p_\alpha(r_s(\alpha)) = 0$，我们有

$$\frac{\partial}{\partial \theta}\left(\arg\left(DF(re^{i\theta})\right)\right)\bigg|_{\theta=0, r=r_s(\alpha)} = \alpha.$$

这表明 $r_s(\alpha)$ 是最佳的.

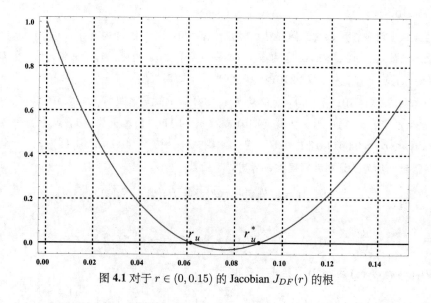

图 **4.1** 对于 $r \in (0, 0.15)$ 的 Jacobian $J_{DF}(r)$ 的根

根据引理 4.2，对定理 4.4 的证明稍作修改可得到调和微分算子 D_f^ϵ 的完全凸半径. 因此证明过程在此省略.

定理 4.5

在定理 4.4 的假设条件下，则 $D_f^\epsilon = zf_z - \epsilon \overline{z} f_{\overline{z}}$ ($|\epsilon| = 1$) 在 $|z| < r_c(\alpha)$ 内 α 阶完全凸，其中 $r_c(\alpha)$ 为方程

$$1 - \alpha - 2(15 - 7\alpha)r - 12(1 + 3\alpha)r^2 - 2(29 - 21\alpha)r^3 + 29(1 - \alpha)r^4 - 12(1 - \alpha)r^5 + 2(1 - \alpha)r^6 = 0$$

在 $(0, 1)$ 内唯一的根. 特别地，D_f^ϵ 在 $|z| < r_c \approx 0.0328348$ 内完全凸，其中 r_c 为方程

$$1 - 30r - 12r^2 - 58r^3 + 29r^4 - 12r^5 + 2r^6 = 0$$

在 $(0, 1)$ 内唯一的根. 以上结果都是精确的. ♡

定理 4.6

设 $f = h + \overline{g}$，其中 h 和 g 由 (4.1) 式给出，且当 $n \geqslant 2$ 时，其系数满足条件 (4.5). 则对于 $D_f^\epsilon = zf_z - \epsilon \overline{z} f_{\overline{z}}$ ($|\epsilon| = 1$),

(1) α 阶完全星象半径为 $r_s(\alpha)$，$r_s(\alpha)$ 为方程 $s_\alpha(r) = 0$ 在 $(0, 1)$ 内唯一的根，其中

$$s_\alpha(r) = 1 - \alpha - 6(2 - \alpha)r + 11(1 - \alpha)r^2 - 8(1 - \alpha)r^3 + 2(1 - \alpha)r^4. \quad (4.12)$$

(2) 完全星象（单叶）半径为 $r_u \approx 0.0903331$，其中 r_u 为方程

$$1 - 12r + 11r^2 - 8r^3 + 2r^4 = 0 \quad (4.13)$$

在 $(0, 1)$ 内唯一的根.

以上结论都是精确的. ♡

证明 我们继续沿用定理 4.4 证明过程中的符号和方法. 为了证明定理 4.6 的第 (1) 条，只需证明 $D_f^{\epsilon,r} \in \mathcal{FS}_H^*(\alpha)$，其中 $D_f^{\epsilon,r}(z)$ 由 (4.9) 式给出. 于是我们考虑

$$\begin{aligned}
S_2 &= \sum_{n=2}^{\infty} \frac{n - \alpha}{1 - \alpha} |na_n| r^{n-1} + \sum_{n=2}^{\infty} \frac{n + \alpha}{1 - \alpha} |nb_n| r^{n-1} \\
&\leqslant \sum_{n=2}^{\infty} \frac{n - \alpha}{1 - \alpha} \left(\frac{n(n+1)}{2} \right) r^{n-1} + \sum_{n=2}^{\infty} \frac{n + \alpha}{1 - \alpha} \left(\frac{n(n-1)}{2} \right) r^{n-1} \\
&= \sum_{n=2}^{\infty} \frac{n \left(n^2 - \alpha \right)}{1 - \alpha} r^{n-1} \\
&= \frac{1}{1 - \alpha} \left[\frac{r \left(8 - 5r + 4r^2 - r^3 \right)}{(1 - r)^4} - \frac{\alpha r(2 - r)}{(1 - r)^2} \right] =: T_2,
\end{aligned}$$

其中上式倒数第二个等式我们利用了引理 4.3 的 (a) 和 (c). 根据引理 4.1，我们只需证明 $T_2 \leqslant 1$，从而等价于 $s_\alpha(r) \geqslant 0$，其中 $s_\alpha(r)$ 由 (4.12) 式给出. 我们又注意到 $s_\alpha(0) = 1 - \alpha > 0$ 和 $s_\alpha(1) = -6 < 0$，因此 $s_\alpha(r)$ 在 $(0, 1)$ 内至少有一个零点. 由于

$$\begin{aligned}
s_\alpha'(r) &= -2 \left[3(2 - \alpha) + 11(1 - \alpha)r - 12(1 - \alpha)r^2 + 4(1 - \alpha)r^3 \right] \\
&= -2 \left\{ 3(2 - \alpha) + (1 - \alpha)r \left[4 \left(r - \frac{3}{2} \right)^2 + 2 \right] \right\} < 0,
\end{aligned}$$

从而 $s_\alpha(r)$ 在 $(0, 1)$ 内严格单调递减. 因此，对于所有的 $\alpha \in [0, 1)$，$s_\alpha(r)$ 在 $(0, 1)$ 内恰有一根. 从而，当 $r \leqslant r_s(\alpha)$ 时，有 $D_f^{\epsilon,r} \in \mathcal{FS}_H^{0*}(\alpha)$，其中 $r_s(\alpha)$ 为 $s_\alpha(r) = 0$ 在 $(0, 1)$ 内的唯一

的实根.

我们令 $\alpha = 0$，则定理 4.6 中第 (2) 部分的证明与以上证明类似可得.

下面证明其精确性，我们考虑函数 $DF(z) = H_d(z) + \overline{G_d(z)}$，且

$$H_d(z) = 2z - zH_2'(z) \quad \text{和} \quad G_d(z) = -zG_2'(z),$$

其中 $H_2(z)$ 和 $G_2(z)$ 由 (4.6) 式给出. 直接计算可得

$$H_d'(r) = 2 - \frac{1 + 2r}{(1 - r)^4} \quad \text{和} \quad G_d'(r) = \frac{r(2 + r)}{(1 - r)^4}.$$

又由于 $DF(r)$ 为实系数微分算子，我们得

$$
\begin{aligned}
J_{DF}(r) &= \left(H_d'(r) + G_d'(r)\right)\left(H_d'(r) - G_d'(r)\right) \\
&= \left(2 - \frac{1 + 2r}{(1 - r)^4} + \frac{r(2 + r)}{(1 - r)^4}\right)\left(2 - \frac{1 + 2r}{(1 - r)^4} - \frac{r(2 + r)}{(1 - r)^4}\right) \\
&= \frac{\left(1 - 8r + 13r^2 - 8r^3 + 2r^4\right)\left(1 - 12r + 11r^2 - 8r^3 + 2r^4\right)}{(1 - r)^4}.
\end{aligned}
$$

因此在 $(0, 1)$ 内 $J_F(r) = 0$ 当且仅当 $r = r_u \approx 0.0903331$ 或 $r = r_u^* = 0.164878$，其中 r_u 和 r_u^* 分别是方程

$$1 - 12r + 11r^2 - 8r^3 + 2r^4 = 0 \quad \text{和} \quad 1 - 8r + 13r^2 - 8r^3 + 2r^4 = 0$$

在 $(0, 1)$ 内的根. 对于 $r \in (0, 0.25)$，函数 $J_{DF}(r)$ 的图像如图 4.2 所示. 因此，根据 Lewy's 定理，若 $r > r_u$，函数 $DF(z)$ 在 $|z| < 1$ 内不是单叶的. 这就证明了 r_u 是精确地. 此外，还有

$$
\begin{aligned}
\left.\frac{\partial}{\partial \theta}\left(\arg\left(DF(re^{i\theta})\right)\right)\right|_{\theta = 0} &= \frac{rH_d'(r) - rG_d'(r)}{H_d(r) + G_d(r)} \\
&= \frac{1 - 12r + 11r^2 - 8r^3 + 2r^4}{1 - 6r + 11r^2 - 8r^3 + 2r^4}.
\end{aligned}
$$

因此，由 (4.12) 式和 $s_\alpha(r_s(\alpha)) = 0$ 可知

$$\left.\frac{\partial}{\partial \theta}\left(\arg\left(DF(re^{i\theta})\right)\right)\right|_{\theta = 0, r = r_s(\alpha)} = \alpha.$$

这就表明 $r_s(\alpha)$ 是最佳的.

类似于定理 4.6 证明中的讨论，我们可得到以下结论，在此我们省略其证明.

定理 4.7

设 $f = h + \overline{g}$，其中 h 和 g 由 (4.1) 式给出，对于 $n \geqslant 2$，其系数满足条件 (4.5). 则 $D_f^\epsilon = zf_z - \epsilon\overline{z}f_{\overline{z}}$ ($|\epsilon| = 1$) 在 $|z| < r_c(\alpha)$ 内为 α 阶完全凸，其中 $r_c(\alpha)$ 为方程

$$1 - \alpha - (23 - 10\alpha)r + (19 - 30\alpha)r^2 - (41 - 42\alpha)r^3 + (30 - 31\alpha)r^4 - 12(1 - \alpha)r^5 + 2(1 - \alpha)r^6 = 0$$

在 $(0, 1)$ 内唯一的根. 特别地，D_f^ϵ 在 $|z| < r_c \approx 0.0449935$ 内完全凸，其中 r_c 为方程

$$1 - 23r + 19r^2 - 41r^3 + 30r^4 - 12r^5 + 2r^6 = 0$$

在 $(0, 1)$ 内唯一的根. 以上结果都是精确的.

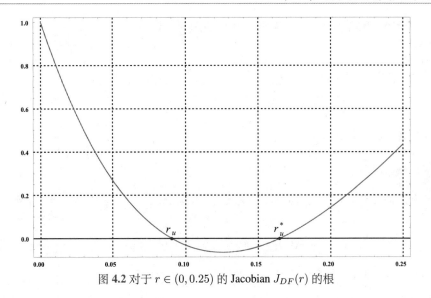

图 **4.2** 对于 $r \in (0, 0.25)$ 的 Jacobian $J_{DF}(r)$ 的根

4.3 调和线性微分算子的单叶半径

对于 $\lambda \geqslant 0$，我们引进函数族

$$\mathcal{K}_H^1(\lambda) = \left\{ f = h + \overline{g} \in \mathcal{H} : \operatorname{Re}\left\{ h_\lambda'(z) \right\} > |g_\lambda'(z)|, \; z \in \mathbb{D} \right\},$$

其中 $h_\lambda(z) = (h * \phi_\lambda)(z)$ 和 $g_\lambda(z) = (g * \phi_\lambda)(z)$，且

$$\phi_\lambda(z) = (1 - \lambda)\frac{z}{1-z} + \lambda\frac{z}{(1-z)^2} = \sum_{n=1}^{\infty} (1 - \lambda + n\lambda)\, z^n.$$

类似地，我们定义

$$\mathcal{K}_H^2(\lambda) = \left\{ f = h + \overline{g} \in \mathcal{H} : |h_\lambda'(z) - 1| < 1 - |g_\lambda'(z)|, \; z \in \mathbb{D} \right\}.$$

我们记 $\mathcal{K}_H^1 := \mathcal{K}_H^1(0)$ 和 $\mathcal{K}_H^2 := \mathcal{K}_H^2(0)$。接下来，我们发现若 $f \in \mathcal{K}_H^1(\lambda)$ 和 $F_\lambda(z) = h_\lambda(z) + \epsilon g_\lambda(z)$，则对于每一个 $|\epsilon| \leqslant 1$，都有

$$\operatorname{Re}\left\{ F_\lambda'(z) \right\} = \operatorname{Re}\left\{ h_\lambda'(z) + \epsilon g_\lambda'(z) \right\} \geqslant \operatorname{Re}\left\{ h_\lambda'(z) \right\} - |g_\lambda'(z)| > 0.$$

此外，因为 $F_\lambda(z) = ((h + \epsilon g) * \phi_\lambda)(z)$，我们有

$$F_\lambda'(z) = \left(h'(z) + \epsilon g'(z) \right) * \left(\frac{\phi_\lambda(z)}{z} \right)$$

$$= \left(h'(z) + \epsilon g'(z) \right) * \left(\sum_{n=1}^{\infty} (1 - \lambda + \lambda n)\, z^{n-1} \right)$$

因此

$$F_\lambda'(z) * \frac{\Psi_\lambda(z)}{z} = h'(z) + \epsilon g'(z), \quad \Psi_\lambda(z) = \sum_{n=1}^{\infty} \frac{z^n}{1 - \lambda + \lambda n}.$$

根据卷积的结论，由于 Ψ_λ 在 $\mathbb{D}$ 内凸，因此在 $\mathbb{D}$ 内有 $\operatorname{Re}\left\{ \Psi_\lambda(z)/z \right\} > 1/2$，从而有 $\operatorname{Re}\{ h'(z) + \epsilon g'(z) \} > 0$。由此对于任意的 $|\epsilon| \leqslant 1$，$h + \epsilon g$ 是近于凸的。从而由定理 4.1 可知，当 $f \in \mathcal{K}_H^1(\lambda)$ 时，调和映射 $f = h + \overline{g}$ 在 $\mathbb{D}$ 内是近于凸的。因此，$f \in \mathcal{K}_H^1(\lambda)$ 在 $\mathbb{D}$ 内近于凸。

以下结论可从文献 [56] 直接得到, 我们在此省略其证明.

定理 4.8

设 $f = h + \overline{g}$, 其中 h 和 g 具有形式 (4.1), 且有 $J_f(0) = 1 - |b_1|^2 > 0$. 若

$$\sum_{n=2}^{\infty} (1 - \lambda + \lambda n) n \left(|a_n| + |b_n|\right) \leqslant 1 - |b_1| \quad (\lambda \geqslant 0). \tag{4.14}$$

成立, 则 $f \in \mathcal{K}_H^2(\lambda)$.

♡

定理 4.9

设 h 和 g 具有形式 (4.1), 且其系数满足条件 (4.3). 则 $f = h + \overline{g}$ 在 $|z| < r_s$ 内满足不等式

$$|h_\lambda'(z) - 1| < 1 - |g_\lambda'(z)| \quad (\lambda \geqslant 0),$$

且在 $|z| < r_s$ 内完全星象, 其中 r_s 为方程

$$1 - (11 + 6\lambda)r + (21 - 8\lambda)r^2 - (19 + 2\lambda)r^3 + 10r^4 - 2r^5 = 0 \tag{4.15}$$

在 $(0, 1)$ 内唯一的根. 以上结论是精确的.

♡

证明 由假设条件 (4.3) 得 $f = h + \overline{g}$ 在 $\mathbb{D}$ 内调和. 设 $0 < r < 1$, 只需证明 $f_r(z) = r^{-1} f(rz)$ 的系数满足不等式 (4.14), 其中

$$f_r(z) = \frac{f(rz)}{r} = z + \sum_{n=2}^{\infty} a_n r^{n-1} z^n + \overline{\sum_{n=2}^{\infty} b_n r^{n-1} z^n}. \tag{4.16}$$

由假设

$$n \left(|a_n| + |b_n|\right) \leqslant \frac{n(2n^2 + 1)}{3},$$

由此计算可得

$$\begin{aligned}
S_3 &= \sum_{n=2}^{\infty} (1 - \lambda + \lambda n) n (|a_n| + |b_n|) r^{n-1} \\
&\leqslant \sum_{n=2}^{\infty} (1 - \lambda + \lambda n) \frac{n(2n^2 + 1)}{3} r^{n-1} \\
&= \frac{1}{3} \sum_{n=2}^{\infty} \left[2\lambda n^4 + 2(1 - \lambda) n^3 + \lambda n^2 + (1 - \lambda) n \right] r^{n-1} =: T_3,
\end{aligned}$$

若 $T_3 \leqslant 1$, 上式等价于

$$1 - (11 + 6\lambda)r + (21 - 8\lambda)r^2 - (19 + 2\lambda)r^3 + 10r^4 - 2r^5 \geqslant 0.$$

因此, 由定理 4.8 可知, 对于所有的 $0 < r \leqslant r_s$, $f_r(z) = r^{-1} f(rz)$ 在 $\mathbb{D}$ 内近于凸 (单叶) 和完全星象的, 其中 r_s 为方程 (4.15) 在 $(0, 1)$ 内唯一的根. 特别地, f 在 $|z| < r_s$ 内近于凸 (单叶) 和完全星象的.

精确性的证明类似于定理 4.4, 在此省略.

注 在定理 4.9 中, 若取 $\lambda = 0$, 则方程 (4.15) 简化成

$$(1 - r)\left(1 - 10r + 11r^2 - 8r^3 + 2r^4\right) = 0.$$

因此, 对于 $r \leqslant r_S \approx 0.112903$, 有 $f_r(z) \in \mathcal{FS}_H^* \cap \mathcal{K}_H^2$, 其中 r_S 为方程

$$1 - 10r + 11r^2 - 8r^3 + 2r^4 = 0$$

在 $(0,1)$ 内唯一的根. 这个结果可由文献 [47, Lemma 1.2] 中得到.

在定理 4.9 中, 若取 $\lambda = 1$, 则方程 (4.15) 简化成定理 4.4 中的方程 (4.11). 因此, $r_u \approx 0.0614313$ 为其单叶半径, 其中 r_u 为方程 (4.11) 在 $(0,1)$ 内唯一的根.

推论 4.1

设 $f = h + \overline{g}$, 其中 h 和 g 具有形式 (4.1), 且对于 $n \geqslant 2$, 其系数满足条件 (4.3). 则 $F(z) = (1 - \lambda)f + \lambda D_f^\epsilon$ $(0 \leqslant \lambda \leqslant 1)$ 完全星象半径至少为 r_s, 其中 r_s 为方程 (4.15) 在 $(0,1)$ 内唯一的根. $\heartsuit$

证明 若我们把 $F(z)$ 写成如下形式

$$F(z) = \frac{F(rz)}{r} = z + \sum_{n=2}^{\infty} A_n z^n + \overline{\sum_{n=2}^{\infty} B_n z^n},$$

则有

$$A_n = [(1 - \lambda) + \lambda n] a_n r^{n-1} \quad 和 \quad B_n = [(1 - \lambda) + \overline{\epsilon}\lambda n] b_n r^{n-1} \quad (\lambda > 0)$$

从而

$$n(|A_n| + |B_n|) \leqslant (1 - \lambda + \lambda n)(|a_n| + |b_n|) n r^{n-1} \leqslant (1 - \lambda + \lambda n)\frac{n(2n^2 + 1)}{3} r^{n-1}.$$

因此, 我们依照定理 4.9 的证明得到本定理的结论.

定理 4.10

设 h 和 g 具有形式 (4.1), 且其系数满足条件 (4.5). 则 在 $|z| < r_c$ 有 $f = h + \overline{g} \in \mathcal{K}_H^2(\lambda)$ $(\lambda \geqslant 0)$ 且完全星象, 其中 r_c 为方程

$$1 - 4(2 + \lambda)r + (13 - 2\lambda)r^2 - 8r^3 + 2r^4 = 0 \tag{4.17}$$

在 $(0,1)$ 内唯一的根. 其结论是精确的. $\heartsuit$

证明 显然有

$$n(|a_n| + |b_n|) \leqslant n\left(\frac{n+1}{2} + \frac{n-1}{2}\right) = n^2$$

因此

$$S_4 = \sum_{n=2}^{\infty}(1 - \lambda + \lambda n)n(|a_n| + |b_n|)r^{n-1} \leqslant (1 - \lambda)\sum_{n=2}^{\infty} n^2 r^{n-1} + \lambda \sum_{n=2}^{\infty} n^3 r^{n-1} =: T_4.$$

若 $T_4 \leqslant 1$, 我们得到 $S_4 \leqslant 1$, 其等价于

$$1 - 4(2 + \lambda)r + (13 - 2\lambda)r^2 - 8r^3 + 2r^4 \geqslant 0.$$

从而得到证明的结论.

精确性证明类似于前面的证明, 在此省略.

若在定理 4.10 中取 $\lambda = 0$, 则方程 (4.17) 简化成方程

$$(1 - r)\left(1 - 7r + 6r^2 - 2r^3\right) = 0.$$

从而得到文献 [47] 中的如下结论.

> **定理 4.11**
>
> 设 h 和 g 具有形式 (4.1), 且其系数满足条件 (4.5). 则在 $|z| < r_S \approx 0.164878$ 内, 有 $f = h + \overline{g}$ 满足下列不等式
>
> $$|h'(z) - 1| < 1 - |g'(z)|,$$
>
> 且在 $|z| < r_S$ 内完全星象, 其中 r_S 为方程
>
> $$1 - 7r + 6r^2 - 2r^3 = 0$$
>
> 在 $(0, 1)$ 内唯一的根. 其结论是精确的. ♡

若在定理 4.10 中取 $\lambda = 1$, 则方程 (4.17) 简化成定理 4.6 中的方程 (4.13). 此外, 由引理 4.1 和定理 4.10, 我们容易得到以下推论.

> **推论 4.2**
>
> 设 $f = h + \overline{g}$, 其中 h 和 g 具有形式 (4.1), 且对于 $n \geqslant 2$, 其系数满足条件 (4.5). 则 $F(z) = (1 - \lambda)f + \lambda D_f^\epsilon$ 的完全星象半径至少为 r_c, 其中 r_c 为方程 (4.17) 在 $(0, 1)$ 的唯一根. 其结论是精确的. ♡

> **定理 4.12**
>
> 设 h 和 g 具有形式 (4.1), 且有 $|b_1| = |g'(0)| < 1$, 当 $n \geqslant 2$ 时, 其系数满足条件
>
> $$|a_n| + |b_n| \leqslant c.$$
>
> 则在 $|z| < r_v$ 内, 有 $f = h + \overline{g} \in \mathcal{K}_H^2(\lambda)$ 且是完全星象的, 其中 r_v 为方程 $\Phi_{c,|b_1|,\lambda}(r) = 0$ 在 $(0, 1)$ 唯一的根, 其中
>
> $$\Phi_{c,|b_1|,\lambda}(r) = (1 + c - |b_1|)(1 - r)^3 - c\left[1 + (2\lambda - 1)r\right]. \tag{4.18}$$
>
> 以上结论是精确的. ♡

证明 由定理 4.8 可知, 定义为 (4.16) 的函数 f_r 属于函数族 $\mathcal{K}_H^2(\lambda)$. 类似于定理 4.9 和定理 4.10 的证明, 我们只需证明其对应的系数不等式 (4.14) 成立, 也就是下列不等式成立

$$S_5 = \sum_{n=2}^{\infty} (1 - \lambda + \lambda n) n (|a_n| + |b_n|) r^{n-1} + |b_1|$$

$$\leqslant \sum_{n=2}^{\infty} (1 - \lambda + \lambda n) n c \, r^{n-1} + |b_1| \leqslant 1.$$

由引理 4.3 中的 (a) 和 (b), 容易得到上式最后的不等式等价于

$$c\left[(1 - \lambda)\frac{r(2 - r)}{(1 - r)^2} + \lambda\frac{r\left(4 - 3r + r^2\right)}{(1 - r)^3}\right] \leqslant 1 - |b_1|,$$

其简化成 $\Phi_{c,|b_1|,\lambda}(r) \geqslant 0$. 从而有

$$(1 + c - |b_1|)(1 - r)^3 - c\left[1 + (2\lambda - 1)r\right] \geqslant 0.$$

设函数 $f_0 = h_0 + \overline{g_0} = (1-\lambda)h_1 + \lambda z h_1' + \overline{(1-\lambda)g_1 + \lambda z g_1'}$，其中

$$h_1(z) = z - \frac{c}{2}\left(\frac{z^2}{1-z}\right) \quad \text{和} \quad g_1(z) = -|b_1|z - \frac{c}{2}\left(\frac{z^2}{1-z}\right),$$

表明其结果是精确的. 注意到

$$J_{f_0}(r) = |h_0'(r)|^2 - |g_0'(r)|^2 = \frac{(1+|b_1|)}{(1-r)^3}\left((1+c-|b_1|)(1-r)^3 - c\left[1+(2\lambda-1)r\right]\right),$$

从而对于 $r < r_v$，有 $J_{f_0}(r) > 0$. 定理证毕.

注 在定理 4.12 中取 $\lambda = 0$，则方程 (4.18) 简化成

$$(1-r)\left[(1+c-|b_1|)(1-r)^2 - c\right] = 0.$$

则对于 $r < r_S = 1 - \sqrt{\frac{c}{1+c-|b_1|}}$，有 $f_r(z) \in \mathcal{FS}_H^*$. 这个结论由文献 [47] 中的引理 1.6 可得.

第 5 章 极小曲面

本章将重点讨论调和映射和极小曲面之间的基本联系. 简而言之, 这种联系源于这样一个事实, 即: 极小曲面的欧几里得坐标是等温参数的调和映射. 因此, 极小图在其基础平面上的投影定义了调和映射. 相反, 提升到极小曲面的调和映射有一个简单的描述, 对应的曲面可以由显式公式给出. 这种表示使调和映射成为研究极小曲面的有效工具.

极小曲面是漂亮的几何对象, 具有一些有趣的特性, 可以借助于计算机的帮助进行研究. 在 $\mathbb{R}^3$ 中极小曲面的一些标准示例, 如: 平面、Enneper's 曲面、悬链面、螺旋面和 Scherk's 的双周期曲面等.

5.1 曲面理论背景

在讨论极小曲面之前, 我们先回顾一下经典曲面微分几何中的一些基本概念. 许多陈述的证明将被省略, 但读者可以在关于微分几何的文献 (如 Lang [57] 或 Sernberg [58]、或 Osserman [59]) 中找到有关极小曲面理论.

曲面可以非正式地视为三维欧几里得空间 $\mathbb{R}^3$ 中的二维点集. 形式上, 它是一个具有 "平滑" 结构的二维流形. 在大多数情况下, 可将曲面 S 视为从区域 $D \subset \mathbb{R}^2$ 到集合 $\Omega \subset \mathbb{R}^3$ 的可微映射 $X = \Phi(U)$ 的等价类. 这里 $U = (u, v)$ 和 $X = (x, y, z)$ 分别表示 $\mathbb{R}^2$ 和 $\mathbb{R}^3$ 中的点.

如果两个表示在参数域之间诱导出同一个微分同胚, 则它们是等价的. 任何参数表示 Φ 的 Jacobian 矩阵为

$$\begin{pmatrix} x_u & y_u & z_u \\ x_v & y_v & z_v \end{pmatrix}.$$

如果 Jacobian 矩阵在某点的秩为 2, 或者等价地说, 如果两个行向量 X_u 和 X_v 线性无关, 则称曲面 S 在这点上是**正则的**. 这意味着可以根据其他两个坐标对 x, y, z 中的一个进行局部求解. 如果曲面 S 在每一点都是正则的, 则称这个曲面是**正则曲面**. 正则性是 S 的固有属性, 与参数的选择无关. 以后如未特别说明, 我们均假设 S 是正则的.

如果一个曲面没有自交, 则称该曲面**嵌入**在 $\mathbb{R}^3$ 中.

非参数曲面是具有特殊形式 $z = f(x, y)$ 或以其他两个坐标 x 或 y 表示的曲面. 因此, 正则曲面是局部非参数的, 但未必是 (全局) 非参数的. 非参数曲面也称为**图**.

曲面 S 的面积由下面的积分来定义:

$$\iint_D \left\{ \left[\frac{\partial(x, y)}{\partial(u, v)} \right]^2 + \left[\frac{\partial(z, x)}{\partial(u, v)} \right]^2 + \left[\frac{\partial(y, z)}{\partial(u, v)} \right]^2 \right\}^{\frac{1}{2}} \, du \, dv,$$

其中

$$\frac{\partial(x, y)}{\partial(u, v)} = \begin{vmatrix} x_u & y_u \\ x_v & y_v \end{vmatrix} = x_u y_v - x_v y_u$$

是 x 和 y 关于 u 和 v 的 Jacobian 行列式. 同样可以证明曲面面积的定义在参数的微分同胚

变化下是不变的.

曲面 S 上的曲线 C 定义为从实数区间 $a \leqslant t \leqslant b$ 到 Ω 的映射 $X = \Phi(U(t))$ 的等价类. 映射 $X = (U)$ 的**微分**为

$$\mathrm{d}X = X_u \, \mathrm{d}u + X_v \, \mathrm{d}v.$$

S 上平滑曲线 C 的**弧长** s 通过对微分形式的平方根求积分

$$\mathrm{d}s^2 = \|\mathrm{d}X\|^2 = \mathrm{d}X \cdot \mathrm{d}X = E \, \mathrm{d}u^2 + 2F \, \mathrm{d}u \, \mathrm{d}v + G \, \mathrm{d}v^2,$$

其中

$$E = X_u \cdot X_u, \quad F = X_u \cdot X_v, \quad G = X_v \cdot X_v.$$

这被称为曲面的**第一基本形式**. 尽管它的个别系数不是不变的, 但它在参数变化下是保持不变的. 特别地, C 的弧长的定义是明确的, 它与参数的选取无关.

还注意到第一基本形式可视为变量 $\mathrm{d}u$ 和 $\mathrm{d}v$ 中的二次形式, 其在曲面的每个正则点上都是正定的. 因此, $E > 0, G > 0$ 以及 $EG - F^2 > 0$.

曲线 C 在点 $X_0 = X(t_0)$ 处的**切向量**为

$$X'(t_0) = X_u u'(t_0) + X_v v'(t_0).$$

S 在 X_0 处的**切平面**是通过 X_0 的曲面上曲线的所有切向量的集合, 由 (独立) 向量 X_u 和 X_v 跨越的二维子空间. 叉积 $X_u \times X_v$ 与切平面正交. 当正规化为单位长度时, 它就是在 X_0 点的**单位法向量**

$$\mathbf{n} = \frac{X_u \times X_v}{\|X_u \times X_v\|}.$$

因此, 参数的方向为曲面指定了一个局部方向. 但是, 曲面可能无法 (全局) 定向, 在整个曲面上以连续和一致的方式指定法线方向是不可能的, 莫比乌斯带和克莱因瓶是不可定向曲面的常见例子.

叉积 $X_u \times X_v$ 的分量恰好是面积公式中出现的三个 Jacobian 行列式. 因此,

$$\|X_u \times X_v\|^2 = \left[\frac{\partial(x,y)}{\partial(u,v)}\right]^2 + \left[\frac{\partial(z,x)}{\partial(u,v)}\right]^2 + \left[\frac{\partial(y,z)}{\partial(u,v)}\right]^2.$$

另一方面, 向量分析中的 Lagrange's 恒等式表明

$$\|X_u \times X_v\|^2 = \|X_u\|^2 \|X_v\|^2 - (X_u \cdot X_v)^2 = EG - F^2.$$

因此, 第一基本形式的系数可用于计算曲面面积.

曲率是二阶效应, 需要假设曲面 S 在其参数表示中具有连续的二阶偏导数. 还将假设 S 上的曲线 C 是规则的 $(U'(t) \neq 0)$ 并且两次连续可微. 如果 C 是根据弧长 s 的参数化表示, 则切向量 $T = X'(s)$ 具有单位长度, 称为**单位切向量**. **曲率向量** $\mathrm{d}T/\mathrm{d}s$ 与 T 正交. 它的法线投影

$$k(T) = \frac{\mathrm{d}T}{\mathrm{d}s} \cdot \mathbf{n}$$

称为 S 在 X_0 处沿 T 方向的**法向曲率**. 法向曲率仅取决于曲线 C 在 X_0 处的切线方向 T. 直观地说, 它反映曲面在指定方向上从其切平面上升的速率.

定义法向曲率的更具体方法是仅考虑 S 的法向截面. 换句话说, 对于 X_0 处的每个切

线方向 T，设 C 为曲面 S 与通过 X_0 的平面的相交曲线，该平面包含法向量 $\mathbf{n}$ 和切向量 T，则 $\mathrm{d}T/\mathrm{d}s$ 平行于 $\mathbf{n}$ 且 $k(T) = \pm\mathrm{d}T/\mathrm{d}s$，符号取决于曲面方向的选择.

S 在 X_0 处的**主曲率** k_1 和 k_2 分别为 $k(T)$ 的最大值和最小值，因为 T 在切线空间的所有方向上. S 在 X_0 处的**平均曲率**为 $H = \frac{1}{2}(k_1 + k_2)$，而**高斯曲率**为 $K = k_1 k_2$. 高斯**绝妙定理**断言 K 是一个"弯曲不变量"，只要曲面变形而不拉伸，它就不会改变.

可以根据曲面不变量计算平均曲率和高斯曲率. 根据链式法则，曲线 C 的单位切向量为

$$T = \frac{\mathrm{d}X}{\mathrm{d}s} = X_u \frac{\mathrm{d}u}{\mathrm{d}s} + X_v \frac{\mathrm{d}v}{\mathrm{d}s},$$

且曲率向量为

$$\frac{\mathrm{d}T}{\mathrm{d}s} = X_{uu}\left(\frac{\mathrm{d}u}{\mathrm{d}s}\right)^2 + 2X_{uv}\left(\frac{\mathrm{d}u}{\mathrm{d}s}\right)\left(\frac{\mathrm{d}v}{\mathrm{d}s}\right) + X_{vv}\left(\frac{\mathrm{d}v}{\mathrm{d}s}\right)^2 + X_u \frac{\mathrm{d}^2u}{\mathrm{d}s^2} + X_v \frac{\mathrm{d}^2v}{\mathrm{d}s^2}.$$

但是法向量 $\mathbf{n}$ 与 X_u 和 X_v 都正交，所以法向曲率为

$$k = \frac{\mathrm{d}T}{\mathrm{d}s} \cdot \mathbf{n} = L\left(\frac{\mathrm{d}u}{\mathrm{d}s}\right)^2 + 2M\left(\frac{\mathrm{d}u}{\mathrm{d}s}\right)\left(\frac{\mathrm{d}v}{\mathrm{d}s}\right) + N\left(\frac{\mathrm{d}v}{\mathrm{d}s}\right)^2,$$

其中

$$L = X_{uu} \cdot \mathbf{n}, \quad M = X_{uv} \cdot \mathbf{n}, \quad N = X_{vv} \cdot \mathbf{n}.$$

微分形式 $L\,\mathrm{d}u^2 + 2M\,\mathrm{d}u\,\mathrm{d}v + N\,\mathrm{d}v^2$ 被称为曲面的**第二基本形式**. 与第一基本形式一样，它是曲面所固有的，在参数的保向变化下保持不变.

因为曲面的第一基本形式表示弧长微分 $\mathrm{d}s^2$，所以法向曲率可以象征性地表示为两种基本形式的比率：

$$k = \frac{L\mathrm{d}u^2 + 2M\mathrm{d}u\,\mathrm{d}v + N\mathrm{d}v^2}{E\mathrm{d}u^2 + 2F\mathrm{d}u\,\mathrm{d}v + G\mathrm{d}v^2}.$$

更准确地说，它可以被视为二次式的比率：

$$k = \frac{L\xi^2 + 2M\xi\eta + N\eta^2}{E\xi^2 + 2F\xi\eta + G\eta^2},$$

其中 $\xi = \mathrm{d}u/\mathrm{d}t$ 和 $\eta = \mathrm{d}v/\mathrm{d}t$ 是与曲线 C 的任意正规参数化相关的参数的导数. 该表达式的齐次性特别表明 k 仅取决于 X_0 点的切线方向 T，而不是 C 的任何其他性质.

S 在 X_0 处的主曲率，或 $k(T)$ 的最大值和最小值，现在可以通过 Lagrange 乘法来计算. 在约束条件

$$E\xi^2 + 2F\xi\eta + G\eta^2 = 1$$

下，$L\xi^2 + 2M\xi\eta + N\eta^2$ 的最大值或最小值在点

$$\begin{cases} L\xi + M\eta = \lambda(E\xi + F\eta), \\ M\xi + N\eta = \lambda(F\xi + G\eta). \end{cases} \tag{5.1}$$

处取得. 由于 $(\xi, \eta) \neq 0$，因此行列式 $|B - \lambda A| = 0$，其中

$$A = \begin{pmatrix} E & F \\ F & G \end{pmatrix}, \quad B = \begin{pmatrix} L & M \\ M & N \end{pmatrix}.$$

将 (5.1) 式的第一个方程乘以 ξ, 第二个方程乘以 η, 再将两个方程相加得

$$L\xi^2 + 2M\xi\eta + N\eta^2 = \lambda\left(E\xi^2 + 2F\xi\eta + G\eta^2\right) = \lambda.$$

因此, 两个主曲率 k_1 和 k_2 是特征值 λ, 即二次方程 $|B - \lambda A| = 0$ 的两个（实数）根. 取其显式形式

$$\left(EG - F^2\right)\lambda^2 - (EN - 2FM + GL)\lambda + \left(LN - M^2\right) = 0,$$

它的两个（实数）根是主曲率 k_1 和 k_2. 当这个方程写成以下形式时

$$\left(EG - F^2\right)(\lambda - k_1)(\lambda - k_2) = 0,$$

很明显, 其平均曲率为

$$H = \frac{1}{2}\frac{EN - 2FM + GL}{EG - F^2}, \tag{5.2}$$

而高斯曲率为

$$K = \frac{LN - M^2}{EG - F^2}.$$

前面我们已经从微分几何中知道了一些基本概念, 现在就可以开始探索极小曲面了. 如果对于曲面 S 上的每条足够小的简单闭合曲线 C, 曲面 S 称为极小曲面, 则 S 被 C 包围的部分在跨越 C 的所有曲面中具有最小的面积. 极小曲面可以通过将一圈金属丝浸入肥皂溶液中来物理构造. 由于表面张力, 产生的肥皂膜将呈现出使表面积最小化的形状. 我们可以将极小曲面视为鞍形曲面. 即: 在曲面上的每一点, 在一个方向上的向上弯曲与在正交方向上的向下弯曲相匹配.

非参数极小曲面称为**极小图**. 通过变分法中的标准参数, 可以证明极小图 $z = f(x, y)$ 满足以下非线性偏微分方程

$$(1 + f_y^2)f_{xx} - 2f_x f_y f_{xy} + (1 + f_x^2)f_{yy} = 0. \tag{5.3}$$

该方程具有优雅的几何解释: **极小曲面的平均曲率处处为零**. 事实上, 在非参数情况下, 第一和第二基本形式的系数很容易计算, 并且可以看到极小曲面方程简化为 $EN - 2FM + GL = 0$, 或 $H = 0$. 将平均曲率为 0 作为极小曲面的定义是方便的. 作为一个直接的结果, 一个极小曲面的高斯曲率是负的, 除非两个主曲率都为 0.

我们可以利用 (5.2) 式来表明具有特定参数化的曲面是极小曲面. 极小曲面的最简单例子当然是平面, 另外两个经典例子是悬链面和螺旋面.

例 **5.1** 我们将用 (5.2) 式来验证悬链面是极小曲面. 悬链面可以通过以下参数化来表示

$$X(u, v) = (a\cosh v\cos u, a\cosh v\sin u, av),$$

由以上参数化表示, 我们计算其偏导数得

$$X_u = (-a\cosh v\sin u, a\cosh v\cos u, 0),$$
$$X_v = (a\sinh v\cos u, a\sinh v\sin u, a).$$

因此, 第一基本形式的系数为

$$E = X_u \cdot X_u = a^2\cosh^2 v,$$
$$F = X_u \cdot X_v = 0,$$

$$G = X_v \cdot X_v = a^2 \cosh^2 v.$$

为了计算第二基本形式的系数，我们需要计算单位法向量

$$\mathbf{n} = \frac{X_u \times X_v}{\|X_u \times X_v\|}.$$

因为

$$X_u \times X_v = \left(a^2 \cosh v \cos u, a^2 \cosh v \sin u, -a^2 \cosh v \sinh v \right),$$

我们得

$$|X_u \times X_v| = a^2 \cosh^2 v.$$

因此

$$\mathbf{n} = \left(\frac{\cos u}{\cosh v}, \frac{\sin u}{\cosh v}, -\frac{\sinh v}{\cosh v} \right).$$

我们可以算出

$$X_{uu} = (-a \cosh v \cos u, -a \cosh v \sin u, 0),$$
$$X_{uv} = (-a \sinh v \sin u, a \sinh v \cos u, 0),$$
$$X_{vv} = (a \cosh v \cos u, a \cosh v \sin u, 0).$$

因此，第二基本形式的系数为

$$L = \mathbf{n} \cdot X_{uu} = -a,$$
$$M = \mathbf{n} \cdot X_{uv} = 0,$$
$$N = \mathbf{n} \cdot X_{vv} = a.$$

从而有

$$H = \frac{1}{2} \frac{EN - 2FM + GL}{EG - F^2} = 0.$$

从而验证了悬链面是极小曲面. 其图像如图 5.1 所示. $\qquad\square$

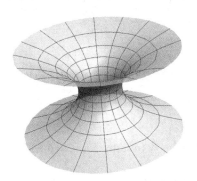

图 5.1 悬链面

除平面外，悬链面是唯一的旋转极小曲面，螺旋面是唯一的直纹极小曲面（如图 5.2(a) 所示）. 唯一的平移极小曲面是马鞍面（如图 5.2(b) 所示）.

最后，我们总结一下常见的和其他一些众所周知的极小曲面的例子.

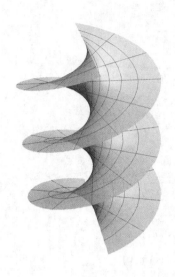

(a) 螺旋面   (b) 马鞍面

图 **5.2** 典型的极小曲面

(1) 平面:

$$X(u, v) = (u, v, 0).$$

(2) Enneper's 面:

$$X(u, v) = \left(u - \frac{1}{3} u^3 + uv^2, v - \frac{1}{3} v^3 + u^2 v, u^2 - v^2 \right).$$

(3) 悬链面:

$$X(u, v) = (a \cosh v \cos u, a \cosh v \sin u, av).$$

(4) 螺旋面:

$$X(u, v) = (a \sinh v \cos u, a \sinh v \sin u, au).$$

(5) 马鞍面（Scherk's 双周期曲面）:

$$X(u, v) = \left(u, v, \ln \left(\frac{\cos u}{\cos v} \right) \right).$$

(6) 马鞍面（Scherk's 单周期曲面）:

$$X(u, v) = (\text{arcsinh}(u), \text{arcsinh}(v), \text{arcsinh}(uv)).$$

(7) Henneberg 面:

$$X(u,v) = \left(-1 + \cosh(2u)\cos(2v), -\sinh(u)\sin(v) - \frac{1}{3}\sinh(3u)\sin(3v), \right.$$
$$\left. -\sinh(u)\cos(v) + \frac{1}{3}\sinh(3u)\cos(3v) \right).$$

(8) Catalan 面:

$$X(u,v) = \left(1 - \cos(u)\cosh(v), 4\sin\left(\frac{u}{2}\right)\sinh\left(\frac{v}{2}\right), u - \sin(u)\cosh(v) \right).$$

以上曲面中, Enneper's 曲面、Henneberg 曲面和 Catalan 曲面均是不可嵌入的. 我们虽然有大量的极小曲面的例子, 但无法一一列出所有的极小曲面. 因此, 我们常专注于尝试对极小曲面进行分类, 这意味着, 我们试图寻找包含具有特定属性的极小曲面的所有可能性的结论. 最简单的例子是以下定理, 参见文献 [17, Theorem 2.39].

定理 5.1. [17, Dorff2012]

$\mathbb{R}^3$ 中的非平面的旋转曲面一定是悬链面. ♡

5.2 等温参数及共轭极小曲面

正如我们在上节所看到的, 使用 (5.3) 式构造一个极小图涉及求解二阶微分方程. 如果我们使用**等温参数**, 则可以简化一些问题.

定义 5.1. 等温参数

如果 $E = X_u \cdot X_u = X_v \cdot X_v = G$ 且 $F = X_u \cdot X_v = 0$, 则 X 是等温参数的. ♣

因为 E、F 和 G 描述了曲面上的长度与其在 $\mathbb{R}^3$ 中的通常测量值相比如何变形的, 如果 $F = X_u \cdot X_v = 0$, 则 X_u 和 X_v 是正交的. 如果 $E = G$, 那么变形量在正交方向. 因此, 我们可以将等温参数视为将定义域中的一个小正方形映射到曲面上的一个小正方形. 有时等温参数称为共形参数, 因为定义域中一对曲线之间的夹角等于曲面上相应曲线对之间的夹角.

例 5.2 悬链面
$$X(u,v) = (a\cosh v \cos u, a\cosh v \sin u, av)$$

是等温参数的, 因为在例 5.1 中我们推导出 $E = a^2 \cosh^2 v = G$ 并且 $F = 0$.

例 5.3 环面
$$X(u,v) = ((a + b\cos v)\cos u, (a + b\cos v)\sin u, b\sin v).$$

不是等温参数的, 类似于例 5.1 中的计算, 我们得到 $E = (a + \cos v)^2$、$F = 0$ 以及 $G = b^2$. 因为 $F = 0$, 则 X_u 和 X_v 在环面上是正交的. 显然当 $v = \pi + 2k\pi$ $(k \in \mathbb{Z})$ 且 $a = 2b$ 时, 有 $E = G$. 因此, 当 $v \neq \pi + 2k\pi$ 时 $E \neq G$, 从而定义域中正方形的像将是非正方形的. 定

义域中的正方形网格被映射到大部分为非正方形的矩形网格. 对于距原点最远的环面部分, 矩形长宽比 $\frac{length}{height}$ 最大. 当 $v = 0$(或 $v = 2\pi$)时, 得到 $E = 4, G = 1$. 矩形的长宽比是最靠近原点的圆面部分的正方形最小. 这时 $v = \pi$, 从而 $E = 1, G = 1$. 这有助于我们理解为什么环面不是等温参数的(如**图** 5.3 所示).

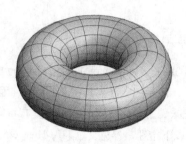

图 5.3 环面

正则曲面总是可以用等温参数表示(局部地), 这是真的, 但并不明显. 对于极小曲面的情况, 证明相对容易, 可以在文献 [59] 中找到. 对于更一般的曲面, 其证明可以基于拟共形映射理论——具体来说, 基于 Beltrami 方程的同胚解的存在性.(有关更多详细信息, 请参见 Lehto [60], 第 133-134 页.)等温参数在使用保形映射或反共形映射(共形映射的复共轭)进行复合之前是唯一的.

我们现在准备把调和映射与极小曲面联系起来. 如果曲面 $X = \Phi(U)$ 用等温参数表示, 那么, 正如我们刚刚看到的, $X_u \cdot X_v = 0$ 和 $X_u \cdot X_u = X_v \cdot X_v$. 进一步微分后有如下关系式:

$$X_{uu} \cdot X_v + X_{uv} \cdot X_u = 0, \quad X_{uv} \cdot X_v + X_{vv} \cdot X_u = 0$$
$$X_{uu} \cdot X_u = X_{uv} \cdot X_v, \quad X_{uv} \cdot X_u = X_{vv} \cdot X_v$$

结合以上四个方程表明, Laplace 算子 $\Delta X = X_{uu} + X_{vv}$ 与 X_u 和 X_v 都正交, 即:

$$\Delta X \cdot X_u = \Delta X \cdot X_v = 0.$$

这意味着 X 与曲面的切平面正交, 因此 $\|\Delta X\| = \pm X \cdot \mathbf{n} = \pm(L + N)$, 其中 $\mathbf{n}$ 是单位法向量, $L = X_{uu} \cdot \mathbf{n}$ 和 $N = X_{vv} \cdot \mathbf{n}$ 是第二基本形式的系数.

现在回忆一下, 曲面的平均曲率具有如下形式:

$$H = \frac{1}{2} \frac{EN - 2FM + GL}{EG - F^2}.$$

在等温参数中, $F = 0$ 且 $E = G = \lambda^2$, 因此以上公式简化为

$$H = \frac{N + L}{2\lambda^2}.$$

鉴于 $\|\Delta X\| = \pm X \cdot \mathbf{n} = \pm(L + N)$, 这表明 $X = 0$ 当且仅当 $H = 0$. 但极小曲面的特征是平均曲率为 0. 因此, 有以下结论成立.

设正则曲面 S 用等温参数表示，则位置向量是参数化的调和函数当且仅当 S 是极小曲面.

如果非参数化极小曲面用等温参数表示，则投影到基平面上的函数为调和映射.

更具体地说，假设非参数化极小曲面 $t = F(x, y)$ 位于 xy– 平面中的 D 区域上，并且假设它由 uv– 平面区域 Ω 中的等温参数 (u, v) 表示. 那么三个坐标函数 $x = x(u, v)$, $y = y(u, v)$ 和 $t = t(x, y) = F(x(u, v), y(u, v))$ 都是调和映射. 因为从 D 到曲面的映射是单射，并且曲面是非参数的，所以投影 $w = x + iy = f(z)$（其中 $z = u + iv$）定义了 D 到 Ω 的（单叶）调和映射.

我们知道，如果 $f(z) = x(u, v) + i\, y(u, v)$ 是解析函数，那么对于函数 f 有柯西-黎曼方程成立，这是复分析中一个有趣且重要的结论. 即：

$$x_u = y_v, \quad x_v = -y_u.$$

且称 v 为 u 的**共轭调和函数**. 若 f 是解析的，则

$$f'(z) = x_u + i\, y_u.$$

因此，我们可以将一个极小曲面与另一个极小曲面关联起来，即它的共轭极小曲面.

设 X 和 Y 是极小曲面的等温参数化表示，使得它们的分量函数是成对共轭调和. 即：

$$X_u = Y_v, \quad X_v = -Y_u. \tag{5.4}$$

则 X 和 Y 称为**共轭极小曲面**.

例 5.4 我们求由下式参数化的悬链面的共轭极小曲面

$$X(u, v) = (a \cosh v \cos u, a \cosh v \sin u, av).$$

设 $Y(u, v)$ 是共轭极小曲面的参数化表示，由 (5.4) 式的第一部分，我们知道

$$Y_v = X_u = (-a \cosh v \sin u, a \cosh v \cos u, 0).$$

上式中再对 v 积分得

$$Y = (-a \sinh v \sin u + F_1(u), a \sinh v \cos u + F_2(u), F_3(u)).$$

其中 $F_k(u)$ $(k = 1, 2, 3)$ 是独立于 v 的函数. 类似地，通过 (5.4) 式的第二部分，我们类似地得到

$$Y = (-a \sinh v \sin u + G_1(v), a \sinh v \sin u + G_2(u), -au + G_3(u)).$$

等价地，我们有

$$Y = (-a \sinh v \sin u + K_1, a \sinh v \sin u + K_2, -au + K_3).$$

使用替换 $u = \widetilde{u} - \frac{\pi}{2}, v = \widetilde{v}$ 并在不影响极小曲面的几何形状的情况下设 $K_1 = 0, K_2 = 0$ 以及 $K_3 = -\frac{\pi}{2}a$，从而得到螺旋面的参数化表示

$$Y(\widetilde{u}, \widetilde{v}) = (-a \sinh \widetilde{v} \sin \widetilde{u}, a \sinh \widetilde{v} \sin \widetilde{u}, -a\widetilde{u}).$$

上式也可参见第 86 页的第 (4) 条螺旋面的表达式. 因此，悬链面的共轭极小曲面是螺旋面.

共轭极小曲面的想法非常有趣. 两个共轭极小曲面可以通过

$$Z = (\cos t)X + (\sin t)Y$$

的单参数极小曲面族联系起来，其中 $t \in \mathbb{R}$. 当 $t = 0$ 时，我们用 X 参数化表示极小曲面，当 $t = \pi/2$ 时，我们用 Y 参数化表示极小曲面. 因此，对于 $0 \leqslant t \leqslant \pi/2$，有一个极小曲面的连续参数，称为**关联曲面**. 我们可以不断将一个极小曲面转换为另一个极小曲面，这样所有在曲面之间的部分也是极小的.

下面我们继续探索共轭极小曲面的性质. 如果我们尝试使用参数化确定双周期 Scherk 曲面

$$X(u, v) = \left(u, v, \ln\left(\frac{\cos u}{\cos v}\right)\right)$$

的共轭极小曲面. 该方法将不起作用，因为该曲面不是等温参数表示的. 稍后我们将看到双周期 Scherk 面有一个共轭面是单周期 Scherk 面.

曲面上某点的法向量 **n** 与曲面正交. 由于极小曲面具有不同的形状，因此没有理由假设一个曲面上的法向量与另一曲面上的法向量相关. 然而，对于共轭极小曲面和它们相关的极小曲面，存在很强的联系. 对于定义域中的任何点，对应的曲面法线在所有这些极小曲面上都指向相同的方向. 以下定理证明了这一点.

> **定理 5.3. [61, Theorem 2.55]**
>
> 设 $X, Y : D \to \mathbb{R}^3$ 是两个等温参数的共轭极小曲面，则对于 $(u_0, v_0) \in D$，相关曲面的曲面单位法向量是相同的. ♡

证明 设 $\mathbf{n}^X$ 和 $\mathbf{n}^Y$ 分别代表 X 和 Y 的曲面的法向量. 则根据共轭曲面的定义，X 和 Y 具有相同的单位法向量，因为

$$\mathbf{n}^X = \frac{X_u \times X_v}{|X_u \times X_v|} = \frac{Y_v \times -Y_u}{|Y_v \times -Y_u|} = \frac{Y_u \times Y_v}{|Y_u \times Y_v|} = \mathbf{n}^Y.$$

为了证明对于关联曲面是正确的，设 $Z = (\cos t)X + (\sin t)Y$ 是关联曲面的参数化表示，则

$$\begin{aligned}
Z_u \times Z_v &= (\cos t\, X_u + \sin t\, Y_u) \times (\cos t\, X_v + \sin t\, Y_v) \\
&= \cos^2 t\, (X_u \times X_v) + \cos t \sin t\, (X_u \times Y_v) + \cos t \sin t\, (Y_u \times X_v) + \sin^2 t\, (Y_u \times Y_v) \\
&= \cos^2 t\, (X_u \times X_v) + \cos t \sin t\, (X_u \times X_u) + \cos t \sin t\, (-X_v \times X_v) + \sin^2 t\, (-X_v \times X_u) \\
&= \cos^2 t\, (X_u \times X_v) + \cos t \sin t\, (\mathbf{0}) + \cos t \sin t\, (\mathbf{0}) + \sin^2 t\, (X_u \times X_v) \\
&= X_u \times X_v.
\end{aligned}$$

5.3 极小曲面的 Weierstrass–Enneper 表示

设正则曲面 S 具有参数化表示 $X = \Phi(U)$，其中稍改变符号 $X = (x_1, x_2, x_3)$ 和 $U = (u, v)$ 分别是 $\mathbb{R}^3$ 和 $\mathbb{R}^2$ 中的点. 现在考虑复变量 $w = u + iv$ 并通过运算

$$2\frac{\partial X}{\partial w} = (\varphi_1, \varphi_2, \varphi_3)$$

来构造三个复值函数 φ_k 是有利的. 换而言之，

$$\varphi_k = 2\frac{\partial x_k}{\partial w} = \frac{\partial x_k}{\partial u} - i\frac{\partial x_k}{\partial v}, \quad (k = 1, 2, 3).$$

注意到 S 的第一基本形式中 E、F 和 G 的定义，可以通过直接计算发现

$$\sum_{k=1}^{3} \varphi_k^2 = E - G - 2iF, \quad \sum_{k=1}^{3} |\varphi_k|^2 = E + G. \tag{5.5}$$

现在假设 S 是等温参数表示的，则 $F = 0$ 且 $E = G > 0$，所以

$$\sum_{k=1}^{3} \varphi_k(w)^2 = 0, \quad \sum_{k=1}^{3} |\varphi_k(w)|^2 > 0. \tag{5.6}$$

如果 S 是极小曲面，坐标 x_k 是调和的，因此函数 φ_k 是解析的. 因此，对于每个正则的极小曲面对应三个具有性质 (5.6) 式的解析函数 φ_k. 此外，该过程是可逆的，反之亦然. 换句话说，满足 (5.6)式的解析函数的每一个三元组都会生成一个正则的极小曲面. 我们将此结论更精确地表述为如下定理：

> **定理 5.4**
>
> 设 $X = \Phi(U)$ 是正则极小曲面的等温参数表示，并令 $w = u + iv$，则函数
>
> $$\varphi_k = 2\frac{\partial x_k}{\partial w}, \quad (k = 1, 2, 3)$$
>
> 是解析的并且具有性质 (5.6). 相反地，设 $\{\varphi_1, \varphi_2, \varphi_3\}$ 是单连通域中解析函数的任意三元组，并且满足 (5.6) 式，则函数
>
> $$x_k = \operatorname{Re}\left\{\int \varphi_k(w)\,\mathrm{d}w\right\}, \quad (k = 1, 2, 3) \tag{5.7}$$
>
> 给出一个正则的等温参数表示的极小曲面. ♡

证明 φ_k 的解析性显然，现只要证明相反的情形. 由方程 (5.7) 定义的函数 $x_k = x_k(w)$ 是调和的，并给出了曲面 S 的参数化表示. 注意到

$$\frac{\partial x_k}{\partial w} = \frac{1}{2}\varphi_k, \quad (k = 1, 2, 3)$$

并且参照 (5.5) 式，由性质 (5.6) 可知，$E = G > 0, F = 0$，所以 S 为正则的等温参数表示的极小曲面. 最后，由于坐标是等温的调和函数，我们根据定理 5.2 可知 S 是极小曲面. 然而，它不需要被嵌入.

满足 (5.6) 式的解析函数 φ_k 的最简单选择是 $\varphi_1(w) = 1, \varphi_2(w) = -i, \varphi_3(w) = 0$. 然后公式 (5.7) 简化为 $x_1 = u, x_2 = v$, 并且 $x_3 = 0$. 极小曲面是坐标平面本身，其参数表示显然是等温的. 下一节将介绍一些更有趣的例子.

在 1860 年，Karl Weierstrass 和 Alfred Enneper 独立地用解析函数的三元组得到了上述

极小曲面的表示，并且他们进一步发现了所有这些三元组都可以明确描述的重要发现. 这两个结果的结合现在被称为极小曲面的 **Weierstrass-Enneper 表示**. 以下引理描述了解析函数的相关三元组.

> **引理 5.1**
>
> 设 p 是一个解析函数, q 是某个区域 $D \subset \mathbb{C}$ 中的亚纯函数. 假设 p 有一个零点至少为 $2m$ 阶, 而 q 有一个 m 阶极点, 则函数
>
> $$\varphi_1 = p\left(1+q^2\right), \quad \varphi_2 = -ip\left(1-q^2\right), \quad \varphi_3 = -2ipq \tag{5.8}$$
>
> 在 D 内解析且满足
>
> $$\varphi_1^2 + \varphi_2^2 + \varphi_3^2 = 0. \tag{5.9}$$
>
> 相反地, 具有性质 (5.9) 的 D 中解析函数 $\varphi_1, \varphi_2, \varphi_3$ 的每个有序三元组都具有结构 (5.8), 除非 $\varphi_2 = i\varphi_1$. 且其表示方法是唯一的.

证明 很容易验证满足 (5.8) 式的每个三元组都满足 (5.9) 式. p 的零点条件确保函数 φ_k 是解析函数. 相反地, 令 φ_k 是具有性质(5.9)的任意的解析函数. 如果 $\varphi_2 = i\varphi_1$, 我们可以定义

$$p = \frac{1}{2}\left(\varphi_1 + i\varphi_2\right), \quad q = \frac{i\varphi_3}{\varphi_1 + i\varphi_2}, \tag{5.10}$$

所以 $2pq = i\varphi_3$. 为了验证 (5.8) 式的其他两个等式, 我们将条件 (5.9) 改写为

$$\left(\varphi_1 + i\varphi_2\right)\left(\varphi_1 - i\varphi_2\right) = -\varphi_3^2,$$

从而有

$$pq^2 = \frac{1}{2}\left(\varphi_1 - i\varphi_2\right).$$

因此

$$p\left(1+q^2\right) = \varphi_1, \quad p\left(1-q^2\right) = i\varphi_2.$$

表示的唯一性是显然的, 因为方程 (5.8) 式可以像 (5.10) 式中的 p 和 q 那样求解. 如果 $\varphi_2 = i\varphi_1$, 则 $\varphi_1^2 + \varphi_2^2 = 0$, 并且它遵循 $\varphi_3 = 0$. 然后表示 (5.8) 式遵循唯一确定的选择 $p = \varphi_1$ 和 $q = 0$. 在这种退化情况下, 对应的极小曲面是一个水平面. $\square$

由以上引理我们得到更有用的定理, 重新表述如下:

> **定理 5.5. Weierstrass–Enneper 表示 I**
>
> 每个正则的极小曲面在某些域 $D \subset \mathbb{C}$ 中, 都有一个局部的等温参数表示形式
>
> $$\begin{cases} x_1 = \operatorname{Re}\left\{\int p\left(1+q^2\right) \mathrm{d}w\right\}, \\ x_2 = \operatorname{Im}\left\{\int p\left(1-q^2\right) \mathrm{d}w\right\}, \\ x_3 = 2\operatorname{Im}\left\{\int pq \, \mathrm{d}w\right\}. \end{cases} \tag{5.11}$$
>
> 其中 p 是解析的, q 是 D 中的亚纯函数, p 仅在 q 的极点 (如果有) 处等于 0, 并且在 q 具有 m 阶极点的地方具有精确的 $2m$ 阶零点. 相反地, 在单连通区域 D 中, 每个这样的函数对 p 和 q 分别是解析函数和亚纯函数, 通过公式 (5.11) 生成正则的极小曲面的等温参数表示.

注意到对 p 的零点的更严格限制意味着解析函数 φ_1, φ_2 和 φ_3 没有公共零点, 经简单的计算得

$$\sum_{k=1}^{3} |\varphi_k|^2 = 2|p|^2 \left(1 + |q|^2\right)^2 > 0.$$

这保证了相关极小曲面的正则性. 如果基准域 D 不是单连通的, 则定义参数化的积分可能是多值的.

Weierstrass-Enneper 表示中的函数 q 具有漂亮的几何解释. 回想一下, 曲面的高斯图将每个点 X 映射到单位球面上的点, 该点对应于曲面在 X 处的单位法向量. 现在将证明 $-i/q(w)$ 是 $X(w)$ 在高斯映射下的立体投影. 特别指出, 法线方向仅取决于 q 而不是 p.

为了证明 $-i/q(w)$ 是 $X(w)$ 在高斯映射下的立体投影, 我们只需根据曲面的参数化表示 (5.11) 式计算单位法向量. 首先观察, 因为使用等温参数, 向量 X_u 和 X_v 是正交的, 所以它们的叉积的范数为

$$\|X_u \times X_v\| = \|X_u\| \|X_v\| = \lambda^2 = \frac{1}{2} \sum_{k=1}^{3} |\varphi_k|^2,$$

或者

$$\|X_u \times X_v\| = |p|^2 \left(1 + |q|^2\right)^2. \tag{5.12}$$

为了要根据 p 和 q 计算叉积本身, 用关系式

$$X_u \times X_v = \text{Im} \left\{(\varphi_2 \overline{\varphi_3}, \varphi_3 \overline{\varphi_1}, \varphi_1 \overline{\varphi_2})\right\}$$

是很方便的, 可以直接从定义 $\varphi_k = 2 \partial x_k / \partial w$ 中得到验证. 将 (5.8) 式代入上式, 经简单的计算得到如下简化的表达式:

$$X_u \times X_v = -|p|^2 \left(1 + |q|^2\right) \left(2 \text{Im}\{q\}, 2 \text{Re}\{q\}, |q|^2 - 1\right).$$

再次使用叉积范数的公式 (5.12) 得单位法向量

$$\mathbf{n} = \frac{X_u \times X_v}{\|X_u \times X_v\|} = -\frac{1}{1 + |q|^2} \left(2 \text{Im}\{q\}, 2 \text{Re}\{q\}, |q|^2 - 1\right). \tag{5.13}$$

另一方面, 复平面中点 $z = x + iy$ 在单位球面上的逆立体投影恰好是

$$\frac{1}{1 + |z|^2} \left(2x, 2y, |z|^2 - 1\right)$$

详见 Ahlfors[62, p.18]. 与公式 (5.13) 对单位法向量进行比较, 从而完成了 $-i/q(w)$ 为 $X(w)$ 在高斯映射下立体投影的图像的识别.

5.4 例子

Weierstrass-Enneper 表示允许使用显式构造各种极小曲面. 只需选择一个解析函数 p 和一个其零极点与上一节定理 5.5 相关的亚纯函数 q, 并计算所需的积分以得到由等温参数表示的正则极小曲面. 原则上, 通过适当的 p 和 q 选择, 可以用这种方法得到各种极小曲面.

例 5.5 现我们将构造一些最常见极小曲面的例子.

(1) 平面: 取 p 和 q 为常数得到了由等温参数表示的平面.

(2) **悬链面**：在原点穿刺的复平面区域 $D = \mathbb{C} \setminus \{0\}$ 中取 $p(w) \equiv 1$ 和 $q(w) = i/w$，则

$$x_1 = \mathrm{Re}\left\{\int p\left(1+q^2\right) \mathrm{d}w\right\} = \left(r + \frac{1}{r}\right)\cos\theta,$$

$$x_2 = \mathrm{Im}\left\{\int p\left(1-q^2\right) \mathrm{d}w\right\} = \left(r + \frac{1}{r}\right)\sin\theta,$$

$$x_3 = 2\,\mathrm{Im}\left\{\int pq\,\mathrm{d}w\right\} = 2\log r,$$

其中 $w = re^{i\theta}$. 当 $\rho = \log r$ 时，方程的形式为

$$x_1 = 2\cosh\rho\cos\theta, \quad x_2 = 2\cosh\rho\sin\theta, \quad x_3 = 2\rho,$$

上式很容易知道为悬链面的参数化表示.

(3) **螺旋面**：再次设 $D = \mathbb{C} \setminus \{0\}$，并取 $p(w) \equiv 1, q(w) = 1/w$，则

$$x_1 = \left(r - \frac{1}{r}\right)\cos\theta, \quad x_2 = \left(r - \frac{1}{r}\right)\sin\theta, \quad x_3 = 2\theta,$$

其中 $w = re^{i\theta}$. 上式是螺旋面的方程，严格来说，需要进行分支切割（例如，沿正实轴）才能使 x_3 为单值，方程表示螺旋面的一圈.

(4) *Enneper's* 面：取 $D = \mathbb{C}, p(z) = 1, q(z) = iw$，我们得

$$X = \left(\mathrm{Re}\left\{\int_0^w \left(1-w^2\right)\mathrm{d}z\right\}, \mathrm{Im}\left\{\int_0^w \left(1+w^2\right)\mathrm{d}z\right\}, \mathrm{Im}\left\{\int_0^w 2iw\,\mathrm{d}w\right\}\right)$$

$$= \left(\mathrm{Re}\left\{w - \frac{1}{3}z^w\right\}, \mathrm{Im}\left\{w + \frac{1}{3}w^3\right\}, \mathrm{Im}\left\{iw^2\right\}\right).$$

设 $w = u + iv$ 得

$$X(u,v) = \left(u - \frac{1}{3}u^3 + uv^2, v - \frac{1}{3}v^3 + u^2v, u^2 - v^2\right),$$

以上是 Enneper's 面的参数化表示，**图 5.4(a)** 和 **图 5.4(b)** 分别为在单位圆盘 $|w| < 1$ 和圆盘 $|w| < 2$ 上的曲面部分. 我们可以发现，随着圆盘的不断增大，曲面与自身重叠并最终自相交.

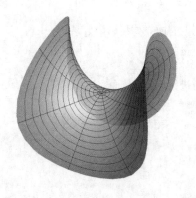
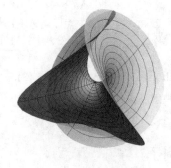

(a) $|w| < 1$ (b) $|w| < 2$

图 **5.4** Enneper's 面

(5) *Scherk's* 的第一曲面：设 D 为单位圆盘，取 $p(w) = 2/(1-w^4), q(w) = iw$，则相关

的积分为

$$\int_0^w p\left(1+q^2\right)\mathrm{d}w = \int_0^w \frac{2}{1+w^2}\,\mathrm{d}w = 2\tan^{-1}w = -i\log\left(\frac{1+iw}{1-iw}\right),$$

$$\int_0^w p\left(1-q^2\right)\mathrm{d}w = \int_0^w \frac{2}{1-w^2}\,\mathrm{d}w = \log\left(\frac{1+w}{1-w}\right),$$

$$\int_0^w pq\,\mathrm{d}w = \int_0^w \frac{2iw}{1-w^4}\mathrm{d}w = \frac{i}{2}\log\left(\frac{1+w^2}{1-w^2}\right),$$

因此，极小曲面的方程为

$$x_1 = \arg\left\{\frac{1+iw}{1-iw}\right\},\quad x_2 = \arg\left\{\frac{1+w}{1-w}\right\},\quad x_3 = \log\left|\frac{1+w^2}{1-w^2}\right|.$$

注意到 x_1 和 x_2 在区间 $(-\pi/2,\pi/2)$ 内，由公式

$$\frac{1+iw}{1-iw} = \frac{1}{|1-iw|^2}\left[\left(1-|w|^2\right)+2iu\right]$$

和

$$\frac{1+w}{1-w} = \frac{1}{|1-w|^2}\left[\left(1-|w|^2\right)+2iv\right],$$

其中 $w = u+iv$，经计算可得

$$\left(\frac{\cos x_2}{\cos x_1}\right)^2 = \frac{1+2\left(u^2-v^2\right)+\left(u^2+v^2\right)^2}{1-2\left(u^2-v^2\right)+\left(u^2+v^2\right)^2} = \left|\frac{1+w^2}{1-w^2}\right|^2,$$

因此

$$x_3 = \log\left(\frac{\cos x_2}{\cos x_1}\right)$$

定义了一个 Scherk's 曲面方程.

第 6 章 极小曲面与调和映射

继续上一章的讨论,我们将更加详细地讨论调和映射与非参数极小曲面的联系,以得到高斯曲率的精确估计. 我们的第一个任务是根据等温参数推导出一个有用的高斯曲率公式. 然后,我们将该公式专门用于极小曲面,并根据原始的调和映射来表示曲率. 这使我们能够通过 Heinz 引理和调和映射的相关结果来估计极小曲面的曲率.

6.1 高斯曲率

在上一章中,我们知道曲面的高斯曲率有以下表达式:
$$K = \frac{LN - M^2}{EG - F^2}.$$
其中 $E = X_u \cdot X_u, F = X_u \cdot X_v, G = X_v \cdot X_v$ 是第一基本形式的系数,且 $L = X_{uu} \cdot \mathbf{n}, M = X_{uv} \cdot \mathbf{n}, N = X_{vv} \cdot \mathbf{n}$ 是第二基本形式的系数. 我们现在将证明如果选择等温参数 $F = 0, E = G = \lambda^2$,则第一基本形式简化为
$$\mathrm{d}s^2 = \lambda^2(\mathrm{d}u^2 + \mathrm{d}v^2), \quad \lambda = \lambda(u, v) > 0,$$
则高斯曲率有一个简洁的表达式
$$K = -\frac{1}{\lambda^2}\Delta(\log \lambda).$$
其中 $\Delta = \partial^2/\partial u^2 + \partial^2/\partial v^2$ 表示 Laplace 算子. 这将特别表明:高斯曲率仅取决于第一基本形式的系数,因此高斯曲率在曲面弯曲而不拉伸时保持不变. 这就是著名的**高斯绝妙定理**.

我们回顾一下,单位法向量定义为:
$$\mathbf{n} = \frac{X_u \times X_v}{\|X_u \times X_v\|} = \frac{1}{\sqrt{EG - F^2}}\left\{\frac{\partial(y, z)}{\partial(u, v)}\mathbf{i} + \frac{\partial(z, x)}{\partial(u, v)}\mathbf{j} + \frac{\partial(x, y)}{\partial(u, v)}\mathbf{k}\right\},$$
由于
$$L = X_{uu} \cdot \mathbf{n} = \frac{1}{\sqrt{EG - F^2}}\begin{vmatrix} x_{uu} & y_{uu} & z_{uu} \\ x_u & y_u & z_u \\ x_v & y_v & z_v \end{vmatrix},$$

$$M = X_{uv} \cdot \mathbf{n} = \frac{1}{\sqrt{EG - F^2}}\begin{vmatrix} x_{uv} & y_{uv} & z_{uv} \\ x_u & y_u & z_u \\ x_v & y_v & z_v \end{vmatrix},$$

$$N = X_{vv} \cdot \mathbf{n} = \frac{1}{\sqrt{EG - F^2}}\begin{vmatrix} x_{vv} & y_{vv} & z_{vv} \\ x_u & y_u & z_u \\ x_v & y_v & z_v \end{vmatrix}.$$

因此

$$(EG - F^2)LN = \begin{vmatrix} X_{uu} \cdot X_{vv} & X_{uu} \cdot X_u & X_{uu} \cdot X_v \\ X_u \cdot X_{vv} & X_u \cdot X_u & X_u \cdot X_v \\ X_v \cdot X_{vv} & X_v \cdot X_u & X_v \cdot X_v \end{vmatrix}$$

$$= \begin{vmatrix} X_{uu} \cdot X_{vv} & \frac{1}{2}E_u & X_{uu} \cdot X_v \\ X_u \cdot X_{vv} & E & F \\ \frac{1}{2}E_v & F & G \end{vmatrix},$$

$$(EG - F^2)M^2 = \begin{vmatrix} X_{uv} \cdot X_{vv} & X_{uv} \cdot X_u & X_{uv} \cdot X_v \\ X_u \cdot X_{uv} & X_u \cdot X_u & X_u \cdot X_v \\ X_v \cdot X_{uv} & X_v \cdot X_u & X_v \cdot X_v \end{vmatrix}$$

$$= \begin{vmatrix} X_{uv} \cdot X_{uv} & \frac{1}{2}E_v & \frac{1}{2}G_u \\ \frac{1}{2}E_v & E & F \\ \frac{1}{2}G_u & F & G \end{vmatrix}.$$

现假设曲面用等温参数表示，因此 $E = G, F = 0$. 每个行列式按第一行展开，则有

$$LN = X_{uu} \cdot X_{vv} - \frac{E_u}{2E} X_{vv} \cdot X_u - \frac{E_v}{2E} X_{uu} \cdot X_v$$

和

$$M^2 = X_{uv} \cdot X_{uv} - \frac{E_v^2}{4E} - \frac{E_u^2}{4E}.$$

另一方面，由于

$$X_{uu} \cdot X_v + X_u \cdot X_{vu} = F_u = 0,$$

显然有

$$X_{uu} \cdot X_v = -X_u \cdot X_{vu} = -\frac{1}{2}E_v.$$

类似地，由关系式

$$X_{uv} \cdot X_v + X_u \cdot X_{vv} = F_v = 0$$

得到

$$X_{vv} \cdot X_u = -X_{vu} \cdot X_v = -\frac{1}{2}G_u = -\frac{1}{2}E_u.$$

最后，经直接计算可得以下等式

$$X_{uu} \cdot X_{vv} - X_{uv} \cdot X_{uv} = -\frac{1}{2}E_{vv} + F_{uv} - \frac{1}{2}G_{uu}.$$

因此，对于 $E = G = \lambda^2$ 和 $F = 0$ 的等温参数，我们得到以下表达式

$$LN - M^2 = -\frac{1}{2}(E_{uu} + E_{vv}) + \frac{E_u^2}{2E} + \frac{E_v^2}{2E}$$

$$= \lambda_u^2 - \lambda\lambda_{uu} + \lambda_v^2 - \lambda\lambda_{vv}$$

$$= -\lambda^2 \Delta(\log \lambda),$$

因为 $EG - F^2 = \lambda^4$，这就是所想要的结果。

6.2 极小曲面与调和映射

前一章已经证明，当一个极小曲面用等温参数表示时，它的三个坐标函数是调和的. 因此，极小曲面到其基准平面的投影是调和映射. 我们现在的目标是描述以这种方式获得的调和映射，并展示它们如何提升到极小曲面.

在包含原点的单连通域 $\Omega \subset \mathbb{C}$ 上，考虑正则极小曲面

$$S = \{(u, v, F(u, v)) : u + iv \in \Omega\}.$$

假设 Ω 不是整个复平面.（稍后将表明，延拓到整个复平面上的极小图本身就是平面，这是 S.Bernstein 的一个定理.）鉴于 Weierstrass-Enneper 表示法，如第 5.2 节所述，曲面通过单位圆盘 $\mathbb{D}$ 中的等温参数 $z = x + iy$ 进行重新参数化，使得

$$u = \operatorname{Re}\left\{\int_0^z \varphi_1(\zeta)\,\mathrm{d}\zeta\right\}, \quad v = \operatorname{Re}\left\{\int_0^z \varphi_2(\zeta)\,\mathrm{d}\zeta\right\},$$

$$F(u, v) = \operatorname{Re}\left\{\int_0^z \varphi_3(\zeta)\,\mathrm{d}\zeta\right\}, z \in \mathbb{D},$$

其中 φ_k 在 $\mathbb{D}$ 内解析，并且满足

$$\sum_{k=1}^{3} \varphi_k(z)^2 = 0, \quad \sum_{k=1}^{3} |\varphi_k(z)|^2 > 0.$$

不失一般性，假设 z 在单位圆盘上，因为任何其他等温表示都可以与圆盘上的保角映射预合成，该保角映射的存在由黎曼映射定理保证. 函数 φ_k 可由以下形式表示：

$$\varphi_1 = p(1 + q^2), \quad \varphi_2 = -ip(1 - q^2), \quad \varphi_3 = -2ipq,$$

其中，p 在 $\mathbb{D}$ 是解析的，q 在 $\mathbb{D}$ 是亚纯的，除了 $2m$ 阶的零点之外，p 不为零，其中 q 具有 m 阶的极点. 就 p 和 q 而言，Weierstrass-Enneper 表示为

$$u = \operatorname{Re}\left\{\int_0^z p(1 + q^2)\,\mathrm{d}\zeta\right\}, \quad v = \operatorname{Im}\left\{\int_0^z p(1 - q^2)\,\mathrm{d}\zeta\right\},$$

$$F(u, v) = 2\operatorname{Im}\left\{\int_0^z pq\,\mathrm{d}\zeta\right\}, z \in \mathbb{D}.$$

现在设 $w = u + iv$, $w = f(z)$ 表示 S 在其基准平面上的投影：

$$f(z) = \operatorname{Re}\left\{\int_0^z \varphi_1(\zeta)\,\mathrm{d}\zeta\right\} + \operatorname{Re}\left\{\int_0^z \varphi_2(\zeta)\,\mathrm{d}\zeta\right\}.$$

则 f 是 $\mathbb{D}$ 到 Ω 上的调和映射，且满足 $f(0) = 0$. 设

$$f = h + \overline{g}, \quad h(0) = g(0) = 0$$

是 f 的规范化表示，其中 h 和 g 在 $\mathbb{D}$ 中是解析的. 微分后得到公式

$$h' = \frac{1}{2}(\varphi_1 + i\varphi_2), \quad g' = \frac{1}{2}(\varphi_1 - i\varphi_2),$$

或者

$$\varphi_1 = h' + g', \quad \varphi_2 = i(h' - g').$$

因此，经简单计算得

$$\varphi_3^2 = \varphi_1^2 - \varphi_2^2 = -4h'g' = -4\omega h'^2,$$

其中 $\omega = g'/h'$ 为 f 的伸缩商. 这表明 $\omega = -\frac{1}{4}\varphi_3^2/h'^2$ 为一亚纯函数的平方. 换句话说, 由极小图的投影生成的调和映射的伸缩商具有单值平方根. 如果 f 保向, 这相当于它的伸缩商 ω 没有奇数阶的零点.

当引入 Weierstrass-Enneper 函数 p 和 q 时, 进一步阐明了 ω 的公式. 则有

$$f(z) = \text{Re}\left\{\int_0^z p(1+q^2)\,\mathrm{d}\zeta\right\} + i\,\text{Im}\left\{\int_0^z p(1-q^2)\,\mathrm{d}\zeta\right\}$$

和类似的计算表明, $h' = p$ 和 $g' = pq^2$, 这给出了投影调和映射 f 伸缩商的简洁表达式 $\omega = q^2$. 特别地, f 保向的当且仅当 q 在 $\mathbb{D}$ 上解析且 $|q(z)| < 1$. 鉴于第 5.2 节末尾的备注, 关系式 $\omega = q^2$ 也表示 $-1/\sqrt{\omega}$ 为相应极小曲面的高斯映射的测地投影.

现在的问题是给出极小曲面投影的调和映射的完整描述. 换言之, 调和映射的哪些属性对于提升到由等温参数表示的极小图是必要和充分的? 正如我们刚才所展示的, 一个必要条件是调和映射的伸缩商是亚纯函数的平方. 令人惊讶的是, 这个条件也是充分的. 为了验证这个结论, 不失一般性, 我们假设该映射是保向的.

定理 6.1. Weierstrass–Enneper 表示 II [3]

设 $\Omega \subseteq \mathbb{C}$ 为包含原点的单连通区域, 若极小曲面

$$\{(u, v, F(u, v)) : u + iv \in \Omega\}$$

由保向的等温线参数 $z = x + iy \in \mathbb{D}$ 参数表示, 投影到复平面定义为 $w = u + iv = f(z)$ 为由 $\mathbb{D}$ 映射到 Ω 的调和映射, 其中伸缩商为解析函数的平方. 反过来, 若 $f = h + \bar{g}$ 为把 $\mathbb{D}$ 映射到 Ω 的调和映射, 其中伸缩商为 $\omega = g'/h' = q^2$, 其中 q 为解析函数, 则具有参数 $z = x + iy \in \mathbb{D}$ 的极小曲面

$$u = \text{Re}\{h(z) + g(z)\}, v = \text{Im}\{h(z) - g(z)\}, t = 2\text{Im}\left\{\int_0^z h'(\zeta)q(\zeta)\mathrm{d}\zeta\right\} \quad (6.1)$$

定义为一个投影在复平面上的调和映射 $f(\mathbb{D})$ 的像域. 除选择符号和在第三参数相差常数之外, 此极小曲面的表示是唯一的.

证明 条件 $\omega = q^2$ 的必要性已经证明. 反之, 根据定理 5.2, 只需证明由 (6.1) 式定义的曲面由等温参数的调和映射表示. 根据第 5.3 节中的讨论, 这相当于证明偏导数 $\partial u/\partial z, \partial v/\partial z$ 及 $\partial t/\partial z$ 是解析的, 并且有

$$\left(\frac{\partial u}{\partial z}\right)^2 + \left(\frac{\partial v}{\partial z}\right)^2 + \left(\frac{\partial t}{\partial z}\right)^2 = 0. \quad (6.2)$$

但直接计算可得表达式

$$\frac{\partial u}{\partial z} = \frac{1}{2}\left(h' + g'\right), \quad \frac{\partial v}{\partial z} = \frac{1}{2i}\left(h' - g'\right), \quad \frac{\partial t}{\partial z} = iqh',$$

其中 $q^2 = \omega = g'/h'$. 现进一步的计算给出了所需的结论 (6.2) 式. 由于 f 是单叶的, 给定的曲面立即被视为图: 第三个坐标 t 实际上只是 u 和 v 的函数.

为了证明唯一性, 设

$$u = \text{Re}\{f(z)\}, \quad u = \text{Im}\{f(z)\}, \quad t = k(z)$$

表示等温参数中的一些其他极小曲面. 那么 k 是调和的, 所以 $\partial k/\partial z$ 是解析的. 由于其表

示是等温的，所以关系式 (6.2) 一定成立，已在第 5.3 节开头证明. 这就意味着

$$\left(\frac{\partial k}{\partial z}\right)^2 = -\left(\frac{\partial u}{\partial z}\right)^2 - \left(\frac{\partial v}{\partial z}\right)^2 = -h'g' = -q^2h'^2,$$

因此 $\partial k/\partial z = \pm iqh'$. 但对于某些解析函数 ψ，实值调和函数 k 有唯一的表示 $k = \psi + \overline{\psi} = 2\mathrm{Re}\{\psi\}$. 由于 $\psi = \pm iqh'$，因此

$$\psi(z) = \pm i\int_0^z qh'\,\mathrm{d}\zeta + C,$$

其中 C 为复常数，从而唯一性得证.

下面给出两个例子来说明将调和映射提升到极小曲面的过程.

例 **6.1** 考虑函数 $f(z) = z - \frac{1}{3}\bar{z}^3$，它是把单位圆盘 $\mathbb{D}$ 映到内切圆 $|w| = 4/3$ 内的四个尖点的内摆线区域的调和映射（如**图 6.1(a)** 所示）. 这里 $h(z) = z, g(z) = -\frac{1}{3}z^3$，因此 f 的伸缩商为 $\omega(z) = -z^2$. 因为 ω 是一个解析函数的平方，根据定理，f 可提升到由以下方程定义的极小曲面

$$u = \mathrm{Re}\{f(z)\} = x + xy^2 - \frac{1}{3}x^3, \quad v = \mathrm{Im}\{f(z)\} = y + x^2y - \frac{1}{3}y^3$$

$$t = 2\,\mathrm{Im}\left\{\int_0^z \sqrt{\omega}h'\,\mathrm{d}\zeta\right\} = 2\,\mathrm{Im}\left\{-i\int_0^z \zeta\mathrm{d}\zeta\right\} = \mathrm{Re}\left\{z^2\right\} = x^2 - y^2$$

其中 $z = x + iy$ 是 $\mathbb{D}$ 上的点，这是 Enneper's 曲面的非参数部分，如图 6.1(b) 所示. 当 z 在整个 $\mathbb{D}$ 上变化时，得到完整的曲面.

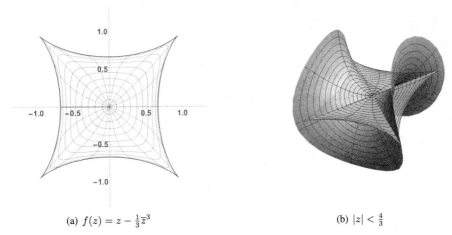

(a) $f(z) = z - \frac{1}{3}\bar{z}^3$　　　　　　　(b) $|z| < \frac{4}{3}$

图 **6.1** $f(z)$ 提升至极小曲面

例 **6.2** 考虑函数

$$f(z) = \frac{1+i}{\sqrt{2}\,\pi}\sum_{k=0}^{3} i^k \arg\left\{\frac{z - i^k}{z - i^{k+1}}\right\},$$

它将 $\mathbb{D}$ 映射到正方形区域

$$\Omega = \left\{w = u + iv : -\frac{1}{\sqrt{2}} < u < \frac{1}{\sqrt{2}}, -\frac{1}{\sqrt{2}} < v < \frac{1}{\sqrt{2}}\right\},$$

其嵌入在单位圆上. 对于 $k = 0, 1, 2, 3$, f 有一个分段常数边界函数

$$f(e^{i\theta}) = \frac{1}{\sqrt{2}}(1+i)i^k, \quad \frac{k\pi}{2} < \theta < \frac{(k+1)\pi}{2}.$$

对应的调和映射 $f(z) = h(z) + \overline{g(z)}$, 其中

$$h(z) = \frac{1-i}{\sqrt{2}\,\pi} \sum_{k=0}^{3} i^k \arg\left\{\frac{z-i^k}{z-i^{k+1}}\right\}, \quad g(z) = -\frac{1+i}{\sqrt{2}\,\pi} \sum_{k=0}^{3} (-i)^k \arg\left\{\frac{z-i^k}{z-i^{k+1}}\right\},$$

对上式微分得

$$h'(z) = \frac{\sqrt{2}}{\pi}\left(\frac{1}{z^2-1} - \frac{1}{z^2+1}\right) = \frac{2\sqrt{2}}{\pi}\frac{1}{z^4-1},$$

$$g'(z) = -\frac{\sqrt{2}}{\pi}\left(\frac{1}{z^2-1} + \frac{1}{z^2+1}\right) = -\frac{2\sqrt{2}}{\pi}\frac{z^2}{z^4-1}.$$

因此, f 的伸缩商为 $\omega(z) = g'(z)/h'(z) = -z^2$, f 提升到如下的参数化表示的极小曲面

$$u = \operatorname{Re}\{f(z)\} = \operatorname{Re}\{h(z) + g(z)\},$$

$$v = \operatorname{Im}\{f(z)\} = \operatorname{Im}\{h(z) + g(z)\},$$

$$t = -2\operatorname{Re}\left\{\int_0^z \xi h'(\xi)\,\mathrm{d}\xi\right\}.$$

进一步计算, 以上公式简化为

$$u = \frac{\sqrt{2}}{\pi}\arg\left\{\frac{1-iz}{1+iz}\right\}, \quad v = \frac{\sqrt{2}}{\pi}\arg\left\{\frac{1-z}{1+z}\right\}, \quad t = \frac{\sqrt{2}}{\pi}\log\left|\frac{1+z^2}{1-z^2}\right|.$$

这是一个 Scherk's 曲面, 如第 5.4 节所示, 与其相差比例为 $\sqrt{2}/\pi$.

最后, 这个过程可以逆转, 而不是用提升调和映射来构造极小曲面. 有时, 通过投影特定的极小曲面来获得新的调和映射族是富有成效的. 例如, 可以从 Scherk's "鞍-塔"极小曲面开始

$$\sin t = \sinh u \sinh v,$$

被称为 **Scherk's 第二曲面**或 **Scherk's 第五曲面**, 它的图像如**图 6.2** 所示. 其 Weierstrass-Enneper 表示已知由 $p(z) = 1/(1-z^4)$ 和 $q(z) = z$, 表明与 Scherk's 第一曲面有密切关系. (事实上, 这两个曲面是共轭的, 就像悬链面与螺旋面一样.) 通过部分分式进行积分, 并将曲面投影到基准面, 就得到了调和映射

$$w = u + iv = f(z) = -\frac{1}{2}\sum_{k=1}^{4} i^k \log|z - i^k|,$$

它将单位圆盘映射到一个星象区域, 该区域内沿着坐标轴有无限的尖顶, 如**图 6.3** 所示. 将以上调和映射推广到更一般的情形

$$w = F_n(z) = -\frac{2}{n}\sum_{k=1}^{4} \alpha^k \log|z - \alpha^k|, \quad n = 3, 4, 5, \cdots,$$

式中 $\alpha = e^{2\pi i/n}$ 是 n 次单位根. 应用调和映射的辐角原理, 可以证明 F_n 将圆盘单叶映射到旋转对称的星象区域上, 该区域在 n 个单位根 $1, \alpha, \alpha^2, \cdots, \alpha^{n-1}$ 的方向上具有无限尖顶, F_n 的伸缩商为 $\omega_n(z) = z^{n-2}$. 因此, F_n 能提升至极小曲面当且仅当 n 是偶数. 对于 $n = 6, 8, 10, \cdots$, 这些曲面构成了 Scherk's 曲面. Enneper's 曲面和 Scherk's 第一曲面可以用类似的方式进行推广. 更多细节参考 Duren 和 Thygerson 的文献 [63].

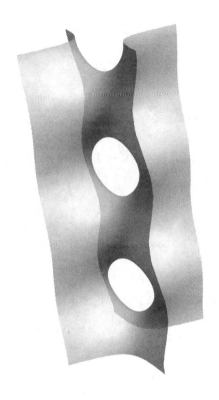

图 **6.2** Scherk's "鞍-塔"曲面

6.3 剪切构建极小曲面

类似于经典的 Kobe 函数及其旋转在解析函数论中扮演着极值函数的角色，Clunie 和 Sheil-Small [2] 利用剪切原理构造单叶调和映射（见定理 1.3），这种方法已被有效地用于构造单叶调和映射以及确定其一些良好的性质. 对于利用几何函数论和调和映射理论研究曲面的另一个重要结论是称为极小曲面的 Weierstrass-Enneper 表示，以下我们主要在这两个方面做一些应用. 我们在对最近的文献 [5, 45, 64-65] 的基础上做进一步的研究.

在文献 [66] 中，李浏兰等人考查了单裂缝且沿实轴凸的调和映射，通过剪切 Koebe 函数 $k(z) = z/(1-z)^2$ 得到如下定理：

定理 6.2

设 **X** 为投影在复平面上的调和映射 $f = h + \overline{g} \in \mathcal{S}_H^0$，其像域为裂缝区域 $L = k(\mathbb{D})$，满足

$$h(z) - g(z) = \frac{z}{(1-z)^2}$$

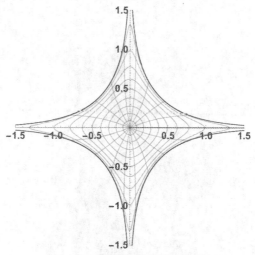

图 **6.3** Scherk's "鞍-塔"的调和映射

且其伸缩商为 $\omega = z^2$. 则 $\mathbf{X} = \{(u, v, F(u, v)) : u + iv \in L\}$, 其中

$$u = \text{Re}\left\{\frac{z(2z^2 - 3z + 3)}{3(1 - z)^3}\right\}, \quad v = \text{Im}\left\{\frac{z}{(1 - z)^2}\right\},$$

和

$$F = \text{Im}\left\{\frac{z(2 - z)}{(1 - z)^2} - \frac{2z(z^2 - 3z + 3)}{3(1 - z)^3}\right\}.$$

正如最近 Dorff 和 Muir[64] 一文所研究的, 我们考虑广义的 Koebe 函数 $k_c : \mathbb{D} \to \mathbb{C}$, 其定义为

$$k_c(z) = \int_0^z \frac{(1 + \zeta)^{c-1}}{(1 - \zeta)^{c+1}}\mathrm{d}\zeta = \frac{1}{2c}\left[\left(\frac{1 + z}{1 - z}\right)^c - 1\right], \tag{6.3}$$

其中 $c \in [0, 2]$. 当 $c = 0$ 时, $k_c(z)$ 由以下极限形式来表示:

$$k_0(z) = \lim_{c \to 0^+} k_c(z) = \frac{1}{2}\log\left(\frac{1 + z}{1 - z}\right).$$

显然有 $k_1(z) = z/(1 - z)$ 和 $k_2(z) = z/(1 - z)^2$.

对于 $c \in [0, 2]$, $k_c \in \mathcal{S}$ 且 $k_c(\mathbb{D})$ 沿实轴凸. 另外, 对于 $c \in [0, 1]$, $k_c(\mathbb{D})$ 是凸的.

定理 6.3. [64, Dorff2014]

对于 $c \in [0, 2]$, 定义 $f_c = h_c + \overline{g_c} \in \mathcal{S}_H^0$ 为满足以下条件的调和映射

$$h_c(z) - g_c(z) = k_c(z), \quad g_c'(z) = z^2 h_c'(z),$$

其中 k_c 由 (6.3) 式给出. 则 $f_c(\mathbb{D})$ 沿实轴凸, 并且当 c 从 0 变化到 2 时, $f_c(\mathbb{D})$ 从条形区域变化到裂缝区域.

在文献 [64] 中, 作者也提出了由定理 6.3 中给出的调和映射能推广到伸缩商为 $\omega(z) = z^{2m}$ $(m \in \mathbb{N})$ 的猜想. 也就是说, 对于 $c \in [0, 2]$ 和 $n = 2m$, 设 $f_{c,n} = h_{c,n} + \overline{g_{c,n}} \in \mathcal{S}_H^0$, 其中

$$h_{c,n}(z) - g_{c,n}(z) = k_c(z) \quad \text{和} \quad g_{c,n}'(z) = z^n h_{c,n}'(z).$$

当 $n = 2$ 时，定理 6.3 是最基本的情形. 对于 $n = 4$ 和 $c = 2$ 的情形，得到的极小曲面是螺旋面.

当 $n \geqslant 1$ 时，利用剪切原理构造调和映射族 $f_{c,n}(z)$ 是个有趣的课题. 大部分情形取伸缩商为 $\omega(z) = z^n$ $(n \in \mathbb{N})$. 本节结构安排如下：在第 6.3.1 节利用剪切原理构造了几个新的沿实轴凸的调和映射. 作为剪切原理的应用，我们也得到了沿实轴凸的调和映射族. 在第 6.3.2 节，我们利用有理分式的部分分式展开法得到了当 $c = 1, 2$ 时 $f_{c,n}(z)$ 的精确表达式，其中 $n \in \mathbb{N}$, $c = 0$ 的情况已在文献 [5] 证明. 我们也证明了当变量 c 从 0 到 2 时，$f_{c,n}(\mathbb{D})$ 是沿实轴凸的，且其像域从带状区域变化到波形区域最后到裂缝区域. 注意到当 $f_{c,n}(z)$ 的伸缩商为一个解析函数的平方时，则所得到的调和映射可以提升到用参数化表示的极小曲面. 因此，我们也将得到相关的调和映射提升的极小曲面，从而解决了 Dorff 和 Muir [64] 提出的公开问题，对于一些特殊的情形，我们利用 Mathematica 软件画出其调和映射并提升到的极小曲面的图像. 其中所有调和映射的图像均为单位圆内等距的同心圆的像.

为了更精确地表示 $f_{c,n}(z)$，我们需要引进双变量的 Appell 超几何函数 F_1（参见文献 [67]），对于 $|x| < 1, |y| < 1$ 两个变量，其定义为如下级数：

$$F_1(\alpha; \beta_1, \beta_2; \gamma; x, y) = \sum_{k=0}^{\infty} \sum_{l=0}^{\infty} \frac{(\alpha)_{k+l}\,(\beta_1)_k\,(\beta_2)_l}{k!\,l!\,(\gamma)_{k+l}} x^k y^l,$$

其中对于 $q \neq 0$, 有 $(q)_0 = 1$. 对于 $q \in \mathbb{C} \backslash \{0\}$, 其中

$$(q)_k = q(q+1)\cdots(q+k-1) = \frac{\Gamma(q+k)}{\Gamma(q)}$$

是 Pochhammer 符号. F_1 也可表示成一维欧拉型积分：

$$F_1(\alpha; \beta_1, \beta_2; \gamma; x, y) = \frac{\Gamma(\gamma)}{\Gamma(\alpha)\Gamma(\gamma - \alpha)} \int_0^1 \frac{t^{\alpha-1}(1-t)^{\gamma-\alpha-1}}{(1-xt)^{\beta_1}(1-yt)^{\beta_2}} \mathrm{d}t,$$

其中 $\mathrm{Re}\,\gamma > \mathrm{Re}\,\alpha > 0$.

6.3.1 伸缩商为分式变换的调和映射

在以下的例 6.3 和定理 6.4 中，我们的目标是构造伸缩商为 $\omega(z) = z\frac{z+a}{1+az}$ 的沿实轴凸的调和映射，其中 $-1 \leqslant a \leqslant 1$. 对于 $a = 1$ 和 $a = 0$, 则 $\omega(z)$ 分别为 z 和 z^2.

例 6.3 考虑恒等映射 $\varphi(z) = z$，利用剪切原理得到调和映射

$$F_a(z) = \mathrm{Re}\{-z + (1-a)\log(1+z) - (1+a)\log(1-z)\} + i\,\mathrm{Im}\{z\}.$$

对于某些 $a \in [-1, 1]$, F_a 在单位圆盘 $\mathbb{D}$ 下的图像如图 6.4 所示. 我们发现有 $F_{-a}(-z) = -F_a(z)$.

例 6.4 考虑把单位圆盘 $\mathbb{D}$ 映射到水平带状区域 $\{w \in \mathbb{C} : |\mathrm{Im}\{w\}| < \pi/4\}$ 条形映射 $\varphi(z) = \frac{1}{2}\log\left(\frac{1+z}{1-z}\right)$，则由 (1.6) 式可得沿实轴凸的调和映射

$$F_{0,a}(z) = \mathrm{Re}\left\{\frac{1+a}{2}\frac{z}{1-z} + \frac{1-a}{2}\frac{z}{1+z}\right\} + i\,\mathrm{Im}\left\{\frac{1}{2}\log\left(\frac{1+z}{1-z}\right)\right\}.$$

$F_{0,a}$ 在单位圆盘下的对于某些 $a \in [-1, 1]$ 的值的像如图 6.5 所示. 注意到

$$F_{0,a}(z) = -F_{0,-a}(-z),$$

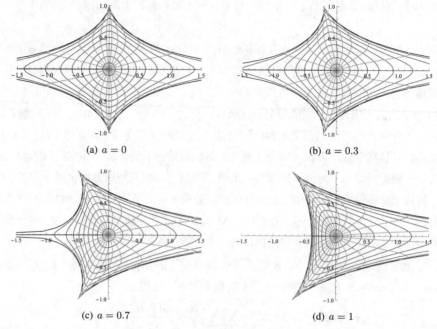

(a) $a = 0$ (b) $a = 0.3$

(c) $a = 0.7$ (d) $a = 1$

图 6.4 $F_a(z)$ 的图像

和

$$F_{0,a}(e^{i\theta}) = \begin{cases} -\dfrac{a}{2} + i\dfrac{\pi}{4}, \ 0 < \theta < \pi \\[2mm] -\dfrac{a}{2} - i\dfrac{\pi}{4}, \ \pi < \theta < 2\pi. \end{cases}$$

特别地，$F_{0,a}(z)$ 把上半圆和下半圆分别映射到单点 $(-\frac{a}{2}, \frac{\pi}{4})$ 和 $(-\frac{a}{2}, -\frac{\pi}{4})$.

事实上，对于 $-1 < a < 1$，我们能够证明 $F_{0,a}(z)$ 将单位圆盘 $\mathbb{D}$ 映射到整个条形区域

$$\{w \in \mathbb{C} : |\text{Im}\{w\}| < \pi/4\}.$$

我们现将证明 $-\infty < \text{Re}\{F_{0,a}(z)\} < +\infty$，我们只需证明对于 $z \in (-1, 1)$ 有

$$-\infty < \text{Re}\left\{\frac{1+a}{2}\frac{z}{1-z} + \frac{1-a}{2}\frac{z}{1+z}\right\} < +\infty,$$

其中 $z = x + iy$. 令

$$U(x) = \frac{1+a}{2}\frac{x}{1-x} + \frac{1-a}{2}\frac{x}{1+x}$$

注意到函数 $U(x)$ 在 $x \in (-1, 1)$ 是连续的. 固定 a，我们有

$$\lim_{x \to -1^+} U(x) = -\infty \quad \text{和} \quad \lim_{x \to 1^-} U(x) = +\infty.$$

进一步地，当 $a = -1$ 和 $a = 1$ 时，$F_{0,a}(z)$ 分别将单位圆盘映射到半条状区域

$$\left\{w : \text{Re}\{w\} < \frac{1}{2}, \ |\text{Im}\{w\}| < \frac{\pi}{4}\right\} \quad \text{和} \quad \left\{w : \text{Re}\{w\} > -\frac{1}{2}, \ |\text{Im}\{w\}| < \frac{\pi}{4}\right\}.$$

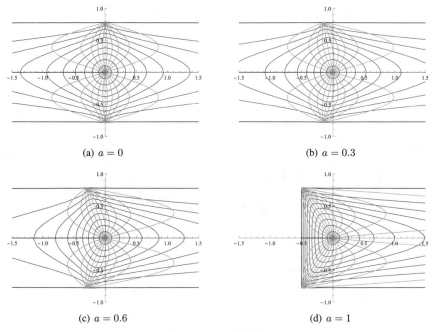

(a) $a = 0$ (b) $a = 0.3$

(c) $a = 0.6$ (d) $a = 1$

图 **6.5** $F_{0,a}(z)$ 的图像

例 6.5 我们现考虑剪切右半平面映射 $\varphi(z) = \frac{z}{1-z}$. 则由 (1.6) 式，我们得到如下调和映射（见**图** 6.6）

$$F_{1,a}(z) = \mathrm{Re}\left\{\frac{1-a}{4}\log\left(\frac{1+z}{1-z}\right) + \frac{1+a}{2}\frac{z}{(1-z)^2}\right\} + i\,\mathrm{Im}\left\{\frac{z}{1-z}\right\}.$$

由于

$$
\begin{aligned}
\mathrm{Re}\{F_{1,a}(re^{-i\theta})\} &= \frac{1}{8}\left\{\frac{4(a+1)r\left((r^2+1)\cos\theta - 2r\right)}{(r^2 - 2r\cos\theta + 1)^2}\right.\\
&\quad \left. + (a-1)\left(\log\left(r^2 - 2r\cos\theta + 1\right) - \log\left(r^2 + 2r\cos\theta + 1\right)\right)\right\}\\
&= \mathrm{Re}\{F_{1,a}(re^{i\theta})\},
\end{aligned}
$$

和

$$\mathrm{Im}\{F_{1,a}(re^{-i\theta})\} = -\frac{r\sin\theta}{r^2 - 2r\cos\theta + 1} = -\mathrm{Im}\{F_{1,a}(re^{i\theta})\}.$$

这表明 $F_{1,a}(\mathbb{D})$ 是沿实轴对称的. 由于

$$
\begin{aligned}
F_{1,a}(e^{i\theta}) &= \mathrm{Re}\left\{\frac{1-a}{4}\log\left(\frac{1+e^{i\theta}}{1-e^{i\theta}}\right) + \frac{1+a}{2}\frac{e^{i\theta}}{(1-e^{i\theta})^2}\right\} + i\mathrm{Im}\left\{\frac{e^{i\theta}}{1-e^{i\theta}}\right\}\\
&= \frac{1-a}{8}\log\left(\frac{1+\cos\theta}{1-\cos\theta}\right) - \frac{1+a}{4}\frac{1}{1-\cos\theta} + i\frac{1}{2}\cot\frac{\theta}{2}\\
&= : u + iv,
\end{aligned}
$$

我们很容易得到

$$u = \frac{1-a}{8}\log\left(4v^2\right) - \frac{1+a}{8}(4v^2 + 1).$$

特别地，$F_{1,1}(e^{i\theta})$ 为抛物线 $v^2 = -u + (1/4)$.

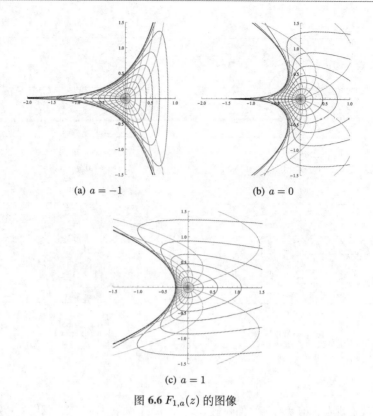

(a) $a = -1$　　　　(b) $a = 0$

(c) $a = 1$

图 6.6 $F_{1,a}(z)$ 的图像

定理 6.4

对于 $c \in [0, 2]$，且 $a \in [-1, 1]$，设 $F_{c,a} = H_{c,a} + \overline{G_{c,a}} \in \mathcal{S}_H^0$ 使得

$$H_{c,a}(z) - G_{c,a}(z) = k_c(z), \quad \omega_a(z) = z\left(\frac{z+a}{1+az}\right), \tag{6.4}$$

其中 $k_c(z)$ 由 (6.3) 式给出．则 $F_{c,a}(\mathbb{D})$ 沿实轴凸，且随着 c 从 0 到 2，$F_{c,a}(\mathbb{D})$ 由条形区域变到裂缝区域．♡

证明　根据定理 1.3，我们得到 $F_{c,a}(\mathbb{D})$ 是沿实轴凸的．整个证明过程中，我们假设 $c \in (0, 2]\backslash\{1\}$．由 (6.4) 式可得

$$H'_{c,a}(z) - G'_{c,a}(z) = \frac{1}{(1+z)(1-z)}\left(\frac{1+z}{1-z}\right)^c \quad \text{和} \quad G'_{c,a}(z) = z\left(\frac{z+a}{1+az}\right)H'_{c,a}(z).$$

解以上方程组，我们得到

$$H'_{c,a}(z) = \frac{1+az}{(1+z)^2(1-z)^2}\left(\frac{1+z}{1-z}\right)^c$$
$$= \left\{\frac{1}{4}\left(\frac{1}{1-z} + \frac{1}{1+z}\right) + \frac{1+a}{4}\frac{1}{(1-z)^2} + \frac{1-a}{4}\frac{1}{(1+z)^2}\right\}\left(\frac{1+z}{1-z}\right)^c.$$

直接积分得

$$H_{c,a}(z) = \frac{(1 - 2c^2 + ac) + 2c(1-ac)z + (ac-1)z^2}{4c(1-c^2)(1-z^2)}\left(\frac{1+z}{1-z}\right)^c - \frac{1+ac-2c^2}{4c(1-c^2)}.$$

因此，我们得到

$$
G_{c,a}(z) = H_{c,a}(z) - k_c(z)
$$

$$
= \frac{(1 - 2c^2 + ac) + 2c(1 - ac)z + (ac - 1)z^2}{4c(1 - c^2)(1 - z^2)} \left(\frac{1+z}{1-z} \right)^c
$$

$$
- \frac{1 + ac - 2c^2}{4c(1 - c^2)} - \frac{1}{2c} \left[\left(\frac{1+z}{1-z} \right)^c - 1 \right].
$$

为了研究 $F_{c,a}$ 的性质，设

$$
w = \frac{1+z}{1-z}, \quad 即 \; z = \frac{w-1}{w+1},
$$

从而有

$$
H_{c,a}(z) = \frac{1}{8} \left(\frac{a+1}{c+1} w^{c+1} + \frac{2}{c} w^c - \frac{a-1}{c-1} w^{c-1} - \frac{2(1 + ac - 2c^2)}{c(1 - c^2)} \right)
$$

和

$$
G_{c,a}(z) = \frac{1}{8} \left(\frac{a+1}{c+1} w^{c+1} - \frac{2}{c} w^c - \frac{a-1}{c-1} w^{c-1} + \frac{2(1 - ac)}{c(1 - c^2)} \right).
$$

因此

$$
F_{c,a}(z) = \mathrm{Re} \left\{ \frac{1}{4} \left(\frac{a+1}{c+1} w^{c+1} - \frac{a-1}{c-1} w^{c-1} + \frac{2(c-a)}{1 - c^2} \right) \right\} + i \, \mathrm{Im} \left\{ \frac{1}{2c} \left(w^c - 1 \right) \right\}. \tag{6.5}
$$

记：$w = x + iy$, $x > 0$ 和 $y \in \mathbb{R}$, 根据例 6.4, 容易知道 $F_{0,a}$ 把单位圆盘 $\mathbb{D}$ 映射到带形区域 $\{ \zeta \in \mathbb{C} : |\mathrm{Im}\,\zeta| < \pi/4 \}$. 若我们把 $c = 2$ 代入到 (6.5) 式得

$$
F_{2,a}(z) = \mathrm{Re} \left\{ \frac{1}{4} \left(\frac{1+a}{3} w^3 + (1-a)w - \frac{2(2-a)}{3} \right) \right\} + i \, \mathrm{Im} \left\{ \frac{1}{4} \left(w^2 - 1 \right) \right\}
$$

$$
= \frac{1}{4} \left(\frac{1+a}{3} (x^3 - 3xy^2) + (1-a)x - \frac{2(2-a)}{3} \right) + i \frac{1}{2} xy, \quad x > 0.
$$

我们发现 $F_{2,a}(z)$ 把单位圆周上的每一点 $z \neq 1$ 映射成虚轴上的点 w, 从而有 $x = 0$ 和 $F_{2,a}(z) = -(2-a)/6$. 类似于调和 Koebe 函数 $K(z)$ [3] 的讨论，我们有 $F_{2,a}(z)$ 将单位圆盘映射到整个复平面减去一条沿负实轴的射线 $(-\infty, -(2-a)/6]$. 定理证毕.

注 当 $a = 0$ 时，$\omega_a(z)$ 变为 z^2, 因此，定理 6.4 简化成定理 6.3, 从而可以应用定理 6.1. 若 $a = -1$ 和 $a = 1$, 则 $\omega_a(z)$ 分别为 $-z$ 和 z. 因此，定理 6.4 为定理 6.3 的更一般化形式.

6.3.2 剪切构建调和映射与极小曲面

本节我们利用定理 1.3 来构造沿实轴凸的单叶调和映射族，并且当伸缩商为一解析函数的平方时，将其提升至具有定理 6.1 形式的极小曲面.

2004 年，Greiner [5] 构造了伸缩商为 $\omega(z) = z^n$ 的沿实轴凸的调和映射，作如下剪切：

$$
h_{0,n}(z) - g_{0,n}(z) = \frac{1}{2} \log \left(\frac{1+z}{1-z} \right).
$$

经直接计算，当 $n = 2m + 1 \, (m \in \mathbb{N})$ 时，剪切构建的调和映射 $f_{0,n}(z)$ 由下式给出

$$
f_{0,n}(z) = \mathrm{Re} \left\{ h_{0,n}(z) + g_{0,n}(z) \right\} + i \, \mathrm{Im} \left\{ h_{0,n}(z) - g_{0,n}(z) \right\}
$$

$$
= \mathrm{Re} \left\{ \frac{1}{n} \left(\frac{z}{1-z} - i \sum_{k=1}^{(n-1)/2} \csc \frac{2k\pi}{n} \log \left(\frac{1 - ze^{-i\frac{2k\pi}{n}}}{1 - ze^{i\frac{2k\pi}{n}}} \right) \right) \right\} + i \, \mathrm{Im} \left\{ \frac{1}{2} \log \left(\frac{1+z}{1-z} \right) \right\}.
$$

更进一步, 若 $n = 2m \, (m \in \mathbb{N})$, 根据定理 6.1, $f_{0,n}(\mathbb{D})$ 可以提升到极小曲面 $\mathbf{X}_{0,n}(u,v) = (u, v, F(u,v))$, 其中

$$
u = \operatorname{Re}\left\{\frac{1}{n}\left(\frac{2z}{1-z^2} - i\sum_{k-1}^{(n/2)-1}\csc\frac{2k\pi}{n}\log\left(\frac{1-ze^{-i\frac{2k\pi}{n}}}{1-ze^{i\frac{2k\pi}{n}}}\right)\right)\right\},
$$
$$
v = \operatorname{Im}\left\{\frac{1}{2}\log\left(\frac{1+z}{1-z}\right)\right\},
$$

和

$$
F(u,v) = \operatorname{Im}\left\{\frac{1}{n}\left(\frac{z}{1-z} + \frac{(-1)^{n/2}z}{1+z} - i\sum_{k=1}^{(n/2)-1}(-1)^k\csc\frac{2k\pi}{n}\log\left(\frac{1-ze^{-i\frac{2k\pi}{n}}}{1-ze^{i\frac{2k\pi}{n}}}\right)\right)\right\}.
$$

注 若 $\omega(z) = z$, $f_{0,1}(z)$ 的表达式简化为

$$
f_{0,1}(z) = \operatorname{Re}\left\{\frac{z}{1-z}\right\} + i\operatorname{Im}\left\{\frac{1}{2}\log\left(\frac{1+z}{1-z}\right)\right\}.
$$

若 $\omega(z) = z^2$, 有

$$
f_{0,2}(z) = \operatorname{Re}\left\{\frac{z}{1-z^2}\right\} + i\operatorname{Im}\left\{\frac{1}{2}\log\left(\frac{1+z}{1-z}\right)\right\}.
$$

在**图** 6.7 中, 调和映射 $f_{0,n}(z)$ 把单位圆盘映射到带状区域, 并且当 $\omega(z) = z^n$ 且 $n = 4, 6, 8, 10$ 时, 将它们提升到相应的极小曲面.

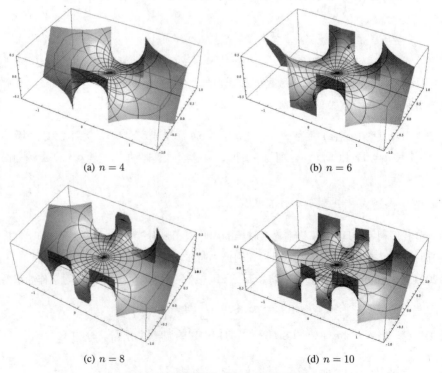

(a) $n = 4$ (b) $n = 6$

(c) $n = 8$ (d) $n = 10$

图 6.7 $f_{0,n}(\mathbb{D})$ 提升到极小曲面的图像

定理 6.5

设 $f_{1,n} = h_{1,n} + \overline{g_{1,n}} \in \mathcal{S}_H^0$ 使得

$$h_{1,n}(z) - g_{1,n}(z) = \frac{z}{1-z}, \quad \omega(z) = \frac{g'_{1,n}(z)}{h'_{1,n}(z)} = z^n \ (n \in \mathbb{N}). \tag{6.6}$$

若 $n = 2m+1 \ (m \in \mathbb{N})$，则有

$$
\begin{aligned}
f_{1,n}(z) = \ \mathrm{Re}\bigg\{ &\frac{1}{n}\Big(\frac{-z}{1-z} + \frac{z(2-z)}{(1-z)^2} - \frac{n^2-1}{6}\log(1-z) \\
&+ \frac{1}{2}\sum_{k=1}^{(n-1)/2} \csc^2\frac{k\pi}{n}\log\Big(1 - 2z\cos\frac{2k\pi}{n} + z^2\Big)\Big)\bigg\} + i\,\mathrm{Im}\Big\{\frac{z}{1-z}\Big\}.
\end{aligned}
$$

若 $n = 2m \ (m \in \mathbb{N})$，则 $f_{1,n}(\mathbb{D})$ 提升到极小曲面 $\mathbf{X}_{1,n}(u,v) = (u,v,F(u,v))$，其中

$$
\begin{aligned}
u = \mathrm{Re}\bigg\{ &\frac{1}{n}\Big(\frac{-z}{1-z} + \frac{z(2-z)}{(1-z)^2} - \frac{n^2-1}{6}\log(1-z) + \frac{1}{2}\log(1+z) \\
&+ \frac{1}{2}\sum_{k=1}^{(n/2)-1} \csc^2\frac{k\pi}{n}\log\Big(1 - 2z\cos\frac{2k\pi}{n} + z^2\Big)\Big)\bigg\}, \\
v = \mathrm{Im}&\Big\{\frac{z}{1-z}\Big\}
\end{aligned} \tag{6.7}
$$

和

$$
\begin{aligned}
F(u,v) = \ \mathrm{Im}\bigg\{ &\frac{1}{n}\Big(\frac{-z}{1-z} + \frac{z(2-z)}{(1-z)^2} + \frac{n^2+1}{6}\log(1-z) + \frac{(-1)^{n/2}}{2}\log(1+z) \\
&+ \frac{1}{2}\sum_{k=1}^{(n/2)-1} (-1)^k \csc^2\frac{k\pi}{n}\log\Big(1 - 2z\cos\frac{2k\pi}{n} + z^2\Big)\Big)\bigg\}.
\end{aligned}
$$

证明 由假设和 (6.6) 式，我们有

$$h'_{1,n}(z) - g'_{1,n}(z) = \frac{1}{(1-z)^2}, \qquad g'_{1,n}(z) = z^n h'_{1,n}(z).$$

解以上方程组得

$$h'_{1,n}(z) = \frac{1}{(1-z)^2(1-z^n)}, \tag{6.8}$$

当 $n = 2m+1 \ (m \in \mathbb{N})$ 时，它在 $z = 1$ 有 3 阶极点并且其他 n 阶单位根有单极点。类似地，当 $n = 2m \ (m \in \mathbb{N})$ 时，它在 $z = -1$ 有 3 阶极点并且其他 n 阶单位根有单极点。据此，我们能够把 $h'_{1,n}(z)$ 分解成部分分式之和。

当 n 为奇数时，我们把 (6.8) 式写成如下部分分式之和：

$$h'_{1,n}(z) = \frac{\kappa_1}{1-z} + \frac{\kappa_2}{(1-z)^2} + \frac{\kappa_3}{(1-z)^3} + \sum_{k=1}^{(n-1)/2} \frac{\alpha_k}{1 - ze^{-i\frac{2k\pi}{n}}} + \sum_{k=1}^{(n-1)/2} \frac{\beta_k}{1 - ze^{i\frac{2k\pi}{n}}}$$

其中系数常数可由留数定理计算可得

$$\kappa_1 = \frac{n^2-1}{12n}, \quad \kappa_2 = \frac{n-1}{2n}, \quad \kappa_3 = \frac{1}{n}, \quad \alpha_k = \frac{1}{n(1 - e^{i\frac{2k\pi}{n}})^2}, \quad \beta_k = \frac{1}{n(1 - e^{-i\frac{2k\pi}{n}})^2}.$$

对以上表达式进行积分可得如下表达式

$$h_{1,n}(z) = \frac{n-1}{2n}\frac{z}{1-z} + \frac{1}{2n}\frac{z(2-z)}{(1-z)^2} - \frac{n^2-1}{12n}\log(1-z)$$

$$+ \frac{1}{4n} \sum_{k=1}^{(n-1)/2} \csc^2 \frac{k\pi}{n} \log\left(1 - 2z\cos\frac{2k\pi}{n} + z^2\right).$$

当 n 为偶数时, 把 (6.8) 式写成部分分式之和

$$h'_{1,n}(z) = \frac{\lambda_1}{1-z} + \frac{\lambda_2}{(1-z)^2} + \frac{\lambda_3}{(1-z)^3} + \frac{\lambda_4}{1+z} + \sum_{k=1}^{(n/2)-1} \frac{\gamma_k}{1 - ze^{-i\frac{2k\pi}{n}}} + \sum_{k=1}^{(n/2)-1} \frac{\delta_k}{1 - ze^{i\frac{2k\pi}{n}}}.$$

又利用留数定理得

$$\lambda_1 = \frac{n^2-1}{12n}, \quad \lambda_2 = \frac{n-1}{2n}, \quad \lambda_3 = \frac{1}{n}, \quad \lambda_4 = \frac{1}{4n}, \quad \gamma_k = \frac{1}{n(1 - e^{i\frac{2k\pi}{n}})^2}, \quad \delta_k = \frac{1}{n(1 - e^{-i\frac{2k\pi}{n}})^2}.$$

从而得到表达式

$$h_{1,n}(z) = \frac{n-1}{2n}\frac{z}{1-z} + \frac{1}{2n}\frac{z(2-z)}{(1-z)^2} - \frac{n^2-1}{12n}\log(1-z) + \frac{1}{4n}\log(1+z)$$

$$+ \frac{1}{4n} \sum_{k=1}^{(n/2)-1} \csc^2 \frac{k\pi}{n} \log\left(1 - 2z\cos\frac{2k\pi}{n} + z^2\right).$$

在以上两种情况下, 对应的 $g_{1,n}(z)$ 可根据 (6.6) 式的第一个关系式计算得到. 从而, 调和映射 $f_{1,n}(z)$ 可写成下列形式

$$f_{1,n}(z) = u + iv = \mathrm{Re}\{h_{1,n}(z) + g_{1,n}(z)\} + i\,\mathrm{Im}\{h_{1,n}(z) - g_{1,n}(z)\}.$$

因此, 当 n 为奇数时, $f_{1,n}(z)$ 由下式给出

$$f_{1,n}(z) = \mathrm{Re}\left\{\frac{1}{n}\left[\frac{-z}{1-z} + \frac{z(2-z)}{(1-z)^2} - \frac{n^2-1}{6}\log(1-z)\right.\right.$$

$$\left.\left. + \frac{1}{2} \sum_{k=1}^{(n-1)/2} \csc^2 \frac{k\pi}{n} \log\left(1 - 2z\cos\frac{2k\pi}{n} + z^2\right)\right]\right\} + i\,\mathrm{Im}\left\{\frac{z}{1-z}\right\},$$

当 n 为偶数时, $f_{1,n}(z)$ 取形式 $f_{1,n} = u + iv$, 其中 u 由 (6.7) 式给出, 且

$$v(x,y) = \mathrm{Im}\left\{\frac{z}{1-z}\right\}.$$

根据定理 6.1, 当 n 为偶数时, $f_{1,n}(\mathbb{D})$ 提升到极小曲面 $\mathbf{X}_{1,n}(u,v) = (u,v,F(u,v))$, 其中 u 由 (6.7) 式给出, $v = v(x,y) = \mathrm{Im}\{z/(1-z)\}$ 以及

$$F(u,v) = 2\mathrm{Im}\left\{\int_0^z \sqrt{\omega_n(\zeta)}h'_{1,n}(\zeta)\mathrm{d}\zeta\right\} = 2\mathrm{Im}\left\{\int_0^z \frac{\zeta^{n/2}}{(1-\zeta)^2(1-\zeta^n)}\mathrm{d}\zeta\right\}$$

$$= \mathrm{Im}\left\{\frac{1}{n}\left(\frac{-z}{1-z}\right) + \frac{1}{n}\frac{z(2-z)}{(1-z)^2} + \frac{(-1)^{n/2}}{2n}\log(1+z) + \frac{n^2+1}{6n}\log(1-z)\right.$$

$$\left. + \frac{1}{2n} \sum_{k=1}^{(n/2)-1} (-1)^k \csc^2 \frac{k\pi}{n} \log\left(1 - 2z\cos\frac{2k\pi}{n} + z^2\right)\right\}.$$

定理证毕.

注 在定理 6.5 中, 若 $\omega(z) = z$, 则 $f_{1,1}(z)$ 的表达式可以简化成

$$f_{1,1}(z) = \mathrm{Re}\{k(z)\} + i\,\mathrm{Im}\{l(z)\},$$

其中 $k(z) = z/(1-z)^2$ 和 $l(z) = z/(1-z)$. 这里我们把 $f_{1,1}(z)$ 与定义如下式众所周知的右半平面调和映射 $L(z)$ 做对比

$$L(z) = \mathrm{Re}\{l(z)\} + i\,\mathrm{Im}\{k(z)\}.$$

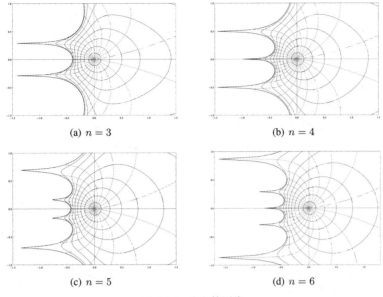

(a) $n = 3$ (b) $n = 4$

(c) $n = 5$ (d) $n = 6$

图 6.8 $f_{1,n}(\mathbb{D})$ 的图像

若 $\omega(z) = z^2$，则 $f_{1,2}(z)$ 由下式给出

$$f_{1,2}(z) = \mathrm{Re}\left\{\frac{1}{2}\frac{z}{(1-z)^2} + \frac{1}{4}\log\left(\frac{1+z}{1-z}\right)\right\} + i\,\mathrm{Im}\left\{\frac{z}{1-z}\right\}.$$

对于这种特殊情形，我们也可参见文献 [64] 中的定理 3. $f_{1,n}(z)$ 在单位圆盘下的像如图 6.8 所示，其中 $\omega(z) = z^n$，$n = 3, 4, 5, 6$. 调和映射 $f_{1,n}(z)$ 提升到极小曲面如图 6.9 所示，其中 $\omega(z) = z^n$，$n = 4, 6, 8, 10$ (参见定理 6.1).

定理 6.6

对于 $n \in \mathbb{N}$，设 $f_{2,n} = h_{2,n} + \overline{g_{2,n}} \in \mathcal{S}_H^0$ 使得

$$h_{2,n}(z) - g_{2,n}(z) = \frac{z}{(1-z)^2}, \qquad \omega_n(z) = \frac{g'_{0,n}(z)}{h'_{0,n}(z)} = z^n. \qquad (6.9)$$

若 $n = 2m + 1\,(m \in \mathbb{N})$，则有

$$
\begin{aligned}
f_{2,n}(z) = {} & \mathrm{Re}\Bigg\{ \frac{-z}{(1-z)^2} + \frac{(n-1)(n-2)}{3n}\frac{z}{1-z} + \frac{n-2}{n}\frac{z(2-z)}{(1-z)^2} + \frac{4}{3n}\frac{z\left(z^2 - 3z + 3\right)}{(1-z)^3} \\
& + \frac{i}{2n}\sum_{k=1}^{(n-1)/2} \cot\frac{k\pi}{n}\csc^2\frac{k\pi}{n}\log\left(\frac{1 - ze^{-i\frac{2k\pi}{n}}}{1 - ze^{i\frac{2k\pi}{n}}}\right) \Bigg\} + i\,\mathrm{Im}\left\{\frac{z}{(1-z)^2}\right\}.
\end{aligned}
$$

若 $n = 2m\,(m \in \mathbb{N})$，则 $f_{2,n}(\mathbb{D})$ 提升到极小曲面 $\mathbf{X}_{2,n}(u,v) = (u, v, F(u,v))$，其中

$$
\begin{aligned}
u = {} & \mathrm{Re}\Bigg\{ \frac{-z}{(1-z)^2} + \frac{(n-1)(n-2)}{3n}\frac{z}{1-z} + \frac{n-2}{n}\frac{z(2-z)}{(1-z)^2} + \frac{4}{3n}\frac{z\left(z^2 - 3z + 3\right)}{(1-z)^3} \\
& + \frac{i}{2n}\sum_{k=1}^{(n/2)-1} \cot\frac{k\pi}{n}\csc^2\frac{k\pi}{n}\log\left(\frac{1 - ze^{-i\frac{2k\pi}{n}}}{1 - ze^{i\frac{2k\pi}{n}}}\right) \Bigg\}, \qquad\qquad (6.10)
\end{aligned}
$$

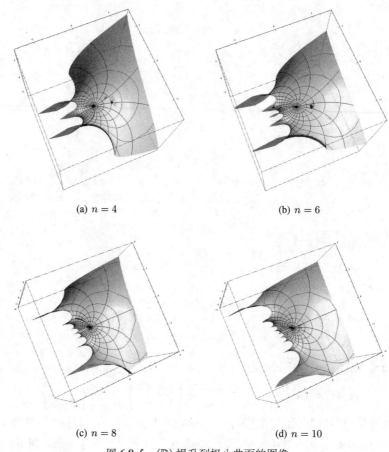

(a) $n = 4$ (b) $n = 6$

(c) $n = 8$ (d) $n = 10$

图 **6.9** $f_{1,n}(\mathbb{D})$ 提升到极小曲面的图像

$$
v = \operatorname{Im}\left\{\frac{z}{(1-z)^2}\right\},
$$
和
$$
F(u,v) = \operatorname{Im}\left\{\frac{4-n^2}{6n}\frac{z}{1-z} - \frac{2}{n}\frac{z(2-z)}{(1-z)^2} + \frac{4}{3n}\frac{z\left(z^2-3z+3\right)}{(1-z)^3}\right.
$$
$$
\left. + \frac{i}{2n}\sum_{k=1}^{(n/2)-1}(-1)^k \cot\frac{k\pi}{n}\csc^2\frac{k\pi}{n}\log\left(\frac{1-ze^{-i\frac{2k\pi}{n}}}{1-ze^{i\frac{2k\pi}{n}}}\right)\right\}.
$$

$\heartsuit$

证明 利用 **(6.9)** 式,我们有
$$
h'_{2,n}(z) - g'_{2,n}(z) = \frac{1+z}{(1-z)^3}, \qquad g'_{2,n}(z) = z^n h'_{2,n}(z).
$$
解以上方程组得
$$
h'_{2,n}(z) = \frac{1+z}{(1-z)^3(1-z^n)}.
$$
我们现考虑 $n = 2m+1\,(m \in \mathbb{N})$ 的情形. 由于 $h'_{2,n}(z)$ 在 $z = 1$ 处有 4 阶极点和 n 次单位根

的单极点，因此 $h'_{2,n}(z)$ 可表示成如下的部分分式之和:

$$h'_{2,n}(z) = \frac{\lambda_1}{1-z} + \frac{\lambda_2}{(1-z)^2} + \frac{\lambda_3}{(1-z)^3} + \frac{\lambda_4}{(1-z)^4} + \sum_{k=1}^{(n-1)/2} \frac{A_k}{1-ze^{-i\frac{2k\pi}{n}}} + \sum_{k=1}^{(n-1)/2} \frac{B_k}{1-ze^{i\frac{2k\pi}{n}}}.$$

利用留数定理可得

$$\lambda_1 = 0, \quad \lambda_2 = \frac{(n-1)(n-2)}{6n}, \quad \lambda_3 = \frac{n-2}{n}, \quad \lambda_4 = \frac{2}{n},$$

和

$$A_k = \frac{1}{n}\frac{1+e^{i\frac{2k\pi}{n}}}{(1-e^{i\frac{2k\pi}{n}})^3}, \quad B_k = \frac{1}{n}\frac{1+e^{-i\frac{2k\pi}{n}}}{(1-e^{-i\frac{2k\pi}{n}})^3},$$

利用这些值，我们可得到如下表达式:

$$h'_{2,n}(z) = \frac{(n-1)(n-2)}{6n}\frac{1}{(1-z)^2} + \frac{n-2}{n}\frac{1}{(1-z)^3} + \frac{2}{n}\frac{1}{(1-z)^4}$$
$$+ \frac{1}{n}\left(\sum_{k=1}^{(n-1)/2} \frac{(1+e^{i\frac{2k\pi}{n}})}{(1-e^{i\frac{2k\pi}{n}})^3}\frac{1}{(1-ze^{-i\frac{2k\pi}{n}})} + \sum_{k=1}^{(n-1)/2} \frac{(1+e^{-i\frac{2k\pi}{n}})}{(1-e^{-i\frac{2k\pi}{n}})^3}\frac{1}{(1-ze^{i\frac{2k\pi}{n}})}\right).$$

从 0 到 z 积分可得

$$h_{2,n}(z) = \frac{(n-1)(n-2)}{6n}\frac{z}{1-z} + \frac{n-2}{2n}\frac{z(2-z)}{(1-z)^2} + \frac{2}{3n}\frac{z(z^2-3z+3)}{(1-z)^3}$$
$$+ \frac{i}{4n}\sum_{k=1}^{(n-1)/2}\cot\frac{k\pi}{n}\csc^2\frac{k\pi}{n}\log\left(\frac{1-ze^{-i\frac{2k\pi}{n}}}{1-ze^{i\frac{2k\pi}{n}}}\right),$$

并且，作为结论，利用 (6.9) 式的第一个关系式，$g_{2,n}(z)$ 能精确地表示出来. 则当 n 为奇数时，可得到调和映射 $f_{2,n} \in \mathcal{S}_H^0$ 由下式给出

$$f_{2,n}(z) = \mathrm{Re}\left\{\frac{-z}{(1-z)^2} + \frac{(n-1)(n-2)}{3n}\frac{z}{1-z} + \frac{n-2}{n}\frac{z(2-z)}{(1-z)^2} + \frac{4}{3n}\frac{z(z^2-3z+3)}{(1-z)^3}\right.$$
$$\left. + \frac{i}{2n}\sum_{k=1}^{(n-1)/2}\cot\frac{k\pi}{n}\csc^2\frac{k\pi}{n}\log\left(\frac{1-ze^{-i\frac{2k\pi}{n}}}{1-ze^{i\frac{2k\pi}{n}}}\right)\right\} + i\,\mathrm{Im}\left\{\frac{z}{(1-z)^2}\right\}.$$

当 n 为偶数时，我们有 $f_{2,n}(z) = u+iv$，其中 u 由 (6.10) 式给出，$v = \mathrm{Im}\left\{\frac{z}{(1-z)^2}\right\}$.

根据定理 6.1，当 $n = 2m$ $(m \in \mathbb{N})$ 时，$f_{2,n}(\mathbb{D})$ 提升到极小曲面 $\mathbf{X}_{2,n}(u,v) = (u,v, F(u,v))$，其中 u 由 (6.10) 式给出，$v = \mathrm{Im}\{z/(1-z)^2\}$，且 $F(u,v)$ 可由下式表示

$$\begin{aligned}
F(u,v) &= 2\mathrm{Im}\left\{\int_0^z \sqrt{\omega_n(\zeta)}h'_{1,n}(\zeta)\,\mathrm{d}\zeta\right\}\\
&= 2\mathrm{Im}\left\{\int_0^z \frac{(1+\zeta)\zeta^n}{(1-\zeta)^3(1-\zeta^n)}\,\mathrm{d}\zeta\right\}\\
&= \mathrm{Im}\left\{\frac{4-n^2}{6n}\frac{z}{1-z} - \frac{2}{n}\frac{z(2-z)}{(1-z)^2} + \frac{4}{3n}\frac{z(z^2-3z+3)}{(1-z)^3}\right.\\
&\quad \left. + \frac{i}{2n}\sum_{k=1}^{(n/2)-1}(-1)^k\cot\frac{k\pi}{n}\csc^2\frac{k\pi}{n}\log\left(\frac{1-ze^{-i\frac{2k\pi}{n}}}{1-ze^{i\frac{2k\pi}{n}}}\right)\right\}.
\end{aligned}$$

定理证毕.

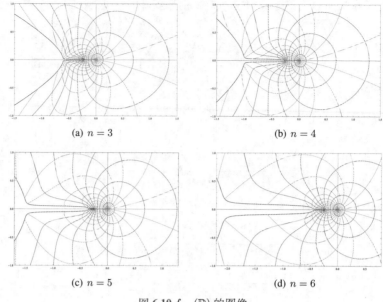

(a) $n = 3$

(b) $n = 4$

(c) $n = 5$

(d) $n = 6$

图 6.10 $f_{2,n}(\mathbb{D})$ 的图像

注 在定理 6.6 中取 $\omega(z) = z$，则函数 $f_{2,1}(z)$ 为调和 Koebe 函数.

当 $\omega(z) = z^n$ 时，取 $n = 3, 4, 5, 6$，则调和映射 $f_{2,n}(z)$ 把单位圆盘映射到条形区域的图像如图 6.10 所示. 当取 $n = 4, 6, 8, 10$ 时，把调和映射 $f_{2,n}(z)$ 提升的极小曲面如图 6.11 所示.

定理 6.7

对于 $c \in [0, 2]$ 和 $n \in \mathbb{N}$，考虑满足下列条件的调和映射

$$h_{c,n}(z) - g_{c,n}(z) = k_c(z), \quad g'_{c,n}(z) = z^n h'_{c,n}(z), \tag{6.11}$$

其中 $k_c(z)$ 由 (6.3) 式给出. 则 $f_{c,n}(\mathbb{D})$ 沿实轴凸，并且当 c 从 0 变到 2 时，$f_{c,n}(\mathbb{D})$ 的图像从条形区域变化到波形区域最后到裂缝区域. 特别地，当 n 为偶数时，$f_{c,n}(\mathbb{D})$ 可提升到极小曲面.

证明 对于每一个 $c \in [0, 2]$，$k_c \in \mathcal{S}$，$k_c(\mathbb{D})$ 是沿实轴凸的. 因此，由定理 1.3 可知 $f_{c,n}(\mathbb{D})$ 沿实轴凸. 剩下我们只需考虑函数 $f_{c,n}$ 的映射性质就可以了. 解方程组 (6.11) 可得

$$h'_{c,n}(z) = \left(\frac{1+z}{1-z} \right)^c \frac{1}{(1-z^2)(1-z^n)}. \tag{6.12}$$

类似于定理 6.6 的证明，当 $n = 2m + 1 \, (m \in \mathbb{N})$ 时，我们把 $h'_{c,n}(z)$ 可写成

$$
\begin{aligned}
h'_{c,n}(z) = {} & \left(\frac{1+z}{1-z} \right)^c \left[\frac{1}{4} \left(\frac{1}{1-z} + \frac{1}{1+z} \right) + \frac{1}{2n} \frac{1}{(1-z)^2} \right. \\
& \left. + \frac{1}{n} \left(\sum_{k=1}^{(n-1)/2} \frac{1}{(1 - e^{i\frac{4k\pi}{n}})(1 - z e^{-i\frac{2k\pi}{n}})} + \sum_{k=1}^{(n-1)/2} \frac{1}{(1 - e^{-i\frac{4k\pi}{n}})(1 - z e^{i\frac{2k\pi}{n}})} \right) \right].
\end{aligned}
$$

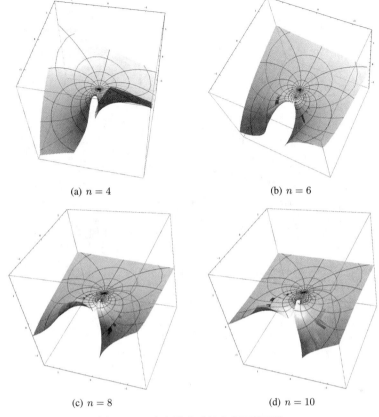

(a) $n = 4$

(b) $n = 6$

(c) $n = 8$

(d) $n = 10$

图 **6.11** $f_{2,n}(\mathbb{D})$ 提升到极小曲面的图像

对上式从 0 到 z 进行积分并分析其表达式得

$$
\begin{aligned}
h_{c,n}(z) &= \left(\frac{1+z}{1-z}\right)^c \left[\frac{1}{4c} + \frac{1+z}{4n(1+c)(1-z)} \right.\\
&\quad + \sum_{k=1}^{(n-1)/2} \frac{2^c(1-z)e^{i\frac{2k\pi}{n}}F_1\left(1-c;-c,1;2-c;\frac{1-z}{2},\frac{1-z}{1-e^{i\frac{2k\pi}{n}}}\right)}{n(1-c)(1+z)^c\left(1-e^{i\frac{2k\pi}{n}}\right)\left(1-e^{i\frac{4k\pi}{n}}\right)}\\
&\quad \left. - \sum_{k=1}^{(n-1)/2} \frac{2^c(1-z)F_1\left(1-c;-c,1;2-c;\frac{1-z}{2},\frac{1-z}{1-e^{-i\frac{2k\pi}{n}}}\right)}{n(1-c)(1+z)^c\left(1-e^{i\frac{2k\pi}{n}}\right)\left(1-e^{-i\frac{4k\pi}{n}}\right)}\right] - N_1,
\end{aligned}
$$

其中

$$
\begin{aligned}
N_1 &= \frac{1}{4c} + \frac{1}{4n(1+c)} + \sum_{k=1}^{(n-1)/2} \frac{2^c e^{i\frac{2k\pi}{n}}F_1\left(1-c;-c,1;2-c;\frac{1}{2},\frac{1}{1-e^{i\frac{2k\pi}{n}}}\right)}{n(1-c)\left(1-e^{i\frac{2k\pi}{n}}\right)\left(1-e^{i\frac{4k\pi}{n}}\right)}\\
&\quad - \sum_{k=1}^{(n-1)/2} \frac{2^c F_1\left(1-c;-c,1;2-c;\frac{1}{2},\frac{1}{1-e^{-i\frac{2k\pi}{n}}}\right)}{n(1-c)\left(1-e^{i\frac{2k\pi}{n}}\right)\left(1-e^{-i\frac{4k\pi}{n}}\right)}.
\end{aligned}
$$

正如前面一样, 我们需要处理两种情形. 我们注意到, 若 $f = u+iv = h+\overline{g}$ 和 $h-g = k_c$,

则可以把 f 写成

$$f = \operatorname{Re}\{h + g\} + i\operatorname{Im}\{h - g\} = \operatorname{Re}\{2h(z) - k_c\} + i\operatorname{Im}\{k_c\},$$

作为它的一个结论和由 (6.11) 式可知，当 n 为奇数时，调和映射 $f_{c,n}(z)$ 有以下形式

$$
\begin{aligned}
f_{c,n}(z) =\ & \operatorname{Re}\{2h_{c,n}(z) - k_c(z)\} + i\operatorname{Im}\{k_c(z)\}\\
=\ & \operatorname{Re}\left\{\frac{1}{2c} - 2N_1 + \left(\frac{1+z}{1-z}\right)^c\left[\frac{1+z}{2n(1+c)(1-z)}\right.\right.\\
& + \sum_{k=1}^{(n-1)/2}\frac{2^{c-1}(1-z)e^{i\frac{2k\pi}{n}}F_1\left(1-c;-c,1;2-c;\frac{1-z}{2},\frac{1-z}{1-e^{i\frac{2k\pi}{n}}}\right)}{n(1-c)(1+z)^c\left(1-e^{i\frac{2k\pi}{n}}\right)\left(1-e^{i\frac{4k\pi}{n}}\right)}\\
& \left.\left.- \sum_{k=1}^{(n-1)/2}\frac{2^{c-1}(1-z)F_1\left(1-c;-c,1;2-c;\frac{1-z}{2},\frac{1-z}{1-e^{-i\frac{2k\pi}{n}}}\right)}{n(1-c)(1+z)^c\left(1-e^{i\frac{2k\pi}{n}}\right)\left(1-e^{-i\frac{4k\pi}{n}}\right)}\right]\right\}\\
& + i\operatorname{Im}\left\{\frac{1}{2c}\left[\left(\frac{1+z}{1-z}\right)^c - 1\right]\right\}.
\end{aligned}
$$

类似地，若 $n = 2m\,(m \in \mathbb{N})$，则由 (6.12) 式容易得到

$$
\begin{aligned}
h'_{c,n}(z) =\ & \left(\frac{1+z}{1-z}\right)^c\left[\frac{1}{4}\left(\frac{1}{1-z}+\frac{1}{1+z}\right)+\frac{1}{2n}\left(\frac{1}{(1-z)^2}+\frac{1}{(1+z)^2}\right)\right.\\
& \left.+\frac{1}{n}\left(\sum_{k=1}^{(n/2)-1}\frac{1}{(1-e^{i\frac{4k\pi}{n}})(1-ze^{-i\frac{2k\pi}{n}})}+\sum_{k=1}^{(n/2)-1}\frac{1}{(1-e^{-i\frac{4k\pi}{n}})(1-ze^{i\frac{2k\pi}{n}})}\right)\right]
\end{aligned}
$$

对上式从 0 到 z 积分得

$$
\begin{aligned}
h_{c,n}(z) =\ & \left(\frac{1+z}{1-z}\right)^c\left[\frac{1}{4c}+\frac{1+z}{4n(1+c)(1-z)}-\frac{1-z}{4n(1-c)(1+z)}\right.\\
& + \sum_{k=1}^{(n/2)-1}\frac{2^c(1-z)e^{i\frac{2k\pi}{n}}F_1\left(1-c;-c,1;2-c;\frac{1-z}{2},\frac{1-z}{1-e^{i\frac{2k\pi}{n}}}\right)}{n(1-c)(1+z)^c\left(1-e^{i\frac{2k\pi}{n}}\right)\left(1-e^{i\frac{4k\pi}{n}}\right)}\\
& \left.- \sum_{k=1}^{(n/2)-1}\frac{2^c(1-z)F_1\left(1-c;-c,1;2-c;\frac{1-z}{2},\frac{1-z}{1-e^{-i\frac{2k\pi}{n}}}\right)}{n(1-c)(1+z)^c\left(1-e^{i\frac{2k\pi}{n}}\right)\left(1-e^{-i\frac{4k\pi}{n}}\right)}\right] - N_2,
\end{aligned}
$$

其中

$$
\begin{aligned}
N_2 =\ & \frac{1}{4c}+\frac{c}{2n(1-c^2)}+\sum_{k=1}^{(n/2)-1}\frac{2^c e^{i\frac{2k\pi}{n}}F_1\left(1-c;-c,1;2-c;\frac{1}{2},\frac{1}{1-e^{i\frac{2k\pi}{n}}}\right)}{n(1-c)\left(1-e^{i\frac{2k\pi}{n}}\right)^2\left(1+e^{i\frac{2k\pi}{n}}\right)}\\
& - \sum_{k=1}^{(n/2)-1}\frac{2^c F_1\left(1-c;-c,1;2-c;\frac{1}{2},\frac{-e^{i\frac{2k\pi}{n}}}{1-e^{i\frac{2k\pi}{n}}}\right)}{n(1-c)\left(1-e^{i\frac{2k\pi}{n}}\right)\left(1-e^{i\frac{4k\pi}{n}}\right)}.
\end{aligned}
$$

类似于 n 为奇数时的情形，n 为偶数时调和映射 $f_{c,n}(z)$ 由下式给出

$$f_{c,n}(z) = \operatorname{Re}\{2h_{c,n}(z) - k_c(z)\} + i\operatorname{Im}\{k_c(z)\} = u + iv,$$

其中 u 和 v 在此情形下的形式分别为

$$u = \operatorname{Re}\left\{\frac{1}{2c} - 2N_2 + \left(\frac{1+z}{1-z}\right)^c \left[\frac{1+z}{2n(1+c)(1-z)} - \frac{1-z}{2n(1-c)(1+z)}\right.\right.$$

$$+ \sum_{k=1}^{(n/2)-1} \frac{2^{c-1}(1-z)e^{i\frac{2k\pi}{n}}F_1\left(1-c; -c, 1; 2-c; \frac{1-z}{2}, \frac{1-z}{1-e^{i\frac{2k\pi}{n}}}\right)}{n(1-c)(1+z)^c\left(1-e^{i\frac{2k\pi}{n}}\right)^2\left(1+e^{i\frac{2k\pi}{n}}\right)}$$

$$+ \left.\left.\sum_{k=1}^{(n/2)-1} \frac{2^{c-1}(1-z)F_1\left(1-c; -c, 1; 2-c; \frac{1-z}{2}, -\frac{e^{i\frac{2k\pi}{n}}(1-z)}{1-e^{i\frac{2k\pi}{n}}}\right)}{n(1-c)(1+z)^c\left(-1+e^{i\frac{2k\pi}{n}}\right)\left(1-e^{-i\frac{4k\pi}{n}}\right)}\right]\right\},$$

$$v = \operatorname{Im}\left\{\frac{1}{2c}\left[\left(\frac{1+z}{1-z}\right)^c - 1\right]\right\}.$$

我们注意到,由定理 6.1 可知,当 n 为偶数时,调和映射 $f_{c,n}(\mathbb{D})$ 能提升到极小曲面 $\mathbf{X}_{c,n}(u,v) = (u, v, F(u,v))$,其中 u, v 由上式给出,且

$$F(u,v) = \operatorname{Im}\left\{\left(\frac{1+z}{1-z}\right)^c\left[\frac{(1+i^n)(1+z)}{2n(1+c)(1-z)}\right.\right.$$

$$+ \sum_{k=1}^{(n/2)-1} \frac{(-1)^k 2^{c-1}(1-z)e^{i\frac{2k\pi}{n}}F_1\left(1-c; -c, 1; 2-c; \frac{1-z}{2}, \frac{1-z}{1-e^{i\frac{2k\pi}{n}}}\right)}{n(1-c)(1+z)^c\left(1-e^{i\frac{2k\pi}{n}}\right)^2\left(1+e^{i\frac{2k\pi}{n}}\right)}$$

$$- \left.\left.\sum_{k=1}^{(n/2)-1} \frac{2^{c-1}(1-z)F_1\left(1-c; -c, 1; 2-c; \frac{1-z}{2}, -\frac{e^{i\frac{2k\pi}{n}}(1-z)}{1-e^{i\frac{2k\pi}{n}}}\right)}{n(1-c)(1+z)^c\left(1-e^{i\frac{2k\pi}{n}}\right)\left(1-e^{-i\frac{4k\pi}{n}}\right)}\right]\right\}.$$

定理证毕.

注 若 $n = 2$,则定理 6.6 简化成文献 [64] 中的定理 3.

对于不同的 $c \in [0,2]$,$f_{c,n}(z)$ 的图像如**图 6.12** 和**图 6.13** 所示. 由图可以看出,当 $c \in [0,1]$ 时,$f_c(\mathbb{D})$ 的图像从条形区域变到波形区域.

6.4 Heinz's 不等式与曲率的界

Heinz's 不等式断言对于单位圆盘上 $f(0) = 0$ 的所有调和映射 $f = h + \bar{g}$,满足不等式 $|f_z(0)|^2 + |f_{\bar{z}}(0)|^2 \geqslant c$,其中 $c > 0$ 是一个任意的常数. Heinz's 原始证明的值是 $c = 2/\pi^2$,1982 年,Richard Hall [68] 中证明了 Heinz's 不等式的精确结果.

> **引理 6.1. Heinz's 不等式 [68]**
>
> 单位圆盘上每个调和映射 $f(z) = h(z) + \overline{g(z)}$ 的系数满足不等式
> $$|a_1|^2 + \frac{3\sqrt{3}}{\pi}|a_0|^2 + |b_1|^2 \geqslant \frac{27}{4\pi^2}.$$
> 其中 $a_0 = h(0), a_1 = h'(0), b_1 = g'(0)$,下界 $27/4\pi^2$ 是最优的.

根据上一节的定理,等温参数中极小图的投影正是扩张为亚纯函数平方的调和映射. 如果 S 是位于 uv 平面上简单连通区域 Ω 上的极小曲面,用等温参数 (x,y) 表示,则其在基面

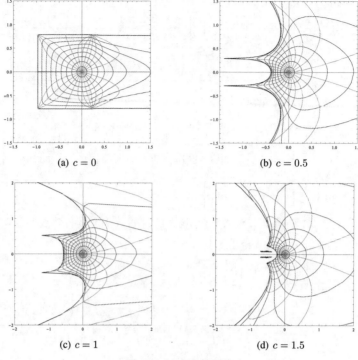

(a) $c = 0$ (b) $c = 0.5$

(c) $c = 1$ (d) $c = 1.5$

图 **6.12** $f_{c,3}(\mathbb{D})$ 的图像

上的投影可以被解释为调和映射 $w = f(z)$, 其中 $w = u + iv$ 和 $z = x + iy$. 在适当调整参数后, 可以假设 f 是单位圆盘 $\mathbb{D}$ 到 Ω 的保向调和映射, 对于某些预先指定的点 $w_0 \in \Omega$, 有 $f(0) = w_0$. 设 $f = h + \overline{g}$ 为正则分解, 那么 f 的伸缩商 $\omega = g'/h'$ 是一个解析函数, 在 $\mathbb{D}$ 中有 $|\omega(z)| < 1$, 对于 $\mathbb{D}$ 中的某个解析函数 q, 有 $\omega = q^2$.

对于 $z \in \mathbb{D}$, Ω 上的极小曲面 S 具有如下等温参数表示:

$$u = \mathrm{Re}\{f(z)\} = \mathrm{Re}\left\{\int_0^z \varphi_1(\zeta)\,\mathrm{d}\zeta\right\}, \quad v = \mathrm{Im}\{f(z)\} = \mathrm{Re}\left\{\int_0^z \varphi_2(\zeta)\,\mathrm{d}\zeta\right\},$$
$$t = \mathrm{Re}\left\{\int_0^z \varphi_3(\zeta)\,\mathrm{d}\zeta\right\}, z \in \mathbb{D},$$

并且有

$$\varphi_1 = h' + g' = p(1 + q^2), \quad \varphi_2 = -i(h' + g') = -ip(1 - q^2), \quad \varphi_2 = -2ipq.$$

其中 p 和 q 是 Weierstrass–Enneper 参数. 因此 $\varphi_3^2 = -4\omega h'^2, h' = p$.

曲面 S 的第一个基本形式是 $\mathrm{d}s^2 = \lambda^2 |\mathrm{d}z|^2$, 其中

$$\lambda^2 = \frac{1}{2}\sum_{k=1}^{3} |\varphi_k|^2.$$

直接计算表明

$$\lambda^2 = |h'|^2 + |g'|^2 + 2|h'||g'| = \left(|h'| + |g'|\right)^2,$$

因此, $\lambda = |h'| + |g'| = |p|(1 + |q|^2)$.

以上简单的表达式允许我们根据基本的调和映射计算 S 的高斯曲率. 注意到由于 f 是

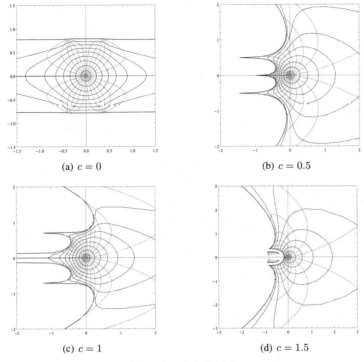

(a) $c = 0$ (b) $c = 0.5$

(c) $c = 1$ (d) $c = 1.5$

图 6.13 $f_{c,4}(\mathbb{D})$ 的图像

保向的, 从而在 $z \in \mathbb{D}$ 有 $p(z) = h'(z) \neq 0$. 如第 10.1 节所示, 高斯曲率的一般公式为 $K = -\lambda^{-2}\Delta(\log \lambda)$, 其中 Δ 表示拉普拉斯函数. 由于 $\Delta = 4\partial^2/\partial\bar{z}\partial z$, 我们得

$$\frac{\partial}{\partial z}(\log|p|) = \frac{1}{2}\frac{\partial}{\partial z}\{\log p + \log \bar{p}\} = \frac{p'}{2p},$$

因此 $\Delta(\log|p|) = 0$. 接下来我们得到

$$\frac{\partial}{\partial z}\left\{\log\left(1 + |q|^2\right)\right\} = \frac{\partial}{\partial z}\{\log(1 + q\bar{q})\} = \frac{q'\bar{q}}{1 + |q|^2}$$

和

$$\Delta\left\{\log\left(1 + |q|^2\right)\right\} = \frac{4|q'|^2}{(1 + |q|^2)^2}.$$

因此, 根据 Weierstrass–Enneper 参数表示, 高斯曲率为

$$K = -\frac{4|q'|^2}{|p|^2(1 + |q|^2)^2}. \tag{6.13}$$

由于调和映射 f 的伸缩商 $\omega = g'/h' = q^2$, 且 $h' = p$, 因此可以用一个等价的表达式

$$K = -\frac{|\omega'|^2}{|h'g'|(1 + |\omega|)^4}.$$

该公式应用解析函数理论来估计高斯曲率. 由于 $|q(z)| < 1$, 由 Schwarz-Pick 引理得

$$\frac{|q'(z)|}{1 - |q(z)|^2} \leqslant \frac{1}{1 - |z|^2}, \quad z \in \mathbb{D}.$$

因此，在位于 $w_0 = f(0)$ 上方的曲面点处，我们得到了估计值

$$\begin{aligned}
|K| &\leqslant \frac{4\left(1 - |q(0)|^2\right)^2}{|p(0)|^2 \left(1 + |q(0)|^2\right)^4} = \frac{4(1 - |\omega(0)|)^2}{(|h'(0)| + |g'(0)|)^2 (1 + |\omega(0)|)^2} \\
&\leqslant \frac{4}{(|h'(0)| + |g'(0)|)^2} \leqslant \frac{4}{|h'(0)|^2 + |g'(0)|^2}.
\end{aligned}$$ (6.14)

现在我们假设 $\Omega = \mathbb{D}$ 和 $\omega_0 = 0$ 的特殊情形. 换句话说, S 是单位圆盘上方的极小曲面, K 是原点上方曲面上点的高斯曲率. 然后, S 的投影是 $\mathbb{D}$ 到 $\mathbb{D}$ 的调和映射, 且 $f(0) = 0$, 因此由 Heinz's 不等式的精确形式可以估计

$$|h'(0)|^2 + |g'(0)|^2 \geqslant \frac{27}{4\pi^2}.$$

根据 (6.14)式可得对 K 的估计

$$|K| \leqslant \frac{16\pi^2}{27} = 5.848\cdots.$$

然而, 以上界限并不是精确的. 该估计使用了 Heinz's 不等式的精确形式, 但函数 f 将圆盘映射到一个内接等边三角形上, 其伸缩商 $\omega = z$, 它不是解析函数的平方, 因此根据定理 6.1, f 不能提升到极小曲面. 严格来说, 这种映射是不符合条件的, 因为它的范围不是完整的单位圆盘. 然而, 它将单位圆盘映射到弱意义上的自身, 由于 $f(\mathbb{D}) \subset \mathbb{D}$ 和径向极限 $f(e^{i\theta}) \subset \mathbb{T}$ 几乎无处不在; f 可以通过单位圆盘到自身的调和映射在 $\mathbb{D}$ 中局部一致地接近. 这些近似映射表明, Heinz's 不等式中的界 $27/4\pi^2$ 是精确的, 但它们同样不能提升到极小曲面.

Richard Hall [68] 对曲率的界做了小的改进, 因而曲率的界 $16\pi^2/27$ 并不是精确的. 为了精确估计曲率, 需要一个约束形式的 Heinz's 引理. 具体地说, 对于某些解析函数 q, 满足 $f(0) = 0, \omega = q^2$ 时, 要在所有单位圆盘上的调和自映射中找到 $|h'(0)|^2 + |g'(0)|^2$ 的精确下界. 可以合理地推测, "极值函数"现在是单位圆盘到内接正方形的正则映射, 伸缩商 $\omega(z) = z^2$. 这个映射有 $a_1 = h'(0) = 2\sqrt{2}/\pi, b_1 = g'(0) = 0$, 所以约束形式的 Heinz's 不等式有如下猜想:

猜想 6.1 设 f 为从 $\mathbb{D}$ 映射到 $\mathbb{D}$ 的调和映射, 且 $f(0) = 0$, 其伸缩商 $\omega = g'/h'$ 是一解析函数的平方, 则

$$|h'(0)|^2 + |g'(0)|^2 > \frac{8}{\pi^2},$$

而且界是精确的.

如第 5.4 节所述, 正方形上的正则映射提升到 Scherk's 第一曲面. Scherk's 曲面的 Weierstrass–Enneper 参数调整为位于单位圆内接的正方形上方, 如下所示:

$$p(z) = \frac{2\sqrt{2}}{\pi(1 - z^4)}, \quad q(z) = iz.$$

因此, 在原点上方的点上, 曲面具有曲率

$$K = -\frac{4|q'(0)|^2}{|p(0)|^2 (1 + |q(0)|^2)^4} = -\frac{\pi^2}{2}$$

这表明了以下曲率估计的精确形式.

猜想 6.2 对于任意的位于整个单位圆盘上的极小曲面, 原点上方点的高斯曲率满足精确不等式 $|K| < \pi^2/2 = 4.934\cdots$.

若已知猜想 6.1 为真，那么猜想 6.2 用同样的方法得到估计值 $|K| \leqslant 16\pi^2/27$. 事实上，这两个猜想是等价的. Finn 和 Osserman [69] 在另一个假设下证明了猜想 6.2，即极小曲面在原点上方有一个水平切面.

Enneper's 曲面的非参数部分，经过最佳正规化，使其仅覆盖整个单位圆盘，具有参数 $p(z) = 3/2, q(z) = iz$，（参见第 5.4 节），因此其在原点上方的曲率为 $K = -32/9 = -3.555\cdots$.

最后，曲率的上界有个有趣的结论. 我们已经证明，如果一个极小曲面位于整个单位圆盘之上，那么它在原点之上的高斯曲率是以绝对常数 $C = 16\pi^2/27$ 为界的. 由此可以更普遍地得出，当一个极小曲面覆盖半径为 R 的完整圆盘时，它在该圆盘中心以上的点的曲率满足 $|K| \leqslant C/R^2$. 因此，如果一个极小曲面实际上位于整个平面之上，它在每个点上的高斯曲率 $K = 0$. 因为极小曲面的平均曲率也等于零，因此，任何这样的极小曲面在每一点上的主曲率都必须等于零. 这证明了 S. Bernstein 的一个经典定理.

> **定理 6.8. Bernstein's 定理 [70]**
> 位于整个平面上方的极小曲面本身一定是平面.

6.5 曲率界的精确估计

在前一节中，我们找到了位于单位圆盘上方的极小曲面的高斯曲率大小的上限，在圆盘中心上方的曲面点处计算. 虽然精确的界尚未知道，但对于其他区域，例如半平面、条状带区域或带有线性狭缝的整个平面，都可以找到相应的精确的界. 这些结果归功于 Hengartner 和 Schober [71]. 注意到每个域在水平方向上都是凸的，所以主要的想法是应用剪切原理将调和映射与共形映射联系起来. 这种想法适用于每种情况，因为"极值"调和映射的共形"预切变"将单位圆盘映射到给定的域上. 当单位圆盘是目标域时，情况不再如此. 在这里，我们将只对条状带区域讨论这个问题，其他两个域的讨论类似.

设 $\Omega = \{w \in \mathbb{C} : |\text{Re}\{w\}| < \pi/4\}$ 表示宽度为 $\pi/2$ 的条状带区域，并设 $\alpha = a + ib$ 为 Ω 内一点. 对于 Ω 上的任意极小曲面，我们的目标是找到 $|K|$ 的上界，其中 K 表示极小曲面在 α 这点的曲率. 显然，其上界仅取决于 $|b|$.

现在我们介绍曲面的 Weierstrass–Enneper 表示（见定理 5.5），其中参数 p 和 q 在单位圆盘 $\mathbb{D}$ 中解析，并且 $|q(z)| < 1$. 曲面的这种参数化表示将 $\mathbb{D}$ 上的保向调和映射 $f = h + \overline{g}$ 投影到 Ω 区域，可以对其进行正规化，使得 $g(0) = 0, f(0) = \alpha$. 我们知道，f 的伸缩商为 $\omega = g'/h' = q^2$，并且 $h' = p$，而 α 点上的高斯曲率满足

$$|K| \leqslant \frac{4(1 - |q(0)|^2)^2}{|h'(0)|^2(1 + |q(0)|^2)^4},$$

如上一节 (6.13) 式所示.

我们现在利用剪切原理（定理 1.3）来构造极小曲面. 由于 $f = h + \overline{g}$ 是 $\mathbb{D}$ 到在沿水平方向（CHD）凸的区域 Ω 上的调和映射，因此相关的解析函数 $\varphi = h - g$ 将 $\mathbb{D}$ 共形映射为 Ω，也是 CHD 的. 注意到 $\varphi(0) = \alpha$，并且有

$$\varphi' = h' - g' = (1 - q^2)h',$$

因此曲率估计有以下形式

$$|K| \leqslant \frac{4\left(1-|q(0)|^2\right)^2\left|1-q(0)^2\right|^2}{\left(1+|q(0)|^2\right)^4|\varphi'(0)|^2} \leqslant \frac{4}{|\varphi'(0)|^2}.$$

下一步是验证函数

$$\psi(z) = \alpha + \frac{1}{2}\log\left(\frac{1+\zeta z}{1-z}\right), \quad \zeta = e^{-4ib}$$

将 $\mathbb{D}$ 共形地映射到 Ω 区域，且 $\psi(0) = \alpha$.（注意到 $|b| < \pi/4$，因此 $\zeta \neq 1$.）因为 ψ 将 $\mathbb{D}$ 映射到 Ω，除了两个边界值外，并且它的所有边界值都在 $\partial\Omega$ 上，我们看到 ψ 实际上将 $\mathbb{D}$ 映射到 Ω. 因此，对于单位模量的复常数 γ，有 $\varphi(z) = \psi(\gamma z)$. 但由于单位圆盘的旋转仅仅相当于曲面的重新参数化，因此不失一般性取 $\gamma = 1$，从而有 $\varphi = \psi$. 现经简单计算得

$$\varphi'(0) = \frac{1}{2}(1+\zeta) = e^{-2ib}\cos 2b,$$

因此有

$$|K| \leqslant 4\sec^2(2b).$$

为了研究等号成立的可能性，我们首先观察到，在我们的曲率估计式中等号成立当且仅当调和映射 f 对某个常数 λ 满足 $|\lambda| = 1$，其伸缩商为 $\omega(z) = \lambda z^2$. 现在的问题是，这样一个函数 f 能否提升到整个带状 Ω 上的极小曲面，或者等价地，由 $\varphi = \psi$ 通过伸缩商 $\omega(z) = \lambda z^2$ 剪切而得到的调和映射 f 是否真的将 $\mathbb{D}$ 映射到 Ω 上. 但是这个函数 $f = h + \overline{g}$ 满足条件 $h' - g' = \varphi'$ 和 $\omega h' - g' = 0$，从而得到

$$h'(z) = \frac{\varphi'(z)}{1-\omega(z)} = \frac{\zeta+1}{2\left(1-\lambda z^2\right)(1+\zeta z)(1-z)}.$$

因此，当 $h(0) = \alpha$ 时，函数 h 可以通过积分得到，从而 $g = h - \varphi$.

最简单的情形是当 $\alpha = a$ 为实数时，从而有 $b = 0, \zeta = 1$. 若我们取 $\lambda = 1$，则有

$$h'(z) = \frac{1}{(1-z^2)^2},$$

对上式积分得

$$h(z) = \frac{1}{4}\log\left(\frac{1+z}{1-z}\right) + \frac{1}{2}\frac{z}{1-z^2} + a,$$

从而得到

$$g(z) = h(z) - \varphi(z) = -\frac{1}{4}\log\left(\frac{1+z}{1-z}\right) + \frac{1}{2}\frac{z}{1-z^2}.$$

因此 $f = u + iv$，其中

$$u(z) = \text{Re}\left\{\frac{z}{1-z^2}\right\}, \quad v(z) = \frac{1}{2}\arg\left\{\frac{1+z}{1-z}\right\}.$$

根据 Weierstrass–Enneper 公式，$f(z)$ 上方极小曲面的高度为

$$t(z) = 2\text{Im}\left\{\int\frac{z}{(1-z^2)^2}\,\mathrm{d}z\right\} = \text{Im}\left\{\frac{1}{1-z^2}\right\}.$$

为了验证 $f(\mathbb{D}) = \Omega$，我们知道 $z \mapsto \frac{1+z}{1-z}$ 把单位圆盘映到右半平面，我们对坐标做了如下改变：

$$Re^{i\theta} = \frac{1+z}{1-z}, \quad R > 0, \quad |\theta| < \frac{\pi}{2}.$$

则有

$$u - a = \frac{1}{4}\left(R - \frac{1}{R}\right)\cos\theta, \quad v = \frac{\theta}{2}, \quad t = \frac{1}{4}\left(R - \frac{1}{R}\right)\sin\theta.$$

这表明 f 将单位圆盘 $\mathbb{D}$ 映射到 Ω，所得到的极小曲面是一个螺旋面. 当 α 为实数时，就得到了曲率的上界，并且估计 $|K| \leqslant 4$ 是精确的.

如果 α 不是实数，那么对于 $|\lambda| = 1$ 的任何 λ，伸缩商为 λz^2 的剪切构建总是能得到一个有界函数 f，将 $\mathbb{D}$ 映射到 Ω 的适当子域上，这样得到的极小曲面就不会覆盖整个带状区域. 然而，将 λ 替换为 $r\lambda$（其中 $0 < r < 1$）会生成一个确实位于 Ω 上的极小曲面，随着 r 趋于 1，其在 α 点处的高斯曲率接近 $-4\sec^2(2b)$. 因此，对于非实数 α 来说，界也是精确的，但实际上从来没有通过整个带状区域上的极小表面来获得.

Hengartner 和 Schober[71] 的论文提供了详细信息. 最终结果可总结如下.

定理 6.9

设 S 表示在定义为 $|\mathrm{Im}\{w\}| < \pi/4$ 带状区域 Ω 上的非参数表示的极小曲面，$\alpha = a + ib$ 是 Ω 上的任意一点. 若 $b = 0$，则在点 α 上的曲面 S 的高斯曲率 K 满足精确不等式 $|K| \leqslant 4$；若 $b \neq 0$，则 $|K| < 4\sec^2(2b)$.

6.6 Schwarzian 导数

局部单叶解析函数 f 的 Schwarzian 导数定义如下：

$$S(f) = \left(\frac{f''}{f'}\right)' - \frac{1}{2}\left(\frac{f''}{f'}\right)^2.$$

关键性质是其在使用 Möbius 变换的复合下的不变性，即：对于所有 Möbius（或线性分数）变换

$$T(z) = \frac{az + b}{cz + d}, \quad ad - bc \neq 0.$$

有 $S(T \circ f) = S(f)$.

虽然这一性质很容易证明，但人们自然会问它是如何被发现的. 这是 H. A. Schwarz 在 1873 年给出的基本推导. 假设对于某个 Möbius 变换 T，有复合 $g = T \circ f$，那么 $(cf + d)g = af + b$. 三次连续微分可得以下线性方程组：

$$\begin{cases} c(fg)' + dg' - af' = 0 \\ c(fg)'' + dg'' - af'' = 0 \\ c(fg)''' + dg''' - af''' = 0, \end{cases}$$

有非平凡解 $(c, d, -a)$，所以系数矩阵的行列式为零. 当行列式展开时，方程简化为

$$3(g')^2(f'')^2 + 2g'g'''(f')^2 = 3(f')^2(g'')^2 + 2f'f'''(g')^2.$$

上式两端同时除以 $2(f')^2(g')^2$ 得

$$\frac{g'''}{g'} - \frac{3}{2}\left(\frac{g''}{g'}\right)^2 = \frac{f'''}{f'} - \frac{3}{2}\left(\frac{f''}{f'}\right)^2,$$

这表明 $S(g) = S(f)$.

对于任意的解析函数 f 和 g，不变性 $S(T \circ f) = S(f)$ 是复合公式

$$S(g \circ f) = (S(g) \circ f)(f')^2 + S(f)$$

的特例，对于任意的解析函数 φ，Schwarzian 导数为 $S(f) = 2\varphi$ 的函数集 f 可以用 $f = w_1/w_2$ 来描述，其中 w_1 和 w_2 是线性微分方程 $w'' + \varphi w = 0$ 的两个线性无关的解. 我们可得到以下两个结论：

(1) 若 $S(f) = 0$，则 f 为 Möbius 变换.

(2) 若 $S(g) = S(f)$，则对某些 Möbius 变换 T，有 $g = T \circ f$.

1949 年，Z.Nehari [72] 利用与线性微分方程的联系，获得了用 Schwarzian 导数表示的全局单叶的重要准则. 例如，如果 f 是解析的且在 $\mathbb{D}$ 内是局部单叶的，如果它的 Schwarzian 导数满足

$$|S(f)(z)| \leqslant \frac{2}{(1 - |z|^2)^2}, \quad z \in \mathbb{D},$$

则 f 在 $\mathbb{D}$ 内是单叶的. Nehari 还证明了一致有界 $|S(f)(z)| \leqslant \pi^2/2$ 意味着 f 在 $\mathbb{D}$ 内是单叶的. 并且已经发现了类似类型的其他单叶性准则. 其证明和进一步讨论可以在 Duren [6] 中找到.

有趣的是，这些单叶性准则是否可以推广到调和映射. 然而，首要的问题是为局部单叶调和函数找到一个合适的 Schwarzian 导数定义. Chuaqui、Duren 和 Osgood [73] 利用相关极小曲面的微分几何提出了一个自然定义. 若 $f = h + \bar{g}$ 是局部单叶、保向的调和映射，并且对于某些解析函数 q，它的伸缩商 $\omega = g'/h'$ 具有的形式为 $\omega = q^2$，那么它可以被局部提升至具有共形度量 $ds = \lambda|dz|$ 的极小曲面，根据 Weierstrass-Enneper 函数 p 和 q，其中

$$\lambda = |h'| + |g'| = |p|(1 + |q|^2).$$

f 的 Schwarzian 导数由下式定义

$$S(f) = 2\left\{(\log \lambda)_{zz} - ((\log \lambda)_z)^2\right\}.$$

若 f 解析，则 $\lambda = |f'|$，因此有

$$\log \lambda = \frac{1}{2}\left(\log f' + \log \overline{f'}\right).$$

从而 $(\log \lambda)_z = \frac{1}{2}f''/f'$，所以广义的 Schwarzian 导数为

$$S(f) = 2\left\{(\log \lambda)_{zz} - ((\log \lambda)_z)^2\right\} = \left(\frac{f''}{f'}\right)' - \frac{1}{2}\left(\frac{f''}{f'}\right)^2,$$

这与经典公式一致.

一般来说，我们可以将 λ 写成 $\lambda = |h'|(1 + q\bar{q})$，所以

$$(\log \lambda)_z = \frac{1}{2}\frac{h''}{h'} + \frac{q'\bar{q}}{1 + |q|^2},$$

则 Schwarzian 导数为

$$S(f) = S(h) + \frac{2\bar{q}}{1 + |q|^2}\left(q'' - \frac{q'h''}{h'}\right) - 4\left(\frac{q'\bar{q}}{1 + |q|^2}\right)^2.$$

注意到如果 $\omega = q^2$ 为常数，则 $S(f) = S(h)$. 但我们知道，若 $\omega(z) \equiv \alpha$，其中 α 为 $|\alpha| < 1$ 的复常数，则对于某些解析函数 h，有 $f = h + \alpha\bar{h}$. 因此，通过直接计算很容易验证 $S(h + \alpha\bar{h}) = S(h)$.

如果 φ 是一个解析函数，其中定义了复合 $f \circ \varphi$，那么 $f \circ \varphi$ 是一个局部单叶的调和映射，其伸缩商为 $q \circ \varphi^2$，则

$$\lambda_{f \circ \varphi} = (\lambda_{f \circ \varphi})|\varphi'|.$$

经计算可得

$$S(f \circ \varphi) = (S(f) \circ \varphi)\varphi'^2 + S(\varphi),$$

它是对复合下解析函数的 Schwarzian 导数的经典变换公式的推广.

现在回想一下（参见第6.4节），与具有伸缩商 $\omega = g'/h' = q^2$ 的调和映射 $f = h + \overline{g}$ 相关的极小曲面的高斯曲率 K，由以下公式给出

$$K = -\frac{4\,|q'|^2}{|p|^2\,(1+|q|^2)^4},$$

其中 $p = h'$ 和 q 是 Weierstrass–Enneper 函数. 我们现在证明 Schwarzian 导数 $S(f)$ 仅对 $f = h + \alpha\overline{h}$ 形式的调和映射是解析的，其中 h 解析，$|\alpha| < 1$，或者等价地，当关联的极小曲面是一个平面时. 具体来说，我们将证明以下定理：

定理 6.10. [3]

对于伸缩商为 $\omega = q^2$ 的局部单叶保向的调和映射 f，以下结论是等价的：

(1) $S(f)$ 解析；

(2) 与 f 局部相关的极小曲面的曲率 K 为常数；

(3) $K \equiv 0$ 时对应的极小曲面是一个平面；

(4) f 的伸缩商为常数；

(5) 对于某些局部单叶解析函数 h 和 $|\alpha| < 1$ 的复常数 α，有 $f = h + \alpha\overline{h}$.

证明 (1) $\Longrightarrow$ (2). 与 f 关联的极小曲面的曲率为

$$K = -\frac{1}{\lambda^2}\Delta(\log\lambda) = -\frac{4(\log\lambda)_{z\overline{z}}}{\lambda^2}.$$

经简单计算可得

$$-\frac{1}{4}K_z = -\frac{1}{\lambda^2}\left[(\log\lambda)_{zz} - ((\log\lambda)_z)^2\right]_{\overline{z}} = \frac{1}{2\lambda^2}\left[S(f)\right]_{\overline{z}} = 0.$$

由上式可知，若 $S(f)$ 解析，则 K 为常数.

(2) $\Longrightarrow$ (3). 根据 Weierstrass–Enneper 参数 p 和 q 的曲率公式，通过对数，我们可以看到，如果 K 是常数，对于某些常数 c，则有

$$\log(1 + |q|^2) = \frac{1}{2}\log\left|\frac{q'}{p}\right| + c.$$

因此，$\log(1 + |q|^2)$ 是调和函数. 但是经计算可得

$$\left[\log\left(1 + |q|^2\right)\right]_{z\overline{z}} = \left[\frac{q'\overline{q}}{1 + |q|^2}\right]_{\overline{z}} = \frac{|q'|^2}{(1 + |q|^2)^2},$$

因此 $\log(1 + |q|^2)$ 调和当且仅当 $q' = 0$. 从而由曲率公式表明 $K = 0$.

(3) $\Longrightarrow$ (4). 若 $K = 0$，则 $q' = 0$，因此 q 是常数和 $\omega = q^2$ 也为常数.

(4) $\Longrightarrow$ (5). 上面已经提到了这一点，但下面是进一步的细节. 如果调和映射 $f = h + \overline{g}$ 的伸缩商为常数，那么对于某些常数 α，且 $|\alpha| < 1$，则有 $g' = \alpha h'$. 积分得 $g = \alpha h + \beta$，其

中 β 为常数. 但由于 $|\alpha| \neq 1$, 由线性代数知识表明, 可以将常数 β 放置于 h 中, 对一些的局部单叶解析函数 h, 只需稍微改变记号, 我们可以得到 $f = h + \alpha\overline{h}$.

(5) $\Longrightarrow$ (1). 如前所述, 可知 $S(h + \alpha\overline{h}) = S(h)$.

现在回想一下, Schwarzian 导数为零的解析函数正是 Möbius 变换. 由定理 6.10, 我们现在可以得到调和映射的相应结果.

> **定理 6.11.** [3]
>
> 保向的调和映射 f 的 Schwarzian 导数 $S(f) = 0$ 的充要条件是对于某些 Möbius 变换 h 和复常数 $\alpha, |\alpha| < 1$, 它具有形式 $f = h + \alpha\overline{h}$.

证明 充分性. 若对于某些 Möbius 变换 h, 有 $f = h + \alpha\overline{h}$, 则 $S(f) = S(h) = 0$.

必要性. 若调和映射 f 的 Schwarzian 导数 $S(f) = 0$, 则由定理6.10可知, f 的伸缩商 $\omega = g'/h'$ 为常数, 因此对于常数 $c \geqslant 0$, 由 $|g'| = c|h'|$. 从而可得

$$\lambda = |h'| + |g'| = (1+c)|h'|,$$

因此 $0 = S(f) = S(h)$, h 为 Möbius 变换. 又由于对于某些常数 $\alpha, |\alpha| < 1$, 有 $\omega = \alpha$, 因此我们得到 $g = \alpha h + \beta$, β 为常数. 同样, 常数 β 可以置于 Möbius 变换 h 中, 因此随着记号的改变, 对于 Möbius 变换 h, 我们可以得到 $f = h + \alpha\overline{h}$.

以上定理证明了 $S(f) = 0$ 的保向调和映射是全局单叶的, 并推广到 $\mathbb{C}$ 到自身的调和映射. 我们将调和 Möbius 变换定义为 $f = h + \alpha\overline{h}$ 形式的调和映射, 其中 h 是 (经典) Möbius 变换, α 是 $|\alpha| < 1$ 的复常数. 定理 6.11正是这些 $S(f) = 0$ 的调和映射. 因为调和 Möbius 变换是 Möbius 变换与仿射变换的复合, 我们可以看到, 调和 Möbius 变换将圆映射为椭圆. 基本复合公式表明: 如果 φ 是解析的, 且 f 是调和 Möbius 变换, 则 $S(f \circ \varphi) = S(\varphi)$.

下一个问题是描述两个具有相同 Schwarzian 导数的调和映射之间的关系. 下面的定理给出了一种形式的解, 其中相关共形度量的曲率起着至关重要的作用.

> **定理 6.12.** [73]
>
> 设 $f = h + \overline{g}$ 和 $F = H + \overline{G}$ 为定义在公共域 $\Omega \subset \mathbb{C}$ 上的两个保向的调和映射. 若 $S(f) = S(F)$, 则
>
> (a) 相关共形度量的曲率相等: $K(\lambda_f) = K(\lambda_F)$;
>
> (b) 如果曲率不等于常数, 则度量是相似的. 也就是说, 对于某个常数 $c > 0$, 有 $\lambda_f = c\lambda_F$;
>
> (c) 如果曲率等于常数, 那么两者都等于零, 且对于单叶解析函数 h 和 H, 复常数 $\alpha, |\alpha| < 1$ 和 $\beta, |\beta| < 1$, 以及解析的 Möbius 变换 T, 则有 $f = h + \alpha\overline{h}$, $F = H + \beta\overline{H}$ 和 $H = T(h)$.
>
> 相反地, 如果 (b) 或 (c) 成立, 则二者曲率相等且 $S(f) = S(F)$.

证明需要进一步的几何背景, 这里不再赘述. Chuaqui、Duren 和 Osgood [73] 的论文给出了证明和更多详情.

为了展示几个易于理解的例子, 现我们将计算本书其他地方讨论过的特定调和映射的

Schwarzian 导数.

例 **6.6** 考虑调和映射 $f(z) = z + 1/3\bar{z}^3$，其伸缩商为 $\omega(z) = z^2$，它将单位圆盘映射到内接圆 $|w| = 4/3$ 的四个尖点的内摆线域内，如图 2.2(c) 所示. 这里 $\lambda = |h'| + |g'| = 1 + |z|^2$，因此其 Schwarzian 导数为

$$S(f) = -\frac{4\bar{z}^2}{(1 + |z|^2)^2}.$$

例 **6.7** 考虑调和映射

$$f(z) = \log\left|\frac{1 + z}{1 - z}\right| - \bar{z},$$

这是由水平剪切共形映射 $\varphi(z) = z$ 和伸缩商为 $\omega(z) = z^2$（见第 1.2 节）构建而成的. 这里的 $f = h + \bar{g}$，其中

$$h(z) = \frac{1}{2}\log\left(\frac{1 + z}{1 - z}\right), \quad g(z) = h(z) - z.$$

因此

$$\lambda = |h'| + |g'| = \frac{1 + |z|^2}{|1 - z^2|},$$

经简单计算可得 Schwarzian 导数为

$$S(f) = 2\left(\frac{1}{(1 - z^2)^2} - \frac{2\bar{z}^2}{(1 + |z|^2)^2} - \frac{2|z|^2}{(1 + |z|^2)(1 - z^2)}\right).$$

例 **6.8** 如第 1.2 节所示，沿水平方向剪切共形映射 φ，伸缩商为 $\omega = q^2$ 构建的调和映射，具有形式 $f = h + \bar{g}$，其中

$$\begin{cases} h - g = \varphi \\ g' = q^2 h', \end{cases}$$

求解以上线性方程组，我们可以得到 $h' = \varphi'/(1 - q^2)$. 然后通过计算得到

$$
\begin{aligned}
S(f) =\ & S(\varphi) + \frac{2\left(q'^2 + (1 - q^2)\, qq''\right)}{(1 - q^2)^2} - \frac{2qq'}{1 - q^2}\frac{\varphi''}{\varphi'} \\
& + \frac{2\bar{q}}{1 + |q|^2}\left\{q'' - q'\left(\frac{\varphi''}{\varphi'} + \frac{2qq'}{1 - q^2}\right)\right\} - 4\left(\frac{q'\bar{q}}{1 + |q|^2}\right)^2.
\end{aligned}
$$

如果 $\varphi(z)$ 为 Koebe 函数 $k(z) = z/(1 - z)^2$ 且 $q(z) = z$，上式简化为

$$S(f) = -4\left(\frac{1}{(1 - z)^2} + \frac{\bar{z}}{1 + |z|^2}\right)^2.$$

Schwarzian 导数在调和映射的进一步研究中，特别是在全局单叶性问题上，似乎是有用的.

第7章 对数调和映射

本章我们考虑定义在单位圆盘上的经典的单叶对数调和映射 $f(z) = zh(z)\overline{g(z)}$. 首先, 我们得到复值连续函数在单位圆盘上星象或凸的充要条件; 其次, 就如何构造对数调和 Koebe 函数、右半平面对数调和调和映射、双裂缝对数调和映射作了详尽的介绍, 并证明这些映射像域的精确性; 接下来对单叶星象对数调和函数的系数进行估计; 最后, 提出类似于经典的解析函数的对数调和映射的 Bieberbach 猜想和对数调和映射的覆盖定理.

7.1 引言和预备定理

设 $\mathcal{A}$ 为定义在单位开圆盘 $\mathbb{D}$ 上所有解析函数的线性空间, $\mathcal{B}$ 表示所有 $\mu \in \mathcal{A}$ 使得对所有的 $z \in \mathbb{D}$ 满足 $|\mu(z)| < 1$ 的函数族. 对数调和映射 f 为下列非线性偏微分方程的解

$$\overline{f_{\bar{z}}(z)} = \mu(z) \left(\frac{f(z)}{\overline{f(z)}} \right) f_z(z), \tag{7.1}$$

其中 μ 表示函数 f 的第二伸缩商 (以下简称伸缩商), 且有 $\mu \in \mathcal{B}$. 因此, f 的 Jacobian 由下式给出:

$$J_f = |f_z|^2 - |f_{\bar{z}}|^2 = |f_z|^2 (1 - |\mu|^2).$$

若 $J_f > 0$, 则称非常数对数调和函数 f 在 $\mathbb{D}$ 内保向且是开的, 且 f 能表示成以下形式:

$$f(z) = h(z)\overline{g(z)}, \tag{7.2}$$

其中 $h(z)$ 和 $g(z)$ 为 $\mathbb{D}$ 内非零的解析函数. 另一方面, 若 f 在 $z = 0$ 为零, 但不恒等于零, 则 f 可表示成下式:

$$f(z) = z|z|^{2\beta} h(z)\overline{g(z)},$$

其中 $\operatorname{Re}\beta > -1/2$, 且 $h, g \in \mathcal{A}$, $h(0) \neq 0$ 和 $g(0) = 1$ (参见文献 [74]). 这种形式的对数调和映射已有广泛的研究, 详见文献 [75-77].

为简便起见, 令 $\beta = 0$, 我们考虑具有下列形式的单叶对数调和函数的子族

$$f(z) = zh(z)\overline{g(z)}, \tag{7.3}$$

其中 $h, g \in \mathcal{A}$, 且满足正规化条件 $h(0) = g(0) = 1$, 此函数族记为 $\mathcal{S}_{Lh}$. 则此函数族有下列幂级数展开式:

$$h(z) = \exp\left(\sum_{n=1}^{\infty} a_n z^n\right) \quad \text{和} \quad g(z) = \exp\left(\sum_{n=1}^{\infty} b_n z^n\right). \tag{7.4}$$

由 (7.3) 式可知, 函数 f 的伸缩商满足

$$\mu(z) = \frac{zg'(z)/g(z)}{1 + zh'(z)/h(z)} = \frac{z(\log g)'(z)}{1 + z(\log h)'(z)}. \tag{7.5}$$

若 $\operatorname{Re}f$ 和 $\operatorname{Im}f$ 在区域 Ω 内具有一阶 (或二阶) 连续偏导数, 则称复值函数 $f: \Omega \to \mathbb{C}$ 属于 $C^1(\Omega)$ (对应于 $C^2(\Omega)$). 对于 $f \in C^1(\Omega)$, 我们考虑定义在 $C^1(\Omega)$ 上的线性微分算子

$$Df = zf_z - \bar{z}f_{\bar{z}}.$$

本章我们只涉及到 $\Omega = \mathbb{D}$ 的情形.

> **定义 7.1**
>
> 设 $\alpha \in [0,1)$，单叶函数 $f \in C^1(\mathbb{D})$ 且 $f(0) = 0$ 被称为 α 阶星象函数，用 $\mathcal{FS}^*(\alpha)$ 表示，若对于所有 $z = re^{i\theta} \in \mathbb{D}\backslash\{0\}$，有
>
> $$\frac{\partial}{\partial \theta}\left(\arg f(re^{i\theta})\right) = \mathrm{Re}\left(\frac{Df(z)}{f(z)}\right) = \mathrm{Re}\left(\frac{zf_z(z) - \overline{z}f_{\overline{z}}(z)}{f(z)}\right) > \alpha$$
>
> 成立. 我们记 $\mathcal{FS}^*(0) =: \mathcal{FS}^*$，函数 $\mathcal{FS}^*$ 在 $\mathbb{D}$ 内 C^1-（完全）星象. 若 f 在 $\mathbb{D}$ 内解析，则 $\mathcal{FS}^*(\alpha)$ 与解析函数的 α 阶星象 $\mathcal{S}^*(\alpha)$ 相吻合. ♣

我们分别用 $\mathcal{S}_H^*(\alpha)$ 和 $\mathcal{S}_{Lh}^*(\alpha)$ 表示 α 阶调和星象函数和 α 阶对数调和星象函数. 若 $\alpha = 0$，我们分别简记为 $\mathcal{S}_H^*$ 和 $\mathcal{S}_{Lh}^*$. 因此，它们分别称为**调和星象函数**和**对数调和星象函数**. 这几类函数已被一些数学工作爱好者研究，详见文献 [77-78].

以下定理建立了函数族 $\mathcal{S}_{Lh}^*(\alpha)$ 和 $\mathcal{S}^*(\alpha)$ 之间的联系.

> **定理 7.1. [78-79]**
>
> 设 $f(z) = zh(z)\overline{g(z)}$ 为定义在 $\mathbb{D}$ 上的对数调和映射，则 $f \in \mathcal{S}_{Lh}^*(\alpha)$ 当且仅当 $\varphi(z) = zh(z)/g(z) \in \mathcal{S}^*(\alpha)$. ♥

在文献 [80] 中，李佩瑾等证明了如下定理：

> **定理 7.2**
>
> 设 $f(z) = \varphi(z)|z|^{2(p-1)}$ $(p \geqslant 1)$，其中 $\varphi \in C^1(\mathbb{D})$ 在 $\mathbb{D}$ 内星象（不一定调和），则 $f \in C^1(\mathbb{D})$ 在 $\mathbb{D}$ 内星象且单叶. ♥

下列命题是定理 7.1 和定理 7.2 的更一般化形式.

> **命题 7.1**
>
> 设 $f(z) = \varphi(z)|g(z)|^2$ 为定义在 $\mathbb{D}$ 上的复值函数，其中 $\varphi, g \in \mathcal{A}$ 且当 $\mathbb{D}\backslash\{0\}$ 时，有 $\varphi(z), g(z) \neq 0$. 则 $f \in \mathcal{FS}^*(\alpha)$ 当且仅当 $\varphi \in \mathcal{FS}^*(\alpha)$. ♠

证明　经简单计算可得
$$zf_z(z) = z\varphi_z(z)|g(z)|^2 + \varphi(z)zg'(z)\overline{g(z)} = \left(\frac{z\varphi_z(z)}{\varphi(z)} + \frac{zg'(z)}{g(z)}\right)f(z).$$
类似地，有
$$\overline{z}f_{\overline{z}}(z) = \left(\frac{\overline{z}\varphi_{\overline{z}}(z)}{\varphi(z)} + \overline{\frac{zg'(z)}{g(z)}}\right)f(z),$$
显然有
$$\mathrm{Re}\left(\frac{zf_z(z) - \overline{z}f_{\overline{z}}(z)}{f(z)}\right) = \mathrm{Re}\left(\frac{z\varphi_z(z) - \overline{z}\varphi_{\overline{z}}(z)}{\varphi(z)}\right).$$
命题证毕.

定义 7.2. α 阶完全凸函数

设 $\alpha \in [0,1)$，函数 $f \in C^2(\mathbb{D})$ 满足 $f(0) = 0$，且 $\frac{\partial}{\partial\theta}f(re^{i\theta}) \neq 0$，$0 < r < 1$. 若对于 $z = re^{i\theta} \in \mathbb{D}\backslash\{0\}$（为区别解析和调和的凸性，也可参见文献 [53, 80]），有

$$\frac{\partial}{\partial\theta}\left(\arg\frac{\partial}{\partial\theta}f(re^{i\theta})\right) = \text{Re}\left(\frac{D^2f(z)}{Df(z)}\right)$$
$$= \text{Re}\left(\frac{zf_z(z) + \bar{z}f_{\bar{z}}(z) - 2|z|^2 f_{z\bar{z}}(z) + z^2 f_{zz}(z) + \bar{z}^2 f_{\bar{z}\bar{z}}(z)}{zf_z(z) - \bar{z}f_{\bar{z}}(z)}\right) > \alpha,$$

其中 $D^2f = z(Df)_z - \bar{z}(Df)_{\bar{z}}$. 则 $f(z)$ 称为 α 阶完全凸函数，用 $\mathcal{FC}(\alpha)$ 表示. 当 $\alpha = 0$ 时，则 $f(z)$ 称为 $\mathbb{D}$ 上的完全凸（单叶）函数，简记为 $\mathcal{FC}(0) =: \mathcal{FC}$. 对于解析的情形，$\mathcal{FC}(\alpha)$ 与 α 阶凸函数 $\mathcal{C}(\alpha)$ 相吻合.

♣

特殊地，我们分别用 $\mathcal{FC}_H^0(\alpha)$ 和 $\mathcal{FC}_{Lh}(\alpha)$ 表示所有 α **阶完全凸调和映射**和 α **阶完全凸对数调和映射**. 若 $\alpha = 0$，我们把这些函数族分别表示为 $\mathcal{FC}_H^0$ 和 $\mathcal{FC}_{Lh}$，分别称之为**完全凸调和映射**和**完全凸对数调和映射**. 本章我们把完全星象（或完全凸）和星象（或凸）看作是相同概念，没有严格区分.

需要指出的是：即使 $\varphi(z)$ 在 $\mathbb{D}$ 内凸，$f(z) = \varphi(z)|g(z)|^2$ 在 $\mathbb{D}$ 内也不一定凸. 譬如，我们取

$$\varphi(z) = \frac{z}{1-z},$$
$$g(z) = \left(\frac{1-z}{1+z}\right)^{1/4}\exp\left(\frac{z}{2(1-z)}\right) = \exp\left(\frac{1}{4}\log\left(\frac{1-z}{1+z}\right)\right)\exp\left(\frac{z}{2(1-z)}\right),$$

因此由 (7.1) 式，$f(z)$ 定义为

$$f(z) = \varphi(z)|g(z)|^2 = \frac{z}{1-z}\left|\frac{1-z}{1+z}\right|^{1/2}\exp\left(\text{Re}\left(\frac{z}{1-z}\right)\right),$$

它是 $\mathbb{D}$ 内的单叶对数调和映射. $f(z)$ 在 $\mathbb{D}$ 上的像如**图 7.1**所示，由**图 7.1**可知，即使 $\varphi(z) = z/(1-z)$ 在 $\mathbb{D}$ 内凸，f 在 $\mathbb{D}$ 内不是凸的.

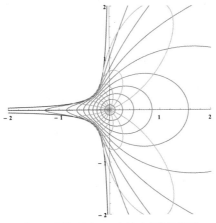

图 7.1 函数 $f(z) = \varphi(z)|g(z)|^2$ 的图像

对于以上结论的解析证明，我们需要证明对于某些 $0 < r < 1$ 和 $0 \leqslant \theta < 2\pi$，有

$$V(r,\theta) =: \operatorname{Re}\left\{ \frac{D^2 f\left(re^{i\theta}\right)}{Df\left(re^{i\theta}\right)} \right\} < 0$$

成立. 由于 $f = \varphi|g|^2$，经直接计算得

$$Df = z\varphi' g\overline{g} + z\varphi g'\overline{g} - \varphi g\overline{z}\overline{g'},$$

$$D^2 f = z\varphi' g\overline{g} + z^2 \varphi'' g\overline{g} + 2z^2 \varphi' g'\overline{g} + z\varphi g'\overline{g} + z^2 \varphi g''\overline{g} - 2z\varphi' g\overline{z}\overline{g'} - 2z\varphi g'\overline{z}\overline{g'} + \varphi g\overline{z}^2\overline{g''}.$$

从而对于某些 r 和 θ 的值，有 $V(r,\theta) < 0$. 为避免计算上的烦琐，利用 Mathematica 软件，我们取 $r = 8/9$，$\theta = \pi/3, \pi/4, 2\pi/3$ 分别计算 $V(r,\theta)$ 的值（见表 7.1）. 据此，我们可知 $f(z)$ 在 $\mathbb{D}$ 内不是凸的.

表 7.1 $V(r,\theta)$ 的值

r	θ	$V(r,\theta)$
8/9	$\pi/4$	$-0.284, 821$
8/9	$\pi/3$	$-0.447, 807$
8/9	$2\pi/3$	$-0.510, 244$

然而，若 $g(z) = z^{p-1}$ $(p \geqslant 1)$，我们得到具有 $f(z) = \varphi(z)|z|^{2(p-1)}$ 形式的函数在 $\mathbb{D}$ 内凸的充分必要条件.

定理 7.3

设 $f(z) = \varphi(z)|z|^{2(p-1)}$ $(p \geqslant 1)$，则 $f \in \mathcal{FC}(\alpha)$ 当且仅当 $\varphi \in \mathcal{FC}(\alpha)$.

证明 经计算得

$$zf_z(z) = |z|^{2(p-1)}\left[z\varphi_z(z) + (p-1)\varphi(z)\right]$$

类似地有

$$\overline{z}f_{\overline{z}}(z) = |z|^{2(p-1)}\left[\overline{z}\varphi_{\overline{z}}(z) + (p-1)\varphi(z)\right].$$

因此，我们得到

$$Df = zf_z - \overline{z}f_{\overline{z}} = |z|^{2(p-1)}(z\varphi_z - \overline{z}\varphi_{\overline{z}}),$$

上式我们可以简写为 $F(z) = |z|^{2(p-1)}\Phi(z)$，其中 $\Phi(z) = z\varphi_z - \overline{z}\varphi_{\overline{z}}$. 因此，为了计算 $D^2 f = D(Df) = DF$，我们首先有

$$z\Phi_z(z) - \overline{z}\Phi_{\overline{z}}(z) = z\left(\varphi_z(z) + z\varphi_{zz}(z) - \overline{z}\varphi_{\overline{z}z}(z)\right) - \overline{z}\left(z\varphi_{z\overline{z}}(z) - \varphi_z(z) - \overline{z}\varphi_{\overline{z}\overline{z}}(z)\right),$$

从而

$$D^2 f = |z|^{2(p-1)}(z\Phi_z - \overline{z}\Phi_{\overline{z}}) = |z|^{2(p-1)}\left(z\varphi_z + \overline{z}\varphi_{\overline{z}} - 2|z|^2\varphi_{z\overline{z}} + z^2\varphi_{zz} + \overline{z}^2\varphi_{\overline{z}\overline{z}}\right).$$

最后，我们有

$$\operatorname{Re}\left(\frac{D^2 f}{Df}\right) = \operatorname{Re}\left(\frac{z\varphi_z + \overline{z}\varphi_{\overline{z}} - 2|z|^2\varphi_{z\overline{z}} + z^2\varphi_{zz} + \overline{z}^2\varphi_{\overline{z}\overline{z}}}{z\varphi_z - \overline{z}\varphi_{\overline{z}}}\right) = \operatorname{Re}\left(\frac{D^2\varphi}{D\varphi}\right).$$

定理证毕.

例 7.1 取 $\varphi(z) = z - \lambda|z|^2$，其中 $0 < |\lambda| < 1/2$. 容易看出 $\varphi(z)$ 在 $\mathbb{D}$ 内为对数调和映

射，且满足方程 (7.1)，其伸缩商

$$\mu(z) = \frac{\overline{\lambda} z}{1 + \overline{\lambda} z}$$

在 $\mathbb{D}$ 内解析，且有 $|\mu(z)| < 1$（因为 $0 < |\lambda| < 1/2$）. 经简单计算可得

$$D\varphi(z) = z = D^2\varphi(z),$$

且对于 $0 < |\lambda| < 1/2$，有

$$J_\varphi(z) = |1 - \lambda \overline{z}|^2 - |\lambda z|^2 = 1 - 2\mathrm{Re}(\lambda \overline{z}) \geqslant 1 - 2|\lambda| > 0.$$

因此，φ 在 $\mathbb{D}$ 内凸且保向，由定理 7.3 可知 $f(z) = \varphi(z)|z|^{2(p-1)}$ 在 $\mathbb{D}$ 内是 p-凸对数调和映射. 更多有关 p-凸对数调和映射的研究，详见文献 [81] 或 [80]. 取 $\lambda = 1/4$ 和 $p = 2$，$\varphi(z)$ 和 $f(z) = \varphi(z)|z|^{2(p-1)}$ 的图像分别如图 7.2(a) 和图 7.2(b) 所示.

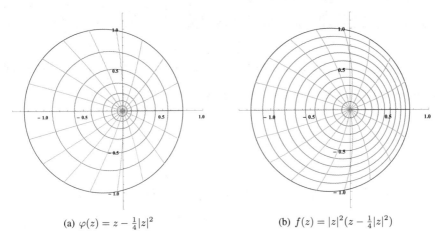

(a) $\varphi(z) = z - \frac{1}{4}|z|^2$ (b) $f(z) = |z|^2(z - \frac{1}{4}|z|^2)$

图 7.2 $\varphi(z)$ 和 $f(z)$ 的图像

7.2 构造单叶对数调和映射

Clunie 和 Sheil-Small [2] 创立了根据给定沿某个方向凸的共形映射，利用剪切原理构造沿某个方向凸的单叶调和映射的方法. 在文献 [82] 中，作者引进了一种把单位圆盘映射到严格星象域 Ω 来构造单叶对数调和映射 $f(z) = zh(z)\overline{g(z)} \in \mathcal{S}_{Lh}$ 的方法.

根据 Clunie 和 Shell-Small 利用剪切原来构造调和映射的方法，下面我们将引进构造伸缩商满足条件 $\mu(0) = 0$ 的单叶对数调和映射的方法.

假设 设 $f(z) = zh(z)\overline{g(z)}$ 为保向的对数调和映射，其中 $h(z)$ 和 $g(z)$ 为定义在 $\mathbb{D}$ 上的非零的解析函数，且满足正规化条件 $h(0) = g(0) = 1$，则其伸缩商

$$\mu(z) = \overline{\frac{f_{\overline{z}}(z)}{f_z(z)}} \cdot \frac{f(z)}{\overline{f(z)}} = \frac{zg'(z)/g(z)}{1 + zh'(z)/h(z)}$$

在 $\mathbb{D}$ 内解析且 $|\mu(z)| < 1$. 根据对数调和映射的定义，通过 $zh(z)/g(z) = \varphi(z)$ 来构造对数调和映射，其中 φ 在 $\mathbb{D}$ 内解析，且满足 $\varphi(0) = \varphi'(0) - 1 = 0$，且对于所有的 $z \in$

$\mathbb{D}\backslash\{0\}$ 有 $\varphi(z) \neq 0$, 这就得到了下列非线性微分方程组

$$\frac{zh(z)}{g(z)} = \varphi(z) \quad \text{和} \quad \frac{zg'(z)/g(z)}{1 + zh'(z)/h(z)} = \mu(z).$$

对上式第一个等式先取对数再微分得下列方程组

$$z\left(\log h\right)'(z) - z\left(\log g\right)'(z) = \frac{z\varphi'(z)}{\varphi(z)} - 1 \quad \text{和} \quad z\left(\log g\right)'(z) = \mu(z)\left(1 + z\left(\log h\right)'(z)\right).$$

解以上方程组得

$$(\log g)'(z) = \frac{\mu(z)}{1 - \mu(z)} \cdot \frac{\varphi'(z)}{\varphi(z)}.$$

积分并正规化使得 $g(0) = 1$, 从而得到

$$g(z) = \exp\left(\int_0^z \left(\frac{\mu(s)}{1 - \mu(s)} \cdot \frac{\varphi'(s)}{\varphi(s)}\right) \mathrm{d}s\right). \tag{7.6}$$

因此我们得到对数调和映射 f 的表达式为

$$f(z) = zh(z)\overline{g(z)} = \frac{zh(z)}{g(z)}|g(z)|^2 = \varphi(z)\exp\left(2\mathrm{Re}\int_0^z \left(\frac{\mu(s)}{1 - \mu(s)} \cdot \frac{\varphi'(s)}{\varphi(s)}\right) \mathrm{d}s\right). \tag{7.7}$$

综上所述, 我们用以下步骤来构造具有 $f(z) = zh(z)\overline{g(z)}$ 形式的单叶对数调和映射:

(1) 选择任意的 $\varphi \in \mathcal{S}^*$ 和解析函数 $\mu: \mathbb{D} \to \mathbb{D}$, 且 $\mu(0) = 0$;

(2) 建立方程组

$$\frac{zh(z)}{g(z)} = \varphi(z), \qquad \frac{zg'(z)/g(z)}{1 + zh'(z)/h(z)} = \mu(z);$$

(3) 解出 $(\log g)'(z)$, 然后积分并正规化 $g(0) = 1$ 得到 (7.6) 式;

(4) 从而得到由 (7.7) 式给出的单叶调和映射 $f(z) = zh(z)\overline{g(z)} \in \mathcal{S}_{Lh}$.

根据以上方法, 选取不同的共形映射 $\varphi(z)$ 和伸缩商 $\mu(z)$ 可得到下列单叶对数调和映射.

例 7.2 设 $f_\alpha(z) = zh(z)\overline{g(z)} \in \mathcal{S}_{Lh}$ 为 $\mathbb{D}$ 内的对数调和映射且满足方程组:

$$\varphi_\alpha(z) = \frac{zh(z)}{g(z)} = \frac{z}{(1-z)^{2(1-\alpha)}}, \qquad \mu(z) = \frac{zg'(z)/g(z)}{1 + zh'(z)/h(z)} = z, \tag{7.8}$$

其中 $0 \leqslant \alpha < 1$. 从而得到非线性方程组

$$\begin{cases} z\left(\log h\right)'(z) - z\left(\log g\right)'(z) = \dfrac{2(1-\alpha)z}{1-z} \\ \left(\log g\right)'(z) - z\left(\log h\right)'(z) = 1 \end{cases}$$

有下列解

$$(\log g)'(z) = \frac{1 - z + 2(1-\alpha)z}{(1-z)^2},$$

对上式积分并正规化得

$$\log g(z) = 2(1-\alpha)\frac{z}{1-z} + (1-2\alpha)\log(1-z).$$

因此, 我们得到

$$\begin{cases} g(z) = (1-z)^{1-2\alpha}\exp\left(2(1-\alpha)\dfrac{z}{1-z}\right), \\ h(z) = \dfrac{g(z)}{(1-z)^{2(1-\alpha)}} = \dfrac{1}{1-z}\exp\left(2(1-\alpha)\dfrac{z}{1-z}\right), \end{cases} \tag{7.9}$$

从而 $f_\alpha(z)$ 具有下列形式

$$f_\alpha(z) = \varphi_a(z)|g(z)|^2$$

$$= \frac{z}{(1-z)^{2(1-\alpha)}} \left| (1-z)^{1-2\alpha} \exp\left(2(1-\alpha)\frac{z}{1-z}\right) \right|^2. \tag{7.10}$$

注意到 $\varphi_\alpha(z)$ 为 $\alpha-$ 阶星象函数. 由定理 7.1, 我们知道对数调和映射 $f_\alpha(z)$ 在 $\mathbb{D}$ 内也是 $\alpha-$ 阶对数调和星象函数. 下面分别对 $\alpha = 0$ 和 $\alpha = 1/2$ 两种情况进行讨论.

情形 1 当 $\alpha = 0$ 时, 我们得到 Koebe 函数

$$\varphi_0(z) = \frac{z}{(1-z)^2}$$

并将 $\alpha = 0$ 代入到 (7.9) 式, 则有

$$\begin{cases} g(z) = (1-z)\exp\left(\frac{2z}{1-z}\right) = \exp\left(\sum_{n=1}^\infty \left(2+\frac{1}{n}\right)z^n\right), \\ h(z) = \frac{1}{1-z}\exp\left(\frac{2z}{1-z}\right) = \exp\left(\sum_{n=1}^\infty \left(2-\frac{1}{n}\right)z^n\right). \end{cases} \tag{7.11}$$

最后, 根据 (7.10) 式得

$$f_0(z) = zh(z)\overline{g(z)} = \frac{z}{(1-z)^2}|1-z|^2 \exp\left(\mathrm{Re}\left(\frac{4z}{1-z}\right)\right), \tag{7.12}$$

上式为众所周知的**对数调和 Koebe 函数**. 我们知道 $f_0(z)$ 把单位圆盘 $\mathbb{D}$ 映射到裂缝区域 $f_0(\mathbb{D}) = \mathbb{C}\backslash\{u + iv : u \leqslant -1/e^2, v = 0\}$. Koebe 函数和对数调和 Koebe 函数的图像分别如**图 7.3(a)** 和**图 7.3(b)** 所示. 文献 [75] 已有此结论, 但该文献没有给出详细的证明, 为了完整性需要, 我们下面给出其证明.

令 $z = e^{i\theta}$, $0 < \theta < 2\pi$. 经直接计算可得

$$\mathrm{Re}\left\{f_0(e^{i\theta})\right\} = -\frac{1}{e^2} \quad \text{和} \quad \mathrm{Im}\left\{f_0(e^{i\theta})\right\} = 0,$$

因此, 除了点 $z = 1$ 外, 单位圆周 $|z| = 1$ 上的点的函数值都为 $f_0(z) = -\frac{1}{e^2}$. 考虑 Möbius 变换

$$w = \frac{1+z}{1-z} = u + iv,$$

以上变换把 $\mathbb{D}$ 映射到右半平面 $\mathrm{Re}\, w = u > 0$. 经计算得

$$f_0(z) = (w^2 - 1)\frac{1}{|w+1|^2}\exp\left(\mathrm{Re}\left(2(w-1)\right)\right)$$

$$= \frac{u^2 - v^2 - 1 + i2uv}{(u+1)^2 + v^2}\exp(2(u-1)), \quad u > 0.$$

可得到以下结论:

(1) 单位圆周 $|z| = 1 (z \neq 1)$ 上的每个点 z 映射到虚轴上的点 w, 因此有 $u = 0$ 且 $f_0(z) = -1/e^2$;

(2) 若 $uv = 0$, 则 $f_0(z)$ 把正实轴 $\{w = u + iv : u > 0, v = 0\}$ 单调地映射到实数区间 $(-1/e^2, \infty)$;

(3) 最后, $f_0(z)$ 把每一条双曲线 $uv = c$ (其中 $c \neq 0$) 单叶地映射到集合

$$\left\{ w_1 = \frac{u^2 - \left(\frac{c}{u}\right)^2 - 1}{(u+1)^2}\exp(2(u-1)) + i\, 2c\exp(2(u-1)), u > 0 \right\},$$

它是一整条直线 $\{w_1 = u_1 + iv_1 : -\infty < u_1 < \infty\}$.

因此, 对数调和 Koebe 函数 $f_0(z)$ 在 $\mathbb{D}$ 内单叶且把 $\mathbb{D}$ 映射到去掉射线 $(-\infty, -1/e^2]$ 的整个复平面.

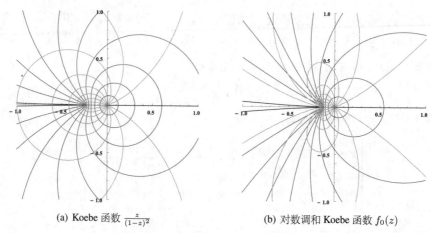

(a) Koebe 函数 $\dfrac{z}{(1-z)^2}$ (b) 对数调和 Koebe 函数 $f_0(z)$

图 **7.3** Koebe 函数和对数调和 Koebe 函数的图像

情形 2 当 $\alpha = 1/2$ 时, 由 (7.8) 式得

$$\varphi_{\frac{1}{2}}(z) = \frac{z}{1-z} = l(z).$$

再把 $\alpha = 1/2$ 代入 (7.9) 式得

$$\begin{cases} g(z) = \exp\left(\dfrac{z}{1-z}\right) = \exp\left(\displaystyle\sum_{n=1}^{\infty} z^n\right), \\ h(z) = \dfrac{1}{1-z}\exp\left(\dfrac{z}{1-z}\right) = \exp\left(\displaystyle\sum_{n=1}^{\infty}\left(1+\dfrac{1}{n}\right)z^n\right). \end{cases}$$

根据 (7.10) 式, 我们得到单叶的**右半平面对数调和映射**

$$f_{\frac{1}{2}}(z) = \varphi(z)|g(z)|^2 = \frac{z}{1-z}\exp\left(\text{Re}\left(\frac{2z}{1-z}\right)\right). \tag{7.13}$$

现我们断言 $f_{\frac{1}{2}}(\mathbb{D}) = \left\{w : \text{Re}\, w > -\dfrac{1}{2e}\right\}$. 为了证明此事实, 我们把 $z = e^{i\theta}(0 < \theta < 2\pi)$ 代入到 (7.13) 式中, 直接计算得

$$\text{Re}\left\{f_{\frac{1}{2}}(e^{i\theta})\right\} = -\frac{1}{2e} \quad \text{和} \quad \text{Im}\left\{f_{\frac{1}{2}}(e^{i\theta})\right\} = \frac{1}{2e}\cot\frac{\theta}{2} \in \mathbb{R},$$

从而 $f_{\frac{1}{2}}(z)$ 把单位圆周 $|z| = 1(z \neq 1)$ 映射到直线 $u = -\dfrac{1}{2e}$ 上. 设 $\zeta = \dfrac{z}{1-z} = a + ib$, 其中对于 $z \in \mathbb{D}$ 有 $a > -1/2$, $-\infty < b < \infty$, 对数调和映射 $f_{\frac{1}{2}}(z)$ 具有下列形式

$$f_{\frac{1}{2}}(z) = (a+ib)\exp(2a), \quad z = l^{-1}(\zeta) = \frac{\zeta}{1+\zeta}.$$

这就证明了 $f_{\frac{1}{2}} \circ l^{-1}$ 把每条竖直的直线

$$\zeta = a_0 + ib, \quad a_0 > -1/2, \ -\infty < b < \infty,$$

单调地映射到

$$\left\{w = u + iv : u = a_0\exp(2a_0) > -\frac{1}{2e}, \ -\infty < v = b\exp(2a_0) < \infty\right\},$$

其中这些直线对应于单位圆盘中的圆周. 这就证明了 $w = f_{\frac{1}{2}}(z)$ 把 $\mathbb{D}$ 单叶地映射到右半平面 $\mathrm{Re}w > -\frac{1}{2e}$. $f_{\frac{1}{2}}(z)$ 的图像如**图** 7.4(b) 所示. 为了比较右半平面映射与右半平面对数调和映射，右半平面映射的图像如**图** 7.4(a) 所示.

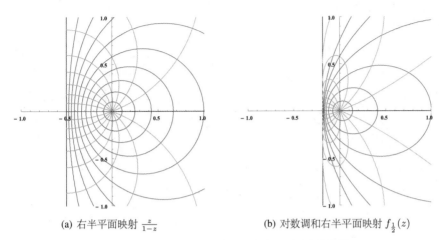

(a) 右半平面映射 $\frac{z}{1-z}$ (b) 对数调和右半平面映射 $f_{\frac{1}{2}}(z)$

图 **7.4** 右半平面映射和对数调和右半平面映射的图像

例 7.3 我们知道 $s(z) = z/(1-z^2)$ 把 $\mathbb{D}$ 映射到双裂缝平面 $\mathbb{C}\backslash\{u+iv : u = 0, |v| \geqslant 1/2\}$. 我们将构造**双裂缝对数调和映射**. 设 $LS(z) = zh(z)\overline{g(z)} \in \mathcal{S}_{Lh}$，且有

$$\varphi(z) = \frac{zh(z)}{g(z)} = s(z) = \frac{z}{1-z^2}, \qquad \mu(z) = \frac{zg'(z)/g(z)}{1+zh'(z)/h(z)} = z^2.$$

因此，我们有

$$z(\log h)'(z) - z(\log g)'(z) = \frac{2z^2}{1-z^2}, \qquad (\log g)'(z) - z^2(\log h)'(z) = z.$$

解以上方程组得

$$(\log g)'(z) = \frac{z(1+z^2)}{(1-z^2)^2}.$$

对上式积分并正规化 $h(0) = g(0) = 1$，我们得到

$$\begin{cases} g(z) = \sqrt{1-z^2}\exp\left(\dfrac{z^2}{1-z^2}\right) = \exp\left(\displaystyle\sum_{n=1}^{\infty}\left(1-\dfrac{1}{2n}\right)z^{2n}\right), \\ h(z) = \dfrac{g(z)}{1-z^2} = \dfrac{1}{\sqrt{1-z^2}}\exp\left(\dfrac{z^2}{1-z^2}\right) = \exp\left(\displaystyle\sum_{n=1}^{\infty}\left(1+\dfrac{1}{2n}\right)z^{2n}\right), \end{cases}$$

因此，

$$LS(z) = \varphi(z)|g(z)|^2 = \frac{z}{1-z^2}|1-z^2|\exp\left(\mathrm{Re}\left(\frac{2z^2}{1-z^2}\right)\right). \tag{7.14}$$

由定理 7.1 可知 $LS(z)$ 在 $\mathbb{D}$ 内单叶且是星象的. 我们断言 $LS(z)$ 把单位圆盘 $\mathbb{D}$ 映射到双裂缝平面 $\mathbb{C}\backslash\{u+iv : |v| \geqslant 1/e\}$. $s(z) = z/(1-z^2)$ 的图像和双裂缝对数调和映射 $LS(z)$ 的图像分别如**图** 7.5(a) 和**图** 7.5(b) 所示.

为了证明 $LS(\mathbb{D}) = \mathbb{C}\backslash\{u+iv : |v| \geqslant 1/e, u = 0\}$，把 $z = e^{i\theta}$ $(\theta \in (0,\pi)\cup(\pi,2\pi))$ 代入

到 (7.14) 式得

$$LS(e^{i\theta}) = i\frac{\sin\theta}{|\sin\theta|}e^{-1} = \begin{cases} i/e & \text{for} \quad 0 < \theta < \pi, \\ -i/e & \text{for} \quad \pi < \theta < 2\pi, \end{cases}$$

这就证明了在单位圆周上除点 $z = \pm 1$ 外，都有 $LS(z) = \pm i/e$. 类似于例 7.2 的讨论可得 $LS(z)$ 的像域，具体细节在此省略.

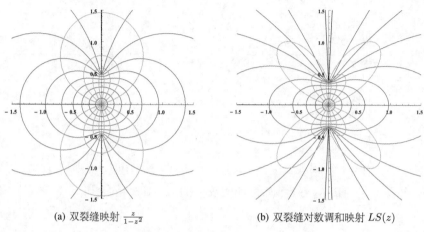

(a) 双裂缝映射 $\frac{z}{1-z^2}$ (b) 双裂缝对数调和映射 $LS(z)$

图 7.5 双裂缝映射和双裂缝对数调和映射的图像

注 类似于研究解析函数的极值函数，以上三个单叶对数调和映射在研究函数族 $\mathcal{S}_{Lh}$ 极值问题时也是重要的极值函数.

7.3 星象对数调和映射的系数估计

设 $s_1(z) = \sum_{n=0}^{\infty} a_n z^n$ 和 $s_2(z) = \sum_{n=0}^{\infty} b_n z^n$ 为 $\mathbb{D}$ 内的解析函数. 若对于某些解析函数 ω，且 $|\omega(z)| \leqslant |z|$，$z \in \mathbb{D}$，有

$$s_1(z) = s_2(\omega(z)),$$

我们称 $s_1(z)$ **从属于** $s_2(z)$（记作 $s_1(z) \prec s_2(z)$）. 更多有关从属的研究详见文献 [6] 第 6 章或见文献 [83] 的第 35 页.

引理 7.1. [6]

设 $s_1(z) \prec s_2(z)$，其中 $s_1(0) = s_1'(0) - 1 = 0$ 和 $s_2(0) = s_2'(0) - 1 = 0$. 则我们有如下结论:

(1) 若 $s_2 \in \mathcal{C}$，则对于 $n = 2, 3, \cdots$ 有 $|a_n| \leqslant 1$;

(2) 若 $s_2 \in \mathcal{S}^*$，则对于 $n = 2, 3, \cdots$ 有 $|a_n| \leqslant n$.

♡

定理 **7.4**

设 $f(z) = zh(z)\overline{g(z)} \in \mathcal{S}_{Lh}^*(\alpha)$ $(0 \leqslant \alpha < 1)$，其中 $h(z)$ 和 $g(z)$ 由 (7.4) 式给出. 则对于 $n \geqslant 2$，有

$$|a_n - b_n| \leqslant \frac{2(1-\alpha)}{n}.$$

上式等号成立取 $f(z) = f_\alpha(z)$ 或是它的旋转，其中 $f_\alpha(z)$ 由 (7.10) 式给出.

证明 设 $f(z) = zh(z)\overline{g(z)} \in \mathcal{S}_{Lh}^*(\alpha)$. 则我们有

$$\alpha < \mathrm{Re}\left(\frac{zf_z(z) - \bar{z}f_{\bar{z}}(z)}{f(z)}\right) = \mathrm{Re}\left(1 + \frac{zh'(z)}{h(z)} - \frac{zg'(z)}{g(z)}\right).$$

由 (7.4) 式和定理 7.1，我们可得

$$1 + \frac{zh'(z)}{h(z)} - \frac{zg'(z)}{g(z)} \prec \frac{1 + (1-2\alpha)z}{1-z},$$

上式等价于

$$\frac{1}{2(1-\alpha)}\left(\frac{zh'(z)}{h(z)} - \frac{zg'(z)}{g(z)}\right) = \sum_{n=1}^{\infty}\frac{n(a_n - b_n)}{2(1-\alpha)}z^n \prec \frac{z}{1-z}.$$

又由于 $z/(1-z)$ 在 $\mathbb{D}$ 内凸，由引理 7.1，我们得到

$$\frac{n|a_n - b_n|}{2(1-\alpha)} \leqslant 1 \qquad (n \geqslant 2),$$

因此得到系数不等式.

最后，显然对由 (7.10) 式给出的 $h(z)$ 和 $g(z)$ 做适当旋转，有等式成立. 定理证毕.

在定理 7.4 中取 $\alpha = 0$，我们得到以下结论:

推论 **7.1**

设 $f(z) = zh(z)\overline{g(z)} \in \mathcal{S}_{Lh}^*$，其中 $h(z)$ 和 $g(z)$ 由 (7.4) 式给出. 则有

$$|a_n - b_n| \leqslant \frac{2}{n}.$$

上式等号成立取 $f(z) = f_\alpha(z)$ 或是它的旋转，其中 $f_0(z)$ 由 (7.12) 式给出.

下面我们得到满足系数条件时 $f \in \mathcal{S}_{Lh}^*(\alpha)$ 的充分条件.

定理 **7.5**

设 $f(z) = zh(z)\overline{g(z)}$ 为一对数调和映射，其中 $h(z)$ 和 $g(z)$ 由 (7.4) 式给出，且对于某些 $\alpha \in [0, 1)$ 满足

$$\sum_{n=1}^{\infty} n|a_n - b_n| \leqslant 1 - \alpha. \tag{7.15}$$

则 $f \in \mathcal{S}_{Lh}^*(\alpha)$.

证明 利用由 (7.4) 式给出的 $h(z)$ 和 $g(z)$ 的级数表示，我们得到

$$\mathrm{Re}\left(\frac{zf_z(z) - \bar{z}f_{\bar{z}}(z)}{f(z)}\right) = \mathrm{Re}\left(1 + \sum_{n=1}^{\infty} n(a_n - b_n)z^n\right)$$

$$\geqslant 1 - \left|\sum_{n=1}^{\infty} n(a_n - b_n)z^n\right|$$

$$> \quad 1 - \sum_{n=1}^{\infty} n \, |a_n - b_n| \geqslant \alpha.$$

由 (7.15) 式可知，定理得证.

特殊地，在定理 7.5 中取 $\alpha = 0$，若给出系数的一个充分条件，则对于具有形式 $f(z) = zh(z)\overline{g(z)}$ 的对数调和映射在 $\mathbb{D}$ 内是星象的.

7.4 增长和偏差定理

本节我们引进 $\mathcal{S}_{Lh}$ 的子族 $\mathcal{C}_{Lh}$，从而得到其增长性定理和偏差定理的精确估计，其中 $\mathcal{C}_{Lh}$ 定义为

$$\mathcal{C}_{Lh} = \left\{ f \in \mathcal{S}_{Lh} : f(z) = zh(z)\overline{g(z)}, \; \frac{zh(z)}{g(z)} = \frac{z}{1-z} \right\}.$$

下面两个定理分别是 $\mathcal{C}_{Lh}$ 的增长性定理和偏差定理.

定理 7.6

设 $f(z) = zh(z)\overline{g(z)} \in \mathcal{C}_{Lh}$. 则对于 $z \in \mathbb{D}$，我们有

(1) $|h(z)| \leqslant \dfrac{1}{1-|z|} \exp\left(\dfrac{|z|}{1-|z|} \right)$;

(2) $|g(z)| \leqslant \exp\left(\dfrac{|z|}{1-|z|} \right)$;

(3) $|f(z)| \leqslant \dfrac{|z|}{1-|z|} \exp\left(\dfrac{2|z|}{1-|z|} \right)$.

以上不等式等号成立当且仅当 $f(z)$ 取 $\overline{\eta} f_{\frac{1}{2}}(\eta z)$ 的形式，其中 $|\eta| = 1$，$f_{\frac{1}{2}}(z)$ 由 (7.13) 式给出.

♡

证明 设 $f(z) = zh(z)\overline{g(z)} \in \mathcal{C}_{Lh}$. 由 (7.6) 式可得

$$g(z) = \exp\left(\int_0^z \left(\frac{\mu(s)}{1 - \mu(s)} \cdot \frac{1}{s(1-s)} \right) \mathrm{d}s \right), \tag{7.16}$$

其中 $\mu \in \mathcal{B}$ 使得 $\mu(0) = 0$，根据 $\mathcal{C}_{Lh}$ 的定义得

$$h(z) = \frac{1}{1-z} g(z) \quad \text{和} \quad f(z) = \frac{z}{1-z} |g(z)|^2. \tag{7.17}$$

因为 $\mu \in \mathcal{B}$，对于 $|z| = r$，有 $\mu(0) = 0$，因此我们有

$$\left| \frac{\mu(z)}{z(1 - \mu(z))} \right| \leqslant \frac{1}{1-r} \quad \text{和} \quad \left| \frac{1}{1-z} \right| \leqslant \frac{1}{1-r}.$$

这表明

$$|g(z)| \leqslant \exp\left(\int_0^r \frac{1}{(1-t)^2} \, \mathrm{d}t \right) = \exp\left(\frac{r}{1-r} \right), \; |h(z)| \leqslant \frac{1}{1-r} \exp\left(\int_0^r \frac{1}{(1-t)^2} \, \mathrm{d}t \right),$$

因此有

$$|f(z)| = \left| \frac{z}{1-z} \right| |g(z)|^2 \leqslant \frac{r}{1-r} \exp\left(\frac{2r}{1-r} \right).$$

等号成立当且仅当 $\mu(z) = \eta z$，$|\eta| = 1$，使得 $f(z) = \overline{\eta} f_{\frac{1}{2}}(\eta z)$. 定理证毕.

定理 7.7

设 $f(z) = zh(z)\overline{g(z)} \in \mathcal{C}_{Lh}$. 则对于 $z \in \mathbb{D}$, 我们有

(1) $|f_z(z)| \leqslant \dfrac{1}{(1-|z|)^3} \exp\left(\dfrac{2|z|}{1-|z|}\right)$;

(2) $|f_{\bar{z}}(z)| \leqslant \dfrac{|z|}{(1-|z|)^3} \exp\left(\dfrac{2|z|}{1-|z|}\right)$;

(3) $|Df(z)| \leqslant \dfrac{|z|(1+|z|)}{(1-|z|)^3} \exp\left(\dfrac{2|z|}{1-|z|}\right)$.

以上不等式等号成立当且仅当 $f(z)$ 取 $\overline{\eta} f_{\frac{1}{2}}(\eta z)$ 的形式, 其中 $|\eta| = 1$, $f_{\frac{1}{2}}(z)$ 由 (7.13) 式给出.

证明 设 $f(z) = zh(z)\overline{g(z)} \in \mathcal{C}_{Lh}$. 根据 (7.16) 式和 (7.17) 式, 我们得到

$$f_z(z) = (h(z) + zh'(z))\overline{g(z)} = \left(1 + \frac{zh'(z)}{h(z)}\right)\frac{h(z)}{g(z)}|g(z)|^2.$$

现根据关系式

$$\frac{h(z)}{g(z)} = \frac{1}{1-z} \quad \text{和} \quad 1 - \mu(z) = \frac{1 + zh'(z)/h(z) - zg'(z)/g(z)}{1 + zh'(z)/h(z)}$$

有

$$1 + \frac{zh'(z)}{h(z)} - \frac{zg'(z)}{g(z)} = \frac{1}{1-z} \quad \text{和} \quad 1 + \frac{zh'(z)}{h(z)} = \frac{1}{(1-\mu(z))(1-z)},$$

因此 $f_z(z)$ 取以下形式

$$f_z(z) = \frac{1}{(1-\mu(z))(1-z)^2}|g(z)|^2,$$

其中 $\mu \in \mathcal{B}$ 且 $\mu(0) = 0$. 类似地, 我们有

$$f_{\bar{z}}(z) = zh(z)\overline{g'(z)} = \overline{\left(\frac{\mu(z)/z}{(1-\mu(z))(1-z)}\right)} \cdot \frac{z}{1-z}|g(z)|^2.$$

对于 $|z| = r$, 我们有

$$\left|\frac{1}{1-\mu(z)}\right| \leqslant \frac{1}{1-r} \quad \text{和} \quad \left|\frac{\mu(z)/z}{1-\mu(z)}\right| \leqslant \frac{1}{1-r}.$$

因此

$$|f_z(z)| \leqslant \frac{1}{(1-r)^3} \exp\left(\frac{2r}{1-r}\right) \quad \text{和} \quad |f_{\bar{z}}(z)| \leqslant \frac{r}{(1-r)^3} \exp\left(\frac{2r}{1-r}\right),$$

从而证明了定理 7.7 的 (1) 和 (2). 利用这两个不等式, 我们得到

$$|Df(z)| = |zf_z(z) - \bar{z}f_{\bar{z}}(z)| \leqslant |z|\left(|f_z(z)| + |f_{\bar{z}}(z)|\right) \leqslant \frac{r(1+r)}{(1-r)^3} \exp\left(\frac{2r}{1-r}\right),$$

从而证明了定理 7.7 的 (3).

最后, 不等式等号成立当且仅当 $f(z) = \overline{\eta} f_{\frac{1}{2}}(\eta z)$, 其中 $\mu(z) = \eta z$, $|\eta| = 1$. 定理证毕.

7.5 α 阶星象对数调和映射的表示定理和偏差定理

本节我们建立 α 阶星象对数调和映射的表示定理和偏差定理. 为证明我们的主要结论, 我们需要以下引理:

> **引理 7.2. [84]**
>
> 设 $p(z)$ 在 $\mathbb{D}$ 内解析，且 $p(0) = 1$. 则在 $\mathbb{D}$ 内 $\operatorname{Re} p(z) > 0$ 当且仅当在 $\partial \mathbb{D}$ 上存在可测的 δ 使得
>
> $$p(z) = \int_{\partial \mathbb{D}} \frac{1 + \eta z}{1 - \eta z} \, \mathrm{d}\delta(\eta), \quad z \in \mathbb{D}.$$

作为以上引理的简单的推论，有

> **引理 7.3. [75]**
>
> 若 $\mu \in \mathcal{B}(\mathbb{D})$ 且 $\mu(0) = 0$，则对于某些在 $\partial \mathbb{D}$ 上可测的函数 κ，有
>
> $$\frac{\mu(z)}{1 - \mu(z)} = \int_{\partial \mathbb{D}} \frac{\xi z}{1 - \xi z} \, \mathrm{d}\kappa(\xi), \quad z \in \mathbb{D}.$$

下面我们得到 α 阶星象对数调和映射的表示定理.

> **定理 7.8**
>
> 对数调和映射 $f(z) = zh(z)\overline{g(z)} \in \mathcal{S}_{Lh}^*(\alpha)$ 当且仅当在 $\partial \mathbb{D}$ 上存在可测的 δ 和 κ 使得
>
> $$h(z) = \begin{cases} \exp\left(\int_{\partial \mathbb{D}} \int_{\partial \mathbb{D}} \left(\frac{(1-2\alpha)\eta + \xi}{\eta - \xi} \log\left(\frac{1 - \xi z}{1 - \eta z} \right) - \log(1 - \eta z) \right) \mathrm{d}\delta(\eta) \, \mathrm{d}\kappa(\xi) \right) & \text{若 } \eta \neq \xi, \\ \exp\left(\int_{\partial \mathbb{D}} \int_{\partial \mathbb{D}} \left(\frac{2(1-\alpha)\eta z}{1 - \eta z} - \log(1 - \eta z) \right) \mathrm{d}\delta(\eta) \, \mathrm{d}\kappa(\eta) \right) & \text{若 } \eta = \xi, \end{cases}$$
>
> $$(7.18)$$
>
> 和
>
> $$g(z) = \begin{cases} \exp\left(\int_{\partial \mathbb{D}} \int_{\partial \mathbb{D}} \left(\frac{(1-2\alpha)\eta + \xi}{\eta - \xi} \log\left(\frac{1 - \xi z}{1 - \eta z} \right) + (1-2\alpha) \log(1 - \eta z) \right) \mathrm{d}\delta(\eta) \mathrm{d}\kappa(\xi) \right) \\ \hspace{9cm} \text{若 } \eta \neq \xi, \\ \exp\left(\int_{\partial \mathbb{D}} \int_{\partial \mathbb{D}} \left(\frac{2(1-\alpha)\eta z}{1 - \eta z} + (1-2\alpha) \log(1 - \eta z) \right) \mathrm{d}\delta(\eta) \mathrm{d}\kappa(\eta) \right) \hspace{0.3cm} \text{若 } \eta = \xi, \end{cases}$$
>
> $$(7.19)$$
>
> 其中 $|\eta| = |\xi| = 1$.

    证明 根据定理 7.1，我们知道 $f(z) = zh(z)\overline{g(z)} \in \mathcal{S}_{Lh}^*(\alpha)$ 当且仅当 $\varphi(z) = zh(z)/g(z) \in \mathcal{S}^*(\alpha)$，即

$$\frac{z\varphi'(z)}{\varphi(z)} = (1-\alpha)p(z) + \alpha,$$

其中 p 在 $\mathbb{D}$ 内解析并且使得 $p(0) = 1$ 和 $\operatorname{Re} p(z) > 0$. 因此，由引理 7.2 可得

$$\frac{z\varphi'(z)}{\varphi(z)} = (1-\alpha) \int_{\partial \mathbb{D}} \frac{1 + \eta z}{1 - \eta z} \, \mathrm{d}\delta(\eta) + \alpha, \tag{7.20}$$

因此

$$\varphi(z) = z \exp\left(-2(1-\alpha) \int_{\partial \mathbb{D}} \log(1 - \eta z) \, \mathrm{d}\delta(\eta) \right). \tag{7.21}$$

由 (7.5) 式、(7.20) 式和引理 7.3 可知，$g(z)$ 可表示成

$$g(z) = \exp\left(\int_0^z \left(\frac{\mu(s)}{1 - \mu(s)} \cdot \frac{\varphi'(s)}{\varphi(s)} \right) \mathrm{d}s \right) \tag{7.22}$$

因此，对于某些在 $\mathbb{D}$ 上可测的 δ 和 κ，有

$$g(z) = \exp\left(\int_0^z \int_{\partial\mathbb{D}} \int_{\partial\mathbb{D}} \frac{\xi}{1-\xi s}\left((1-\alpha)\frac{1+\eta s}{1-\eta s}+\alpha\right) \mathrm{d}\delta(\eta)\,\mathrm{d}\kappa(\xi)\mathrm{d}s\right). \tag{7.23}$$

若 $\eta \neq \xi$，我们可以把 g 简化成下列形式

$$\begin{aligned}
g(z) &= \exp\left(\int_{\partial\mathbb{D}}\int_{\partial\mathbb{D}}\int_0^z \frac{\xi}{1-\xi s}\left((1-\alpha)\frac{1+\eta s}{1-\eta s}+\alpha\right)\mathrm{d}s\,\mathrm{d}\delta(\eta)\,\mathrm{d}\kappa(\xi)\right)\\
&= \exp\left(\int_{\partial\mathbb{D}}\int_{\partial\mathbb{D}}\left(\frac{(1-2\alpha)\eta+\xi}{\eta-\xi}\log(1-\xi z)-\frac{2(1-\alpha)\xi}{\eta-\xi}\log(1-\eta z)\right)\mathrm{d}\delta(\eta)\,\mathrm{d}\kappa(\xi)\right)\\
&= \exp\left(\int_{\partial\mathbb{D}}\int_{\partial\mathbb{D}}\left(\frac{(1-2\alpha)\eta+\xi}{\eta-\xi}\log\left(\frac{1-\xi z}{1-\eta z}\right)+(1-2\alpha)\log(1-\eta z)\right)\mathrm{d}\delta(\eta)\,\mathrm{d}\kappa(\xi)\right).
\end{aligned}$$

另一方面，若 $\eta = \xi$，我们有

$$\begin{aligned}
g(z) &= \exp\left(\int_{\partial\mathbb{D}}\int_{\partial\mathbb{D}}\int_0^z \frac{\eta}{1-\eta s}\left((1-\alpha)\frac{1+\eta s}{1-\eta s}+\alpha\right)\mathrm{d}s\,\mathrm{d}\delta(\eta)\,\mathrm{d}\kappa(\eta)\right)\\
&= \exp\left(\int_{\partial\mathbb{D}}\int_{\partial\mathbb{D}}\left(\frac{2(1-\alpha)\eta z}{1-\eta z}+(1-2\alpha)\log(1-\eta z)\right)\mathrm{d}\delta(\eta)\,\mathrm{d}\kappa(\eta)\right).
\end{aligned}$$

我们也可以根据关系式

$$h(z) = \frac{\varphi(z)}{z}g(z),$$

从上式 g 的表达式和 (7.21) 式容易得到 h 的表达式 (7.18). 定理证毕.

定理 7.9

设 $f(z) = zh(z)\overline{g(z)} \in \mathcal{S}_{Lh}^*(\alpha)$ 且 $\mu(0) = 0$. 则对于 $z \in \mathbb{D}$，有

(1) $\dfrac{1}{1+|z|}\exp\left((1-\alpha)\dfrac{-2|z|}{1+|z|}\right) \leqslant |h(z)| \leqslant \dfrac{1}{1-|z|}\exp\left((1-\alpha)\dfrac{2|z|}{1-|z|}\right)$;

(2) $\dfrac{1}{(1+|z|)^{2\alpha-1}}\exp\left((1-\alpha)\dfrac{-2|z|}{1+|z|}\right) \leqslant |g(z)| \leqslant \dfrac{1}{(1-|z|)^{2\alpha-1}}\exp\left((1-\alpha)\dfrac{2|z|}{1-|z|}\right)$;

(3) $\dfrac{|z|}{(1+|z|)^{2\alpha}}\exp\left((1-\alpha)\dfrac{-4|z|}{1+|z|}\right) \leqslant |f(z)| \leqslant \dfrac{|z|}{(1-|z|)^{2\alpha}}\exp\left((1-\alpha)\dfrac{4|z|}{1-|z|}\right)$.

等号成立当且仅当 $f(z)$ 取极值函数 $\overline{\eta}f_\alpha(\eta z), |\eta| = 1$, 其中 $f_\alpha(z)$ 由下式给出

$$f_\alpha(z) = \frac{z}{1-z}\frac{1}{(1-\overline{z})^{2\alpha-1}}\exp\left((1-\alpha)\mathrm{Re}\left(\frac{4z}{1-z}\right)\right). \tag{7.24}$$

♡

证明 设 $\varphi(z) = zh(z)/g(z) \in \mathcal{S}^*(\alpha)$, 因此有

$$h(z) = \frac{\varphi(z)}{z}g(z) \quad \text{和} \quad f(z) = \varphi(z)|g(z)|^2. \tag{7.25}$$

对于 $|z| = r < 1$, 由定理 7.1, 我们知道

$$\left|\frac{z\varphi'(z)}{\varphi(z)}\right| \leqslant (1-\alpha)\frac{1+r}{1-r}+\alpha.$$

因为 $\mu \in \mathcal{B}$ 且 $\mu(0) = 0$, 则

$$\left|\frac{\mu(z)}{z(1-\mu(z))}\right| \leqslant \frac{1}{1-r} \quad \text{和} \quad |\varphi(z)| \leqslant \frac{r}{(1-r)^{2(1-\alpha)}},$$

由 (7.20) 式和 (7.22) 式得

$$|g(z)| \leqslant \exp\left(\int_0^r \frac{1}{1-s}\left[(1-\alpha)\frac{1+s}{1-s}+\alpha\right]\mathrm{d}s\right)$$

$$= \exp\left((1-\alpha)\frac{2r}{1-r}-(2\alpha-1)\log(1-r)\right)$$

$$= \frac{1}{(1-r)^{2\alpha-1}}\exp\left((1-\alpha)\frac{2r}{1-r}\right).$$

由 $\varphi \in S^*(\alpha)$ 和上式可知

$$|h(z)| = \left|\frac{\varphi(z)}{z}\right||g(z)|$$

$$\leqslant \frac{1}{(1-r)^{2(1-\alpha)}} \cdot \frac{1}{(1-r)^{2\alpha-1}}\exp\left((1-\alpha)\frac{2r}{1-r}\right)$$

$$= \frac{1}{1-r}\exp\left((1-\alpha)\frac{2r}{1-r}\right).$$

因此又有

$$|f(z)| = |\varphi(z)||g(z)|^2$$

$$\leqslant \frac{r}{(1-r)^{2(1-\alpha)}} \cdot \frac{1}{(1-r)^{2(2\alpha-1)}}\exp\left((1-\alpha)\frac{4r}{1-r}\right)$$

$$= \frac{1}{(1-r)^{2\alpha}}\exp\left((1-\alpha)\frac{4r}{1-r}\right).$$

等号成立当且仅当取极值函数 $f(z) = \overline{\eta}f_\alpha(\eta z)$, 其中 $f_\alpha(z)$ 由 (7.24) 式给出, 分别取 $\mu(z) = \eta z$ 和 $\varphi(z) = \frac{z}{(1-z)^{2(1-\alpha)}}$, $|\eta| = 1$.

对于定理 7.9 的 (2) 和 (3), 由 (7.18) 式可得

$$\log|h(z)| = \mathrm{Re}\left(\int_{\partial\mathbb{D}}\int_{\partial\mathbb{D}} K(z,\xi,\eta)\,\mathrm{d}\delta(\eta)\,\mathrm{d}\kappa(\xi)\right), \quad |\eta| = |\xi| = 1,$$

其中

$$K(z,\xi,\eta) = \begin{cases} (1-\alpha)\dfrac{\eta+\xi}{\eta-\xi}\log\left(\dfrac{1-\xi z}{1-\eta z}\right) - \alpha\log(1-\xi z) - (1-\alpha)\log(1-\eta z) & \text{若 } \eta \neq \xi, \\[2ex] \dfrac{2(1-\alpha)\eta z}{1-\eta z} - \log(1-\eta z) & \text{若 } \eta = \xi. \end{cases}$$

则对于 $|z| = r$, 我们有

$$\log|h(z)| = \mathrm{Re}\left(\int_{\partial\mathbb{D}}\int_{\partial\mathbb{D}} K(z,\xi,\eta)\,\mathrm{d}\delta(\eta)\,\mathrm{d}\kappa(\xi)\right)$$

$$\geqslant \min_{\delta,\kappa}\left\{\min_{|z|=r}\mathrm{Re}\left(\int_{\partial\mathbb{D}}\int_{\partial\mathbb{D}} K(z,\xi,\eta)\,\mathrm{d}\delta(\eta)\,\mathrm{d}\kappa(\xi)\right)\right\}$$

$$= \min\left\{\min_{|z|=r}\inf_{0<|l|\leqslant\pi/2}\left[-(1-\alpha)\mathrm{Im}\left(\frac{1+e^{2il}}{1-e^{2il}}\right)\arg\left(\frac{1-e^{2il}(\eta z)}{1-\eta z}\right)\right]-\log(1+r),\right.$$

$$\left.(1-\alpha)\frac{-2r}{1+r}-\log(1+r)\right\},$$

其中 $e^{2il} = \overline{\eta}\xi$.

现我们设

$$\Phi_r(l) = \begin{cases} \displaystyle\min_{|z|=r}\left[-(1-\alpha)\mathrm{Im}\left(\frac{1+e^{2il}}{1-e^{2il}}\right)\arg\left(\frac{1-e^{2il}(\eta z)}{1-\eta z}\right)\right] - \log(1+r) & \text{若 } 0 < |l| < \pi/2, \\[3mm] (1-\alpha)\dfrac{-2r}{1+r} - \log(1+r) & \text{若 } l = 0. \end{cases}$$

类似于文献 [75] 中的定理 2 的证明, 我知道函数 $\Phi_r(l)$ 连续且在 $|l| \leqslant \pi/2$ 上为偶函数, 因此

$$\log|h(z)| \geqslant \inf_{0 \leqslant |l| \leqslant \pi/2} \Phi_r(l) = (1-\alpha)\frac{-2r}{1+r} - \log(1+r).$$

对于 $|g(z)|$ (定理 7.9 中的第 (2) 条) 的下界, 利用 (7.19) 式进行类似讨论得到

$$\log|g(z)| \geqslant \inf_{0 \leqslant |l| \leqslant \pi/2} (\Phi_r(l) + 2(1-\alpha)\log(1+r)) = (1-\alpha)\frac{-2r}{1+r} - (2\alpha-1)\log(1+r).$$

最后, 我们得到

$$\begin{aligned} |f(z)| &= |z|\,|h(z)|\,|g(z)| \\ &\geqslant r\exp\left((1-\alpha)\frac{-2r}{1+r} - \log(1+r)\right) \cdot \exp\left((1-\alpha)\frac{-2r}{1+r} - (2\alpha-1)\log(1+r)\right) \\ &= \frac{r}{(1+r)^{2\alpha}}\exp\left((1-\alpha)\frac{-4r}{1+r}\right). \end{aligned}$$

定理证毕.

需要指出的是定理 7.9 的第 (3) 条已由 Abdulhadi 和 Abumuhanna [78] 中的定理 3.1 证明.

推论 7.2

设 $f(z) = zh(z)\overline{g(z)} \in \mathcal{S}^*_{Lh}(\alpha)$, 且 $H(z) = zh(z)$ 和 $G(z) = zg(z)$. 则

(1) $\dfrac{1}{2\,e^{1-\alpha}} \leqslant d(0, \partial H(\mathbb{D})) \leqslant 1$;

(2) $\dfrac{1}{2^{2\alpha-1}\,e^{1-\alpha}} \leqslant d(0, \partial G(\mathbb{D})) \leqslant 1$;

(3) $\dfrac{1}{2^{2\alpha}\,e^{2(1-\alpha)}} \leqslant d(0, \partial f(\mathbb{D})) \leqslant 1$.

等号成立当且仅当 $f(z)$ 为极值函数 $\overline{\eta}f_\alpha(\eta z), |\eta| = 1$, 其中 $f_\alpha(z)$ 由 (7.24) 式给出. ♡

证明 由定理 7.9 可得

$$d(0, \partial H(\mathbb{D})) = \liminf_{|z| \to 1} |H(z) - H(0)| = \liminf_{|z| \to 1} \frac{|H(z) - H(0)|}{|z|} = \liminf_{|z| \to 1} |h(z)| \geqslant \frac{1}{2\,e^{1-\alpha}}.$$

另一方面, 由于 $|h(0)| = 1$, 由最小模原理得

$$d(0, \partial H(\mathbb{D})) = \liminf_{|z| \to 1} |h(z)| \leqslant 1.$$

对 $G(z)$ 和 $f(z)$ 可以利用相同的方法证明余下的不等式.

现我们得到关于 $h(z)$ 和 $g(z)$ 的系数估计的精确上界.

定理 7.10

设 $f(z) = zh(z)\overline{g(z)} \in \mathcal{S}^*_{Lh}(\alpha)$. 则对于所有的 $n \geqslant 1$, 有
$$|a_n| \leqslant 2(1-\alpha) + \frac{1}{n} \quad \text{和} \quad |b_n| \leqslant 2(1-\alpha) + \frac{2\alpha - 1}{n}.$$
等号成立当且仅当 $f(z)$ 取极值函数 $\overline{\eta}f_\alpha(\eta z)$, $|\eta| = 1$, 其中 $f_\alpha(z)$ 由 (7.24) 式给出. ♡

证明 由 (7.18) 式和 (7.19) 式，我们得到下列系数表示式
$$a_n = \frac{1}{n}\int_{\partial\mathbb{D}}\int_{\partial\mathbb{D}}\left(\eta^n + \frac{(1-2\alpha)\eta + \xi}{\eta - \xi}(\eta^n - \xi^n)\right)\mathrm{d}\delta(\eta)\,\mathrm{d}\kappa(\xi)$$
$$= \frac{1}{n}\int_{\partial\mathbb{D}}\left(\eta^n + \int_{\partial\mathbb{D}}\left(((1-2\alpha)\eta + \xi)\sum_{k=0}^{n-1}\eta^{n-k-1}\xi^k\right)\mathrm{d}\kappa(\xi)\right)\mathrm{d}\delta(\eta)$$
和
$$b_n = \frac{1}{n}\int_{\partial\mathbb{D}}\int_{\partial\mathbb{D}}\left((2\alpha-1)\eta^n + \frac{(1-2\alpha)\eta + \xi}{\eta - \xi}(\eta^n - \xi^n)\right)\mathrm{d}\delta(\eta)\,\mathrm{d}\kappa(\xi)$$
$$= \frac{1}{n}\int_{\partial\mathbb{D}}\left((2\alpha-1)\eta^n + \int_{\partial\mathbb{D}}\left(((1-2\alpha)\eta + \xi)\sum_{k=0}^{n-1}\eta^{n-k-1}\xi^k\right)\mathrm{d}\kappa(\xi)\right)\mathrm{d}\delta(\eta).$$
当 δ 和 κ 为狄拉克测度时，$|a_n|$（对应地 $|b_n|$）取得最大值. 因此，我们有
$$|a_n| \leqslant \max\left\{\frac{1}{n}\left|1 + ((1-2\alpha)\eta + \xi)\sum_{k=0}^{n-1}\eta^{n-k-1}\xi^k\right| : |\eta| = |\xi| = 1\right\}$$
$$\leqslant 2(1-\alpha) + \frac{1}{n}$$
和
$$|b_n| \leqslant \max\left\{\frac{1}{n}\left|(2\alpha-1) + ((1-2\alpha)\eta + \xi)\sum_{k=0}^{n-1}\eta^{n-k-1}\xi^k\right| : |\eta| = |\xi| = 1\right\}$$
$$\leqslant 2(1-\alpha) + \frac{2\alpha-1}{n}.$$
等号成立当且仅当 $f(z)$ 取极值函数 $\overline{\eta}f_\alpha(\eta z)$, $|\eta| = 1$, 其中 $f_\alpha(z)$ 由
$$f_\alpha(z) = \frac{z}{1-z}\frac{1}{(1-\overline{z})^{2\alpha-1}}\exp\left((1-\alpha)\mathrm{Re}\left(\frac{4z}{1-z}\right)\right)$$
给出，以上等式可写成
$$f_\alpha(z) = z\exp\left(\sum_{n=1}^{\infty}\left(2(1-\alpha) + \frac{1}{n}\right)z^n\right)\overline{\exp\left(\sum_{n=1}^{\infty}\left(2(1-\alpha) + \frac{2\alpha-1}{n}\right)z^n\right)}.$$
定理证毕.

以下我们得到 α 阶星象对数调和映射的 Bohr's 半径.

定理 7.11

设 $f(z) = zh(z)\overline{g(z)} \in \mathcal{S}^*_{Lh}(\alpha)$, $H(z) = zh(z)$ 和 $G(z) = zg(z)$. 则
(1) 对于 $|z| \leqslant r_H$, 有
$$|z|\exp\left(\sum_{n=1}^{\infty}|a_n||z|^n\right) \leqslant d(0, \partial H(\mathbb{D})),$$

其中 r_H 为方程

$$\frac{r}{1-r}\exp\left((1-\alpha)\frac{2r}{1-r}\right)=\frac{1}{2\,e^{1-\alpha}}$$

在 $(0,1)$ 内唯一的根;

(2) 对于 $|z|\leqslant r_G$, 有

$$|z|\exp\left(\sum_{n=1}^{\infty}|b_n||z|^n\right)\leqslant d(0,\partial G(\mathbb{D})),$$

其中 r_G 为方程

$$\frac{r}{(1-r)^{2\alpha-1}}\exp\left((1-\alpha)\frac{2r}{1-r}\right)=\frac{1}{2^{2\alpha-1}\,e^{1-\alpha}},$$

在 $(0,1)$ 内唯一的根;

(3) 对于 $|z|\leqslant r_f$, 有

$$|z|\exp\left(\sum_{n=1}^{\infty}\left(|a_n|+|b_n|\right)|z|^n\right)\leqslant d(0,\partial f(\mathbb{D})),$$

其中 r_f 为方程

$$\frac{r}{(1-r)^{2\alpha}}\exp\left((1-\alpha)\frac{4r}{1-r}\right)=\frac{1}{2^{2\alpha}\,e^{2(1-\alpha)}}$$

在 $(0,1)$ 内唯一的根.

以上所有的半径都是精确的, 且等号成立取右半平面对数调和映射 $f_\alpha(z)$ 作适当的旋转, 其中 $f_\alpha(z)$ 由 (7.24) 式给出.

证明 由假设

$$H(z)=z\exp\left(\sum_{n=1}^{\infty}a_n z^n\right)\quad\text{和}\quad G(z)=z\exp\left(\sum_{n=1}^{\infty}b_n z^n\right).$$

则由定理 7.10, 我们可得到精确的上界

$$|a_n|\leqslant 2(1-\alpha)+\frac{1}{n}\quad\text{和}\quad|b_n|\leqslant 2(1-\alpha)+\frac{2\alpha-1}{n},\quad(n\geqslant1)$$

由推论 7.2 得

$$d(0,\partial H(\mathbb{D}))\geqslant\frac{1}{2\,e^{1-\alpha}}\quad\text{和}\quad d(0,\partial f(\mathbb{D}))\geqslant\frac{1}{2^{2\alpha-1}\,e^{1-\alpha}}.$$

首先, 我们有

$$r\exp\left(\sum_{n=1}^{\infty}|a_n|r^n\right)\leqslant r\exp\left(\sum_{n=1}^{\infty}\left(2(1-\alpha)+\frac{1}{n}\right)r^n\right)$$
$$=\frac{r}{1-r}\exp\left(2(1-\alpha)\frac{r}{1-r}\right)$$
$$\leqslant d(0,\partial H(\mathbb{D})),$$

上式等价于

$$\frac{r}{1-r}\exp\left(2(1-\alpha)\frac{r}{1-r}\right)\leqslant\frac{1}{2\,e^{1-\alpha}}.$$

因此，Bohr's 半径 r_H 为方程

$$\frac{r}{1-r}\exp\left(2(1-\alpha)\frac{r}{1-r}\right)=\frac{1}{2\,e^{1-\alpha}}$$

在 $(0,1)$ 内唯一的根．类似地，

$$r\exp\left(\sum_{n=1}^{\infty}|b_n|r^n\right)\;\leqslant\;r\exp\left(\sum_{n=1}^{\infty}\left(2(1-\alpha)+\frac{2\alpha-1}{n}\right)r^n\right)$$

$$=\;\frac{r}{(1-r)^{2\alpha-1}}\exp\left(2(1-\alpha)\frac{r}{1-r}\right)$$

$$\leqslant\;d(0,\partial G(\mathbb{D}))$$

等价于

$$\frac{r}{(1-r)^{2\alpha-1}}\exp\left(2(1-\alpha)\frac{r}{1-r}\right)\leqslant\frac{1}{2^{2\alpha-1}e^{1-\alpha}}.$$

因此 Bohr's 半径 r_G 为方程

$$\frac{r}{(1-r)^{2\alpha-1}}\exp\left(2(1-\alpha)\frac{r}{1-r}\right)=\frac{1}{2^{2\alpha-1}e^{1-\alpha}}$$

在 $(0,1)$ 内唯一的根．更进一步，

$$r\exp\left(\sum_{n=1}^{\infty}\left(|a_n|+|b_n|\right)r^n\right)\leqslant r\exp\left(\sum_{n=1}^{\infty}\left(4(1-\alpha)+\frac{2\alpha}{n}\right)r^n\right)$$

$$=\frac{r}{(1-r)^{2\alpha}}\exp\left((1-\alpha)\frac{4r}{1-r}\right)$$

$$\leqslant d(0,\partial f(\mathbb{D}))$$

当且仅当

$$\frac{r}{(1-r)^{2\alpha}}\exp\left((1-\alpha)\frac{4r}{1-r}\right)\leqslant\frac{1}{2^{2\alpha}e^{2(1-\alpha)}}.$$

因此 Bohr's 半径 r_f 为方程

$$\frac{r}{(1-r)^{2\alpha}}\exp\left((1-\alpha)\frac{4r}{1-r}\right)=\frac{1}{2^{2\alpha}\,e^{2(1-\alpha)}}$$

在 $(0,1)$ 内唯一的根．

最后，所有的等号成立取右半平面对数调和映射 $f_\alpha(z)$ 作合适的旋转，其中 $f_\alpha(z)$ 由 (7.24) 式给出．

注 若 $\alpha=0$，则定理 7.11 简化为文献 [77] 中的定理 3．若 $\alpha\to1$，则其 Bohr's 半径分别为 $r_H=r_G=1/3$ 和 $r_f=3-2\sqrt{2}$，根据经典的 Bohr's 现象和从属 Bohr's 现象 (见文献 [85, Theorem 1])．对于 $r_f=3-2\sqrt{2}$ 的情形，极值函数为 Koebe 函数．

7.6 公开问题

由 (7.12) 式定义的对数调和 Koebe 函数 f_0 在对数调和映射中扮演着重要角色 (参见 [74])．类似于解析函数和调和函数的 Bieberbach 猜想，我们自然提出以下对数调和函数的 Bieberbach 猜想：

猜想 7.1 (对数调和系数猜想) 设 $f(z)=zh(z)\overline{g(z)}\in\mathcal{S}_{Lh}$，其中 $h(z)$ 和 $g(z)$ 由 (7.4) 式

给出. 则对于所有的 $n \geqslant 1$, 有

(1) $|a_n| \leqslant 2 + \dfrac{1}{n}$;

(2) $|b_n| \leqslant 2 - \dfrac{1}{n}$;

(3) $|a_n - b_n| \leqslant \dfrac{2}{n}$.

需要说明的是: 若猜想 7.1 中的 (2) 和 (3) 成立, 则根据 (3), 我们得到

$$|a_n| \leqslant \frac{2}{n} + |b_n| \leqslant \frac{2}{n} + 2 - \frac{1}{n} = 2 + \frac{1}{n}.$$

因此, 我们只需证明 (2) 和 (3) 成立. 需要指出的是猜想 7.1 对于星象对数调和函数是成立的, 详见文献 [86] 的定理 3.3 和推论 7.1.

猜想 7.2 (对数调和 $1/e^2$-覆盖定理) 我们猜想对于具有形式 $f(z) = zh(z)\overline{g(z)}$ 的每一个 $f \in \mathcal{S}_{Lh}$, 都有

$$\{w \in \mathbb{C} : |w| < 1/e^2\} \subseteq f(\mathbb{D}).$$

对于由 (7.12) 式定义的对数调和 Koebe 函数, 常数 $1/e^2$ 不能再增 (见例 7.2). 我们已知结论 $\{w \in \mathbb{C} : |w| < 1/16\} \subseteq f(\mathbb{D})$ 已成立, 参见文献 [74].

参考文献

[1]   LEWY H. On the non-vanishing of the jacobian in certain one-to-one mappings[J]. Bulletin of the American Mathematical Society, 1936, 42(10):689-692.

[2]   CLUNIE J, T.SHEIL-SMALL. Harmonic univalent functions[J]. Annales Academiae Scientiarum Fennicae. Series A I. Mathematica, 1984, 9:3-25.

[3]   DUREN P. Harmonic mappings in the plane: volume 156[M]. [S.l.]: Cambridge university press, 2004.

[4]   LIU Z, PONNUSAMY S. Univalency of convolutions of univalent harmonic right half-plane mappings[J]. Computational Methods and Function Theory, 2017, 17(2):289-302.

[5]   GREINER P. Geometric properties of harmonic shears[J]. Computational Methods and Function Theory, 2004, 4 (1):77-96.

[6]   DUREN P L. Univalent functions: volume 259[M]. [S.l.]: Springer Science & Business Media, 2001.

[7]   HENGARTNER W, SCHOBER G. A remark on level curves for domains convex in one direction[J]. Applicable Analysis, 1973, 3(1):101-106.

[8]   GOODMAN A, SAFF E. On univalent functions convex in one direction[J]. Proceedings of the American Mathematical Society, 1979, 73(2):183-187.

[9]   RUSCHEWEYH S, SALINAS L C. On the preservation of direction-convexity and the goodman-saff conjecture [J]. Annales Academiae Scientiarum Fennicae. Series A I. Mathematica, 1989, 14(1):63-73.

[10] HENGARTNER W, SCHOBER G. On schlicht mappings to domains convex in one direction[J]. Commentarii Mathematici Helvetici, 1970, 45(1):303-314.

[11] ROYSTER W. Univalent functions convex in one direction[J]. Publ. Math. Debrecen, 1976, 23:339-345.

[12] ROBERTSON M. Analytic functions star-like in one direction[J]. American Journal of Mathematics, 1936, 58(3): 465-472.

[13] MACGREGOR T H. The univalence of a linear combination of convex mappings[J]. Journal of the London Mathematical Society, 1969, 1(1):210-212.

[14] CAMPBELL D M. A survey of properties of the convex combination of univalent functions[J]. The Rocky Mountain Journal of Mathematics, 1975, 5(4):475-492.

[15] TRIMBLE S. The convex sum of convex functions[J]. Mathematische Zeitschrift, 1969, 109:112-114.

[16] DORFF M, VIERTEL R, WOŁOSZKIEWICZ M. Convex combinations of minimal graphs[J]. International Journal of Mathematics and Mathematical Sciences, 2012, 2012.

[17] DORFF M, ROLF J S. Anamorphosis, mapping problems, and harmonic univalent functions[J]. Explorations in Complex Analysis, 2012:197-269.

[18] POMMERENKE C. On starlike and close-to-convex functions[J]. Proceedings of the London Mathematical Society, 1963, 13:4290-304.

[19] MORGAN C J. On univalent harmonic mappings[M]. [S.l.]: University of Kentucky, 2001.

[20] KHURANA D, KUMA R, GUPTA S, et al. Linear combinations of univalent harmonic mappings with complex coefficients[J]. Preprint, 2021:1-7.

[21] LIU Z, CAI Y, WANG Z, et al. Linear combinations of univalent mappings with complex coefficients[J]. Journal of Mathematics, 2021, 2021.

[22] BEIG S, SIM Y J, CHO N E. On convex combinations of harmonic mappings[J]. Journal of Inequalities and Applications, 2020, 2020(1):1-14.

[23] RUSCHEWEYH S. Convolutions in geometric function theory[M]. Montreal: Gaetan Morin Editeur Ltee, 1982.

[24] SHEIL-SMALL T, et al. Hadamard products of schlicht functions and the pólya-schoenberg conjecture[J]. Commentarii Mathematici Helvetici, 1973, 48(1):119-135.

[25] DORFF M J. Harmonic univalent mappings onto asymmetric vertical strips[C]//COMPUTATIONAL METHODS AND FUNCTION THEORY 1997: Proceedings of the Third CMFT Conference. [S.l.]: World Scientific, 1999:

171-175.

[26] DORFF M. Convolutions of planar harmonic convex mappings[J]. Complex Variables and Elliptic Equations, 2001, 45(3):263-271.

[27] DORFF M, NOWAK M, WOŁOSZKIEWICZ M. Convolutions of harmonic convex mappings[J]. Complex Variables and Elliptic Equations, 2012, 57(5):489-503.

[28] RAHMAN Q I, SCHMEISSER G, et al. Analytic theory of polynomials: number 26[M]. [S.l.]: Oxford University Press, 2002.

[29] KUMAR R, DORFF M, GUPTA S, et al. Convolution properties of some harmonic mappings in the right half-plane [J]. Bulletin of the Malaysian Mathematical Sciences Society, 2016, 39(1):439-455.

[30] MUIR S. Weak subordination for convex univalent harmonic functions[J]. Journal of Mathematical Analysis and Applications, 2008, 348(2):862-871.

[31] LIU Z H, LI Y C. The properties of a new subclass of harmonic univalent mappings[J]. Abstract and Applied Analysis, 2013, 2013.

[32] BSHOUTY D, LYZZAIK A. Problems and conjectures in planar harmonic mappings[C]//Proceedings of the ICM2010 Satellite Conference International Workshop on Harmonic and Quasiconformal Mappings, Editors: D. Minda, S. Ponnusamy, and N. Shanmugalingam, J. Analysis: volume 18. [S.l.: s.n.], 2010: 69-81.

[33] LI L, PONNUSAMY S. Solution to an open problem on convolutions of harmonic mappings[J]. Complex Variables and Elliptic Equations, 2013, 58(12):1647-1653.

[34] JIANG Y P, RASILA A, SUN Y. A note on convexity of convolutions of harmonic mappings[J]. Bulletin of the Korean Mathematical Society, 2015, 52(6):1925-1935.

[35] LI L, PONNUSAMY S. Convolutions of slanted half-plane harmonic mappings[J]. Analysis (Munich), 2013, 33 (2):159-176.

[36] ROMNEY M D. A class of univalent convolutions of harmonic mappings[M]. [S.l.]: Brigham Young University, 2013.

[37] KUMAR R, GUPTA S, SINGH S, et al. An application of cohn's rule to convolutions of univalent harmonic mappings[J]. Rocky Mountain Journal of Mathematics, 2016, 46(2):559-570.

[38] ABU-MUHANNA Y, SCHOBER G. Harmonic mappings onto convex domains[J]. Canadian Journal of Mathematics, 1987, 39(6):1489-1530.

[39] HENGARTNER W, SCHOBER G. Univalent harmonic functions[J]. Transactions of the American Mathematical Society, 1987, 299(1):1-31.

[40] LI L, PONNUSAMY S. Convolutions of harmonic mappings convex in one direction[J]. Complex Analysis and Operator Theory, 2015, 9(1):183-199.

[41] LI L, PONNUSAMY S. Injectivity of sections of univalent harmonic mappings[J]. Nonlinear Analysis: Theory, Methods & Applications, 2013, 89:276-283.

[42] LI L, PONNUSAMY S. Disk of convexity of sections of univalent harmonic functions[J]. Journal of Mathematical Analysis and Applications, 2013, 408(2):589-596.

[43] BOYD Z, DORFF M. Harmonic univalent mappings and minimal graphs[M]//Current Topics in Pure and Computational Complex Analysis. [S.l.]: Springer, 2014: 21-46.

[44] KUMAR R, GUPTA S, SINGH S, et al. On harmonic convolutions involving a vertical strip mapping[J]. The Korean Mathematical Society, 2015, 52(1):105-123.

[45] LIU Z, JIANG Y, SUN Y. Convolutions of harmonic half-plane mappings with harmonic vertical strip mappings [J]. Filomat, 2017, 31(7):1843-1856.

[46] MARDEN M. Geometry of polynomials: number 3[M]. [S.l.]: American Mathematical Soc., 1949.

[47] KALAJ D, PONNUSAMY S, VUORINEN M. Radius of close-to-convexity and fully starlikeness of harmonic mappings[J]. Complex Variables and Elliptic Equations, 2014, 59(4):539-552.

[48] BIEBERBACH L. Uber die koeffizienten derjenigen potenzreihen, welche eine schlichte abbildung des einheitskreises vermitteln[J]. Sitzungsberichte Preussische Akademie der Wissenschaften, 1916, 138:940-955.

[49] SHEIL-SMALL T. Constants for planar harmonic mappings[J]. Journal of the London Mathematical Society, 1990, 2(2):237-248.

[50] WANG X T, LIANG X Q, ZHANG Y L. Precise coefficient estimates for close-to-convex harmonic univalent mappings[J]. Journal of Mathematical Analysis and Applications, 2001, 263(2):501-509.

[51] JAHANGIRI J M. Coefficient bounds and univalence criteria for harmonic functions with negative coefficients[J]. Ann. Univ. Marie Curie-Sklodowska Sect. A, 1998, 52:57-66.

[52] JAHANGIRI J M. Harmonic functions starlike in the unit disk[J]. Journal of Mathematical Analysis and Applications, 1999, 235(2):470-477.

[53] CHUAQUI M, DUREN P, OSGOOD B. Curvature properties of planar harmonic mappings[J]. Computational Methods and Function Theory, 2004, 4(1):127-142.

[54] ALEXANDER J W. Functions which map the interior of the unit circle upon simple regions[J]. The Annals of Mathematics, 1915, 17(1):12-22.

[55] PONNUSAMY S, KALIRAJ A S. Univalent harmonic mappings convex in one direction[J]. Analysis and Mathematical Physics, 2014, 4(3):221-236.

[56] KALAJ D, PONNUSAMY S, VUORINEN M. Radius of close-to-convexity of harmonic functions[J]. arXiv preprint arXiv:1107.0610, 2011.

[57] LANG S. Fundamentals of differential geometry: volume 191[M]. [S.l.]: Springer Science & Business Media, 2012.

[58] STERNBERG S. Lectures on differential geometry: volume 316[M]. [S.l.]: American Mathematical Soc., 1999.

[59] OSSERMAN R. A survey of minimal surfaces[M]. [S.l.]: Courier Corporation, 2013.

[60] LEHTO O. Univalent functions and teichmüller spaces: volume 109[M]. [S.l.]: Springer Science & Business Media, 2012.

[61] BRILLESLYPER M A, DORFF M J, MCDOUGALL J M, et al. Explorations in complex analysis: volume 40[M]. [S.l.]: American Mathematical Soc., 2012.

[62] AHLFORS L V. Analytic functions[M]. [S.l.]: Princeton University Press, 2015.

[63] DUREN P, THYGERSON W R. Harmonic mappings related to scherk's saddle-tower minimal surfaces[J]. The Rocky Mountain Journal of Mathematics, 2000, 30(2):555-564.

[64] DORFF M, MUIR S. A family of minimal surfaces and univalent planar harmonic mappings[C]//Abstract and Applied Analysis: volume 2014. [S.l.]: Hindawi, 2014.

[65] PONNUSAMY S, RASILA A, SAIRAM KALIRAJ A. Harmonic close-to-convex functions and minimal surfaces [J]. Complex Variables and Elliptic Equations, 2014, 59(7):986-1002.

[66] LI L, PONNUSAMY S, VUORINEN M. The minimal surfaces over the slanted half-planes, vertical strips and single slit[M]//Current Topics in Pure and Computational Complex Analysis. [S.l.]: Springer, 2014: 47-61.

[67] OLVER F W, LOZIER D W, BOISVERT R F, et al. Nist handbook of mathematical functions hardback and cd-rom [M]. [S.l.]: Cambridge University Press, 2010.

[68] HALL R. On an inequality of e. heinz[J]. Journal d'Analyse Mathématique, 1982, 42(1):185-198.

[69] FINN R, OSSERMAN R. On the gauss curvature of non-parametric minimal surfaces[J]. Journal d'Analyse Mathématique, 1964, 12(1):351-364.

[70] ALMGREN F J. Some interior regularity theorems for minimal surfaces and an extension of bernstein's theorem [J]. Annals of Mathematics, 1966:277-292.

[71] HENGARTNER W, SCHOBER G. Curvature estimates for some minimal surfaces[M]//Complex analysis. [S.l.]: Springer, 1988: 87-100.

[72] NEHARI Z. The schwarzian derivative and schlicht functions[J]. Bulletin of the American Mathematical Society, 1949, 55(6):545-551.

[73] CHUAQUI M, DUREN P, OSGOOD B. The schwarzian derivative for harmonic mappings[J]. Journal D'Analyse Mathematique, 2003, 91(1):329-351.

[74] ABDULHADI Z, BSHOUTY D. Univalent functions in $\setminus \overline{H}(d)$[J]. Transactions of the American Mathematical

Society, 1988, 305(2):841-849.

[75] ALI R M, ABDULHADI Z, NG Z C. The bohr radius for starlike logharmonic mappings[J]. Complex Variables and Elliptic Equations, 2016, 61(1):1-14.

[76] MAO Z, PONNUSAMY S, WANG X. Schwarzian derivative and landau's theorem for logharmonic mappings[J]. Complex Variables and Elliptic Equations, 2013, 58(8):1093-1107.

[77] ABDULHADI Z, ALI R M. On rotationally starlike logharmonic mappings[J]. Mathematische Nachrichten, 2015, 288(7):723-729.

[78] ABDULHADI Z, MUHANNA Y A. Starlike log-harmonic mappings of order α[J]. JIPAM, 2006, 7(4):1-6.

[79] ABDULHADI Z, HENGARTNER W. Spirallike logharmonic mappings[J]. Complex Variables and Elliptic Equations, 1987, 9(2-3):121-130.

[80] LI P, PONNUSAMY S, WANG X. Some properties of planar p-harmonic and log-p-harmonic mappings[J]. Bulletin of the Malaysian Mathematical Sciences Society, 2013, 36(3):595-609.

[81] LI P, WANG X. Landau's theorem for log-p-harmonic mappings[J]. Applied Mathematics and Computation, 2012, 218(9):4806-4812.

[82] ABDULHADI Z, ALI R M. Univalent logharmonic mappings in the plane[C]//Abstract and Applied Analysis: volume 2012. [S.l.]: Hindawi, 2012.

[83] POMMERENKE C. Univalent functions[J]. Vandenhoeck and Ruprecht, 1975.

[84] ANDERSON J. Dj hallenbeck and th macgregor linear problems and convexity techniques in geometric function theory (monographs and studies in mathematics, vol. 22, pitman, 1984), 182 pp.£ 26.50.[J]. Proceedings of the Edinburgh Mathematical Society, 1985, 28(3):423-424.

[85] MUHANNA Y A. Bohr's phenomenon in subordination and bounded harmonic classes[J]. Complex Variables and Elliptic Equations, 2010, 55(11):1071-1078.

[86] ABDULHADI Z, HENGARTNER W. Univalent harmonic mappings on the left half-plane with periodic dilatations [J]. Univalent functions, fractional calculus, and their applications. Ellis Horwood series in mathematics and applications. Chickester: Horwood, 1989:13-28.